全国科学技术名词审定委员会

科学技术名词·自然科学卷（全藏版）

10

海峡两岸生态学名词

海峡两岸生态学名词工作委员会

国家自然科学基金资助项目

科 学 出 版 社

北 京

内 容 简 介

本书是由海峡两岸生态学专家会审的海峡两岸生态学名词对照本，是在已审定公布的《生态学名词》的基础上加以增补修订而成。内容包括总论，生理生态学，行为生态学，进化生态学，种群生态学，群落生态学，生态系统生态学，景观生态学，全球生态学，数学生态学，化学生态学，分子生态学，保护生态学，污染生态学，农业生态学，水域生态学及城市生态学、生态工程学与产业生态学等，共收词 5200 余条。本书供海峡两岸生态学界和相关领域的人士使用。

图书在版编目(CIP)数据

科学技术名词. 自然科学卷：全藏版 / 全国科学技术名词审定委员会审定. —北京：科学出版社，2017.1

ISBN 978-7-03-051399-1

I. ①科… II. ①全… III. ①科学技术–名词术语 ②自然科学–名词术语 IV. ①N61

中国版本图书馆 CIP 数据核字(2016)第 314947 号

责任编辑：高素婷 / 责任校对：陈玉凤
责任印制：张 伟 / 封面设计：铭轩堂

科学出版社出版
北京东黄城根北街 16 号
邮政编码：100717
http://www.sciencep.com
北京厚诚则铭印刷科技有限公司印刷
科学出版社发行 各地新华书店经销
*
2017 年 1 月第 一 版 开本：787×1092 1/16
2017 年 1 月第一次印刷 印张：20
字数：456 000
定价：5980.00 元(全 30 册)
（如有印装质量问题，我社负责调换）

海峡两岸生态学名词工作委员会委员名单

大陆召集人：王祖望

大 陆 委 员(以姓氏笔画为序)：

王孟本　　王德华　　刘雪华　　李典谟　　周启星

胡　聃　　钟华平　　高素婷　　黄建辉　　蒋志刚

魏辅文

臺灣召集人：邵廣昭

臺 灣 委 員(以姓氏筆畫為序)：

方新疇　　李玲玲　　金恆鑣　　黃書禮　　彭鏡毅

趙榮台　　駱尚廉

序

　　科学技术名词作为科技交流和知识传播的载体,在科技发展和社会进步中起着重要作用。规范和统一科技名词,对于一个国家的科技发展和文化传承是一项重要的基础性工作和长期性任务,是实现科技现代化的一项支撑性系统工程。没有这样一个系统的规范化的基础条件,不仅现代科技的协调发展将遇到困难,而且,在科技广泛渗入人们生活各个方面、各个环节的今天,还将会给教育、传播、交流等方面带来困难。

　　科技名词浩如烟海,门类繁多,规范和统一科技名词是一项十分繁复和困难的工作,而海峡两岸的科技名词要想取得一致更需两岸同仁作出坚韧不拔的努力。由于历史的原因,海峡两岸分隔逾50年。这期间正是现代科技大发展时期,两岸对于科技新名词各自按照自己的理解和方式定名,因此,科技名词,尤其是新兴学科的名词,海峡两岸存在着比较严重的不一致。同文同种,却一国两词,一物多名。这里称"软件",那里叫"软体";这里称"导弹",那里叫"飞弹";这里写"空间",那里写"太空";如果这些还可以沟通的话,这里称"等离子体",那里称"电浆";这里称"信息",那里称"资讯",相互间就不知所云而难以交流了。"一国两词"较之"一国两字"造成的后果更为严峻。"一国两字"无非是两岸有用简体字的,有用繁体字的,但读音是一样的,看不懂,还可以听懂。而"一国两词"、"一物多名"就使对方既看不明白,也听不懂了。台湾清华大学的一位教授前几年曾给时任中国科学院院长周光召院士写过一封信,信中说:"1993年底两岸电子显微学专家在台北举办两岸电子显微学研讨会,会上两岸专家是以台湾国语、大陆普通话和英语三种语言进行的。"这说明两岸在汉语科技名词上存在着差异和障碍,不得不借助英语来判断对方所说的概念。这种状况已经影响两岸科技、经贸、文教方面的交流和发展。

　　海峡两岸各界对两岸名词不一致所造成的语言障碍有着深刻的认识和感受。具有历史意义的"汪辜会谈"把探讨海峡两岸科技名词的统一列入了共同协议之中,此举顺应两岸民意,尤其反映了科技界的愿望。两岸科技名词要取得统一,首先是需要了解对方。而了解对方的一种好的方式就是编订名词对照本,在编订过程中以及编订后,经过多次的研讨,逐步取得一致。

　　全国科学技术名词审定委员会(简称全国科技名词委)根据自己的宗旨和任务,始终把海峡两岸科技名词的对照统一工作作为责无旁贷的历史性任务。近些年一直本着积极推进,增进了解;择优选用,统一为上;求同存异,逐步一致的精神来开展这项工作。先后接待和安排了许多台湾同仁来访,也组织了多批专家赴台参加有关学科的名词对照研讨会。工作中,按照先急后缓、先易后难的精神来安排。对于那些与"三通"

有关的学科,以及名词混乱现象严重的学科和条件成熟、容易开展的学科先行开展名词对照。

在两岸科技名词对照统一工作中,全国科技名词委采取了"老词老办法,新词新办法",即对于两岸已各自公布、约定俗成的科技名词以对照为主,逐步取得统一,编订两岸名词对照本即属此例。而对于新产生的名词,则争取及早在协商的基础上共同定名,避免以后再行对照。例如101~109号元素,从9个元素的定名到9个汉字的创造,都是在两岸专家的及时沟通、协商的基础上达成共识和一致,两岸同时分别公布的。这是两岸科技名词统一工作的一个很好的范例。

海峡两岸科技名词对照统一是一项长期的工作,只要我们坚持不懈地开展下去,两岸的科技名词必将能够逐步取得一致。这项工作对两岸的科技、经贸、文教的交流与发展,对中华民族的团结和兴旺,对祖国的和平统一与繁荣富强有着不可替代的价值和意义。这里,我代表全国科技名词委,向所有参与这项工作的专家们致以崇高的敬意和衷心的感谢!

值此两岸科技名词对照本问世之际,写了以上这些,权当作序。

2002 年 3 月 6 日

前　　言

　　生态学已日益成为当今世界备受关注和广为应用的一门自然科学,随着海峡两岸生态学学术交流的加强,两岸生态学名词相异甚多所带来的不便也日益彰显。为此,在全国科学技术名词审定委员会(以下简称"全国科技名词委")和台湾教育研究院的组织和推动下,分别邀请两岸生态学领域的同行专家组成"海峡两岸生态学名词工作委员会"。大陆方面由生态学名词审定委员会主任委员王祖望研究员任召集人,台湾方面由生物多样性研究中心邵廣昭研究员任召集人,并商定以已审定公布的《生态学名词》为基础开展工作。

　　2010 年 7 月,由全国科技名词委主办,中国科学院动物研究所协办的"第一届海峡两岸生态学名词学术交流会"于 7 月 21 ~ 22 日在北京中国科学院动物研究所召开。与会大陆专家有中国科学院动物研究所王祖望研究员、魏辅文研究员兼副所长、李典谟研究员、蒋志刚研究员,南开大学环境科学与工程学院周启星教授,中国科学院生态环境研究中心胡聃研究员,中国科学院植物研究所黄建辉研究员,山西大学黄土高原研究所王孟本教授,全国科技名词委刘青副主任、高素婷编审;台湾专家有生物多样性研究中心邵廣昭研究员、彭鏡毅研究员,台北大学都市计划研究所黄書禮教授兼副校长,中山大学海洋生物研究所方新疇教授,台湾大学生态学与演化生物学研究所李玲玲教授,台湾农委会林业试验所金恆鑣研究员、趙榮台研究员,台湾教育研究院自然科学组陈建民助理编审。在本次会议上,两岸专家共同讨论了《海峡两岸生态学名词》选词原则,并达成共识。随后,两岸专家对两岸定名不一致的生态学名词逐条进行讨论,使一些名词的取舍取得了一致。经过两天紧张、高效的工作,审定了大部分对照词条,并一致同意对部分有疑问的词条会后再与相关专家探讨,拟做进一步补充修改。这次会议加强了海峡两岸生态学专家之间的交流,对选词原则及部分名词的取舍达成了共识,为完成《海峡两岸生态学名词》对照工作奠定了基础。

　　2010 年 11 月 23 ~ 26 日,由台湾教育研究院主办的"第二届海峡两岸生态学名词对照研讨会"在台北市召开。出席会议的大陆生态学名词审定专家有:王祖望、李典谟、王德华、蒋志刚、胡聃、钟华平、刘雪华、王孟本、周启星、高素婷;台湾生态学名词审定委员有:邵廣昭、方新疇、李玲玲、金恆鑣、黄書禮、彭鏡毅、駱尚廉。会议在 2010 年 7 月 21 日达成共识的基础上,逐条讨论了由台湾方面提出的版本,大家本着"科学求实,求同存异"的精神,经过深入、细致的研讨达成了《海峡两岸生态学名词》的初稿本，其中尚需双方专家共同商讨的名词，则通过通讯方式沟通，进一步取得共识。海峡两岸生态学名词审定专家，在 2010 年 11 月会议达成共识的基础上，又经过 2011 年和 2012 年两年的沟通与交流，终于在 2013 年 8 月形成了《海峡两岸生态学名词》最终稿。

经过了逾三年的共同努力，在《海峡两岸生态学名词》即将付梓之际，我们要衷心感谢海峡两岸生态学名词审定专家们的不懈努力，感谢全国科学技术名词审定委员会和台湾教育研究院的组织与推动。鉴于当今生态学的迅速发展与众多学科的交叉、交融，从而产生了大量新的生态学名词，我们热忱期盼两岸生态学同行与读者，在使用过程中提出宝贵的意见和建议，以便我们今后不断地修改补充，使之更加完善、更趋实用。

海峡两岸生态学名词工作委员会

2013 年 8 月

编 排 说 明

一、本书是海峡两岸生态学名词对照本。

二、本书分正篇和副篇两部分。正篇按汉语拼音顺序编排;副篇按英文的字母顺序编排。

三、本书[ ]中的字使用时可以省略。

正篇

四、本书中祖国大陆和台湾地区使用的科学技术名词以"大陆名"和"台湾名"分栏列出。

五、本书中大陆名正名和异名分别排序,并在异名处用(=)注明正名。

六、本书收录的汉文名对应英文名为多个时(包括缩写词)用","分隔。

副篇

七、英文名对应多个相同概念的汉文名时用","分隔,不同概念的用①②③分别注明。

八、英文名的同义词用(=)注明。

九、英文缩写词排在全称后的( )内。

目　　录

序
前言
编排说明

正 篇

A

大 陆 名	台 湾 名	英 文 名
阿根廷草原,潘帕斯群落	潘帕斯群落	pampas
阿利律	阿利定律	Allee's law
阿利效应	阿利效應	Allee's effect
埃梅里原则	愛墨瑞定則	Emery's rule
埃塞俄比亚区(=热带区)		
矮刺灌丛	矮棘灌叢	phrygana
矮灌木,小灌木	矮生灌木	dwarf shrub
矮灌木沼泽	矮生灌木沼澤	dwarf shrub bog
矮化	矮生體,矮化,倭體	dwarf
矮林	矮林	coppice forest, dwarf forest, copse
矮生椰子群落	矮生椰子群落	dwarf palm garrige
矮石南灌丛	矮生石楠叢	dwarf shrub heath
矮树,高山矮曲树	矮林,矮生林	pygmy tree
艾伦律	艾倫定律	Allen's rule
艾伦曲线	艾倫曲線	Allen's curve
安全浓度	安全濃度	safe concentration, SC
岸礁	裙礁,緣礁	fringing reef
暗层生物	暗層生物	stygobiont, stygobiotic organism
暗反应	暗反應	dark reaction
暗呼吸	暗呼吸	dark respiration
暗生性浮游生物	暗層浮游生物	skoto-plankton
暗适应	暗適應	dark adaption
暗性发芽	暗性發芽	dark germination
奥陶纪	奧陶紀	Ordovician Period
澳洲界	澳洲大陸區	Australasian
澳洲马来区	澳洲馬來區	Austro-Malayan region

B

大　陆　名	台　湾　名	英　文　名
巴西草原	巴西乾草原	campo
巴西热带雨林次生林	卡波埃拉林	capoeira
巴西疏林草原	巴西稀樹草原	campo cerrado
巴西疏木草原	坎波草原	campo sujo
巴西稀树草原	巴西無樹草原	campo limpo
白垩纪	白堊紀	Cretaceous Period
白化体	白化體,白化種	albino
白化［现象］	白化症,白化［现象］	albinism
白色农业	白色農業,農業微生物業	white agriculture
白箱模型	白箱模式	white box model
白蚁巢生物	白蟻巢內共生物	termitophile, termitocole
百分之十定律(＝林德曼定律)		
柏木沼泽	柏澤	cypress swamp
斑块	區塊,斑塊,嵌塊體	patch
斑块动态理论	區塊動態理論,斑塊動態理論,嵌塊體動態理論	patch dynamic theory
斑块–廊道–基质模式	區塊–廊道–基底模式,斑塊–廊道–基底模式,嵌塊體–廊道–基底模式	patch-corridor-matrix model
斑块停留时间	區塊停留時間,斑塊停留時間,嵌塊體停留時間	patch residence time
斑块形状指数	區塊形狀指數,斑塊形狀指數,嵌塊體形狀指數	patch shape index
斑块性	區塊性,斑塊性,嵌塊體性	patchiness
板根	板根	buttress root, buttress
半变态类	半變態(昆蟲)	hemimetabola

大　陆　名	台　湾　名	英　文　名
半分化种	半種	semispecies
半浮游生物	半浮游生物	hemiplankton
半腐层(＝枯枝落叶层)		
半腐生植物	半腐生植物	hemisaprophyte
半腐殖质	酸性腐泥	moder
半附生植物	半附生植物	hemi-epiphyte
半干旱性	半乾旱性	semiarid
半灌木	半灌木	half-shrub
半荒漠	半漠地,半荒漠,半沙漠	semi-desert
半寄生物	半寄生物	semiparasite
半落叶林	半落葉林	semi-deciduous forest
半内底生生物	半內底生生物	hemi-endobenthos
半日潮	半日潮	semi-diurnal tide
半沙漠	半沙漠	half-desert
半数致死剂量	半數致死劑量	median lethal dosage, LD$_{50}$
半透性	半透性	semipermeability
半咸水	半淡鹹水,微鹹水	brackish water
半月生殖周期	半月齡生殖週期	semilunar reproductive cycle
半自然群落	半自然群集	seminatural community
半自然生态系统	半自然生態系	seminatural ecosystem
伴生动物	伴生動物	companion animal
伴生种	伴生種	accompanying species, companion species
伴植	伴植	companion planting
伴植播种	伴植播種	companion sowing
伴作	伴作	companion cropping
帮手	幫手	helper
饱和差	飽和差	saturation deficit
饱和点	飽和點	saturation point
饱和密度	飽和密度	saturation density
保护,保育	保育	conservation
保护地	保護區	protected area
保护色	保護色	protective color
保护生态学	保育生態學	conservation ecology
保护物种	[受]保護的物種	protected species
保护野生动物迁徙物种公约	保護野生動物遷移物種公約	Convention on the Conservation of Migratory Species of Wild Animals, CMS
保湿量(＝持水量)		
保卫配偶	保衛配偶	mate guarding

大　陆　名	台　湾　名	英　文　名
保幼激素	保幼激素	juvenile hormone, JH
保幼激素类似物	保幼激素類似物	juvenile hormone analogue, JHA, juvenoid
保育(=保护)		
堡礁	堡礁	barrier reef
报偿不对称	報償不對稱	payoff asymmetry
报偿反馈	報償反饋	reward feedback
报警鸣叫,告警声	警戒聲	alarm call
鲍恩比	鮑文比,顯潛熱比	Bowen's ratio
暴发	大發生,爆發	outbreak
爆发式进化	爆發性演化,突發性演化	explosive evolution, eruptive evolution
北大西洋涛动	北大西洋震盪	north Atlantic oscillation, NAO
北方两洋分布	北方兩洋分布	amphi-boreal distribution
北方偏干性草原地带	巴西旱生草原	campestrian
北方针叶林(=泰加林)		
北方针叶林生物群系	北方針葉林生物群系,北方針葉林針葉群區	northern coniferous forest biome
北回归线	北回歸線	Tropic of Cancer
北极第三纪植物区系	北極地第三紀植物相	Arcto-Tertiary flora
北界	北陸界	Arctogaea, Arctogaeic Realm
北美草原,普雷里群落	北美草原	prairie
北美高草草原	北美高草草原	true prairie
贝格曼律	貝格曼律	Bergmann's rule
贝利三次[标记]重捕法	貝利三次[標記]重捕法	Bailey's triple catch
贝氏拟态	貝氏擬態	Batesian mimicry
背板腺信息素	背板腺費洛蒙	tergum gland pheromone
倍增时间	倍增時間	doubling time
被动散布	被動散佈,被動播遷	passive dispersal
被害允许界限	損害容許水準	tolerable injury level
被食者(=猎物)		
被压木	受壓木,被壓木,下層木	suppressed tree, overtopped tree
被子植物	被子植物	angiosperm
本地种(=土著种)		
本能	本能	instinct
本能行为	本能行為	instinctive behavior
比对,排比	排比,比對	alignment

大 陆 名	台 湾 名	英 文 名
比较序列法	比較排序法	comparative ordination technique
比热	比熱	specific heat
比湿	比濕	specific humidity
比叶面积	比葉面積	specific leaf area, SLA
比重	比重	specific gravity
庇护所	庇護所,避難所,保護區	refuge, refugium
秘鲁草原,洛马群落	落馬植被	loma
避钙植物(=嫌钙植物)		
避性	避性	avoidance
臂行	擺盪行為	brachiation
边缘林	邊緣林	fringing forest
边缘群落	邊緣群聚,邊緣群落	marginal community, edge community
边缘生境	邊緣棲所	marginal habitat
边缘效应	邊緣效應	border effect, edge effect
边缘种群	邊緣族群	fringe population, peripheral population
变态	變態	metamorphosis
变态反应,过敏性反应	過敏,過敏性	allergy
变温层	變溫層,躍變層	metalimnion
变温动物	變溫動物	poikilotherm
变温性	變溫性	poikilothermy
变异	變異	variation
变异系数	變異度,變異係數	coefficient of variability, coefficient of variation
变[植物]群丛(=群相)		
变种	變種	variety
辨别学习	辨別學習	discrimination learning
标本	標本	specimen
标记重捕法,标志重捕法	標識再捕法,捕捉–再捕捉法	mark-recapture method, mark-and-release method, capture-recapture method
标记法	標識法	marking method
标记基因	標記基因	marker gene
标记信息素	標識費洛蒙	marking pheromone
标记行为	標識行為	marking behavior
标志重捕法(=标记重捕法)		
标准差	標準差,標準偏差	standard deviation
标准代谢率	標準代謝率	standard metabolic rate, SMR

大　陆　名	台　湾　名	英　文　名
标准误差	標準誤,標準誤差	standard error
表层浮游生物	附生浮游生物,表層浮游生物	epiplankton
表观比重	表觀比重	apparent specific gravity
表观光合作用	表觀光合作用	apparent photosynthesis
表观竞争(=似然竞争)		
表观密度,视密度	表觀密度	apparent density
表观同化(=净同化)		
表火,低强度火灾	地表火	surface fire
表面信息素	表皮費洛蒙	surface pheromone
表皮蒸腾	表皮蒸散	epidermal transpiration
表生动物(=底表动物)		
表生生物(=附生生物)		
表生生物群集	表生生物群集	epibiose
表生植物区系	底表植物,附著植物,表生植物相	epiflora
表土	表土,耕層土	topsoil
表型	表[現]型	phenotype
表型多态性	表型多型性	phenotypic polymorphism
表型可塑性	表型可塑性	phenotypic plasticity
表型匹配	表型匹配	phenotype matching
表型适应	表型適應	phenotypic adaptation
表型相似种(=隐存种)		
宾主共栖	賓主共棲	xenobiosis
濒危物种等级标准	瀕危物種等級標準	criteria for endangered species
濒危野生动植物种国际贸易公约	瀕危野生動植物種國際貿易公約	Convention on International Trade in Endangered Species of Wild Fauna and Flora, CITES
濒危种	瀕危[物]種	endangered species
冰川	冰河	glacier
冰川沉积物	冰磧物	glacial deposit
冰川地貌	冰河地貌	glacial landform
冰川湖	冰蝕湖	glacial lake
冰川消退	冰消	deglaciation
冰川植物区系	冰河植物相	glacial flora
冰川作用	冰河作用	glaciation
冰帽	冰帽	ice cap
冰期	冰期	glacial period

大　陆　名	台　湾　名	英　文　名
冰期孑遗植物区系	冰期孑遗植物相	glacial relic flora
冰碛	冰碛石	moraine，till
冰蚀高原	冰蚀高原	fjeld
冰蚀作用	冰河侵蚀	glacial erosion
冰水沉积平原	冰水沈積平原	outwash plain
冰芯	冰芯	ice core
冰雪浮游生物	冰雪浮游生物	cryoplankton
冰雪植物	冰雪植物	cryophyte，cryophyta
冰雪植物区系	冰雪植物相	nival flora
冰原	冰原	ice field
冰原岛峰	冰原孤峰	nunatak
冰缘	冰缘	periglacial
病虫害综合防治(=有害生物综合防治)		
波恩公约	波恩公約，波昂公約	Bonn Convention
波纹小蠹诱剂	波紋小蠹聚誘劑	multilure
泊松分布	卜瓦松分布	Poisson distribution
泊松系列	卜瓦松系列	Poisson series
博弈论,对策论	博弈理論，賽局理論	game theory
补偿层	補償水準	compensation level
补偿点	平準點，補償點	compensation point
补偿[光照]强度	補償光度，平準強度，補償光照強度	compensation intensity, compensation light intensity
补偿深度	補償深度	compensation depth
补偿性生长	補償性生長	compensatory growth
补偿性致死因子	補償性致死因子	compensatory mortality factor
补偿因子	補償因子	compensation factor
补偿作用	補償	compensation
补充量	補充量，入添量	recruitment
补充曲线,繁殖曲线	補充曲線，繁殖曲線，生殖曲線	recruiting curve, reproduction curve
补充群体模型(=动态库模型)		
捕获量	捕獲量	catch
捕获,诱捕	陷捕法	trapping
捕捞过度,过捕	過漁，過度捕撈	overfishing, overharvesting
捕捞努力量	漁獲努力，漁獲努力量	fishing effort
捕捞强度	漁獲強度	fishing intensity

大　陆　名	台　湾　名	英　文　名
捕捞曲线	漁獲曲線	catch curve
捕食	掠食,捕食	predation
捕食庇护所	捕食庇護所	predation refuge
捕食补偿	捕食補償	predation compensation
捕食风险	捕食風險	predation risk
捕食假说	捕食假說	predation hypothesis
捕食昆虫	捕食性昆蟲	predaceous insect
捕食食物链	捕食食物鏈	predator food chain
捕食效率	捕食效率	predation efficiency
捕食性鸟类巢	捕食性鳥類之巢	eyrie
捕食压力	捕食壓力	predation pressure
捕食者	掠食者,捕食者	predator
捕食者饱和效应	捕食者飽食效應	predator satiation
捕食者–猎物波动	捕食者–獵物波動	predator-prey oscillation
捕食者–猎物系统	捕食者–獵物系統	predator-prey system
捕食者–猎物相互作用	捕食者–獵物相互作用	predator-prey interaction
捕食者转换	捕食者轉換	predator switching
不定芽	不定芽	indefinite bud
不可更新资源(=非再 生资源)		indefinite bud
不连续变异	不連續變異	discontinuous variation, discrete variation
不连续性	不連續性	discontinuity
不适口性	不適口性	unpalatability
不[舒]适指数	不[舒]適指數	discomfort index
不调和湖泊型	非調和性湖沼	disharmonic lake type
不调和生物区系	非調和生物相	disharmonic biota
不透水层	非透水層	aquifuge
不稳定平衡	不穩定平衡	unstable balance, unstable equilibrium
不育等级	不育品級	sterile caste
不育性	不稔性,不妊性,不育性	sterility

C

大　陆　名	台　湾　名	英　文　名
采伐林(=主伐林)		
残积物	洗出物	eluvium
残效	殘效	residual effect
残遗分布区(=孑遗分		

大　陆　名	台　湾　名	英　文　名
布区)		
残遗土	殘遺土	relict soil, relic soil
残遗植物区系(＝孑遗植物区系)		
残遗种(＝孑遗种)		
残余斑块	殘留區塊,殘留斑塊	remnant patch
残余物	殘餘物,殘毒	residue
仓储害虫	倉庫害蟲	stored product pest
草本	草本	herb
草本层	草本層	herb layer
草本植被	草本植被	herbaceous vegetation
草丛	草叢	tussock
草地	草地	grassland
草地生态学	草原生態學	grassland ecology
草甸	濕草原,草甸	meadow
草甸草原	草甸-乾草原植被區	meadow steppe
草食偏好性	啃食偏好性	grazing preference
草原	草原,矮莖乾草原	grassland, steppe
草原改良	草原改良	grassland improvement
草原管理	草原管理,草原經營	grassland management
草原气候	草原氣候	grassland climate
草原生态系统	草原生態系	grassland ecosystem
草原疏林	草原疏林	savanna forest
草原植物	草甸植物	poophyte
草原指示植物	草原指標植物	grassland indicator
草沼	草澤,草沼	marsh
侧根	側根	lateral root
侧芽	側芽	lateral bud
测高仪(＝高度计)		
测径带	直徑帶	diameter band
层级系统(＝等级系统)		
层片	同型同境群落	synusia, synusium
查帕拉尔群落	達帕拉爾硬葉灌叢	chaparral
产雌孤雌生殖	產雌孤雌生殖	thelytokous parthenogenesis, thelytoky
产甲烷菌	甲烷菌	methanogen, methanogenic bacteria
产两性单性生殖,产两性孤雌生殖	產兩性孤雌生殖	deuterotoky
产两性孤雌生殖(＝产		

大　陆　名	台　湾　名	英　文　名
两性单性生殖)		
产量,生产量	產量,生產量	production, yield
产量表	產量表	yield table
产量/呼吸量比	產量/呼吸量比	production/respiration ratio, P/R ratio
产量金字塔(=产量锥体)		
产量-密度效应	產量-密度效果	yield-density effect, Y-D effect
产量曲线	產量曲線	yield curve
产量/生物量比	產量/生物量比	production/biomass ratio
产量图	產量圖	yield diagram
产量系数	產量係數	yield coefficient
产量锥体,产量金字塔	生產量塔	production pyramid
产卵	產卵	oviposition, spawning, egg deposition
产卵场	產卵場	spawning ground
产卵洄游,生殖洄游	生殖洄游,產卵遷移,產卵迴游	spawning migration, breeding migration
产卵绝食	產卵絕食	spawning starvation
产卵力	孕卵數	fecundity
产卵期	產卵期	oviposition period
产卵前期	產卵前期	preoviposition period
产热	產熱,生熱作用	thermogenesis
产热临界温度	產熱臨界溫度	critical temperature for heat production
产业代谢评估	產業代謝評估,工業代謝評估	industrial metabolism assessment, IMA
产业生态系统	產業生態系,工業生態系	industrial ecosystem
产业生态学	產業生態學,工業生態學	industrial ecology
产幼虫	產幼蟲	larviposition
产幼生殖	產幼生殖	larviparity
颤抖性产热	顫抖性產熱	shivering thermogenesis
长短日照植物	長短日照植物	long-short-day plant
长期生态研究	長期生態研究	long-term ecological research, LTER
长日照处理	長日照處理	long-day treatment
长日照植物,短夜植物	長日照植物	long-day plant
长夜植物(=短日照植物)		
常量营养物,大量营养	巨量養分	macronutrient

大　陆　名	台　湾　名	英　文　名
物		
常量元素（＝大量元素）		
常绿草本群落	常綠草本群落	sempervirentherbosa
常绿季节林	常綠季節林	evergreen seasonal forest
常绿阔叶林,照叶林	常綠闊葉林	evergreen broadleaf forest, laurel forest
常绿阔叶林带	常綠闊葉林帶	laurel forest zone
常绿群落	常綠群落	evergreen community
常绿针叶林	常綠針葉林	evergreen coniferous forest, evergreen needle-leaved forest
常绿针叶林带	常綠針葉林帶	evergreen coniferous forest zone
常年放牧（＝连续放牧）		
常数	常數	constant
常雨灌丛（＝常雨灌木群落）		
常雨灌木群落,常雨灌丛	常雨灌木群落	pluviifruticeta
常雨林（＝常雨乔木群落）		
常雨木本群落	常雨木本群落	pluviilignosa
常雨乔木群落,常雨林	常雨喬木群落	pluviisilvae
敞水带（＝湖沼带）		
超补偿	超補償	overcompensation
超富营养湖	超優養湖	hypertrophic lake
超个体	超生物體	superorganism
超级杂草	超級雜草	superweed
超寄生	多次寄生	superparasitism
超寄生物,重寄生物	重覆寄生者,重寄生物	hyperparasite
超空间（＝多维空间）		
超深渊带	超深淵區	hadal zone
超深渊动物区系	超深淵動物相	hadal fauna
超深渊水层带	超深淵水層帶	hadopelagic zone
超微微型浮游生物	超微微浮游生物	femtoplankton
超微型浮游动物	皮級浮游動物	picozooplankton
超微型浮游生物,微微型浮游生物	皮級浮游生物	picoplankton
超微型浮游植物	皮級浮游植物	picophytoplankton
超盐水,高盐水	超鹽水,高鹽水	ultrahaline water, hyperhaline water
超种	超種	superspecies

大　陆　名	台　湾　名	英　文　名
巢	巢,窝	nest
巢寄生[现象]	客居现象	inquilinism
巢式样方法	巢式樣方法	nested quadrat method
巢域,活动范围	活動範圍	home range
潮差	潮差	tidal range, tide range
潮间带	潮間帶,海潮間帶	intertidal zone, mediolittoral zone, tidal zone
潮间带生态学	潮間帶生態學	intertidal ecology
潮上带	上潮帶,潮上帶	supralittoral zone, supratidal zone
潮位	潮位	tidal level
潮汐	潮,潮汐,海潮	tide
潮汐节律	潮汐律動	tidal rhythm
潮汐林地	海潮林地	tidal woodland
潮汐移动	潮汐移動	tidal migration
潮汐周期性	潮汐週期	tidal periodicity
潮下带	亞潮帶	subtidal zone
潮线	潮線	tidal line
潮线下群落	亞潮帶群聚	subtidal community
潮沼	潮沼	tidal marsh
沉积物摄食	沈積物攝食	deposit feeding
沉积物污染	沈積物汙染	sediment pollution
沉积型循环	沈積循環	sedimentary cycle
沉积作用	沈積作用	sedimentation
沉水植被带	沈水植被帶	submerged vegetation zone
沉水植物	沈水植物	submerged hydrophyte, submerged plant, immersed aquatic plant
沉水植物群落	沈水植物群落	submerged plant community
沉性卵	沈性卵,底層卵	demersal egg
晨昏活动型	晨昏活動型	crepuscular type
晨昏期	晨昏期	crepuscular period
晨昏迁徙	晨昏遷移	twilight migration
成虫	成蟲	adult, imago
成虫羽化	[成蟲]羽化	adult emergence
成带现象	成帶現象,分區現象	zonation
成熟期,成体期	成熟期,成體期	mature stage, adult stage
成体	成體	adult
成体期(＝成熟期)		
成形浮游生物	形態浮游生物	morphoplankton

大　陆　名	台　湾　名	英　文　名
城市承载力	都市承載力	urban carrying capacity
城市大气环流	都市大氣環流	urban atmospheric circulation
城市景观	都市景觀	urban landscape
城市林业	都市林業	urban forestry
城市逆温层	都市逆溫層	urban inversion layer
城市农业	都市農業	urban agriculture
城市气候	都市氣候	urban climate
城市热岛效应	都市熱島[效應]	urban heat island
城市社会生态学	都市社會生態學	urban socioecology
城市生态规划	都市生態規劃	urban ecological planning
城市生态系统	都市生態系	urban ecosystem
城市生态学	都市生態學	urban ecology
城市峡谷效应	都市峽谷效應	urban canyon effect
池塘群落	池塘群聚,池塘群落	pool community
池塘演替	池塘消長,池塘演替	pond succession
持久性有机污染物	持久性有機汙染物	persistent organic pollutant, POP
持水量,保湿量	容水量,保水容量,保濕量	moisture-holding capacity, water-holding capacity
持续渔获量	持續漁獲量	sustainable yield
尺度	尺度	scale
尺度推绎,尺度转换	尺度分析	scaling
尺度效应	尺度效應	scale effect
尺度转换(=尺度推绎)		
赤潮,红潮	紅潮,赤潮	red tide
赤道无风带	赤道無風帶	doldrums
冲积层	沖積層	alluvium
虫害	害蟲	insect pest
虫媒传播疾病	蟲媒疾病	insect-borne disease
虫媒授粉	蟲媒授粉	insect pollination
重捕[获]	再捕獲	recapture
重叠度	重疊度	degree of overlap
重叠生态位	重疊生態席位	overlapping niche
重定居,回迁	重新拓殖	recolonization
重寄生	重複寄生,外表寄生	epiparasitism, hyperparasitism
重寄生物(=超寄生物)		
重演	重演	recapitulation
重演发育	重演性發生	palingenesis
重演律	重演律	law of recaptulation

大　陆　名	台　湾　名	英　文　名
抽彩式竞争	彩票式競爭	lottery competition
抽样(=取样)		
臭氧	臭氧	ozone
臭氧层	臭氧層	ozonosphere
臭氧[空]洞	臭氧洞	ozone hole
臭氧屏障	臭氧屏障	ozone shield
臭氧损耗	臭氧損耗	ozone depletion
出生扩散	出生散佈,出生播遷	natal dispersal
出生率	出生率	natality, birth rate
初级处理(=一级处理)		
初级合作	原始型合作	protocooperation
初级寄生物	初級寄生物	primary parasite
初级生产力,第一性生 产力	初級生產力,基礎生產 力	primary productivity
初级生产量,第一性生 产量	初級生產量,基礎生產 量	primary production
初级生产者,第一性生 产者	初級生產者	primary producer
初级消费者	初級消費者	primary consumer
初级演替系列(=原生 演替系列)		
雏菊世界模型	雛菊世界模型,雛菊世 界模式	daisy world model
雏形种(=端始种)		
储藏	儲藏,儲食	hoarding
储藏物质	貯藏物質,儲藏物質	reserve substance
储藏养分	貯藏養分,儲藏養分	reserve nutrient
储藏组织	貯藏組織,儲藏組織	reserve tissue
储存库	貯存庫	reservior pool
处理时间	處理時間	handling time
触角电位图	觸角電位圖	electroantennogram, EAG
触觉通信	觸覺溝通	tactile communication
触杀剂(=接触性杀虫 剂)		
触温动物	觸溫動物	thigmotherm
传播,散布	播散	dissemination
传播体	傳播體,播散體,散佈 繁殖體	disseminule, migrule, diaspore

大　陆　名	台　湾　名	英　文　名
传播体类型	播散體類型	disseminule form
垂直成层	垂直分層	vertical stratification
垂直带	垂直帶	altitudinal zone, altitudinal belt
垂直带逆转	垂直[植生]帶逆轉	inversion of altitudinal zone
垂直分布	垂直分布	vertical distribution
垂直分布替代种	垂直分布替代種	altitudinal vicariad
垂直混合	垂直混合	vertical mixing
垂直气候带	垂直氣候帶	vertical climatic zone
垂直生命表	垂直生命表	vertical life table
垂直移动	垂直遷移	vertical migration
春化作用	春化[作用]	vernalization
春季循环	春季循環,春季混合	spring circulation, spring overturning
春季循环期	春季循環期	vernal circulation period
纯合度	純合性,同質接合性	homozygosity
纯林分	純林分	pure stand
纯系	純系	pure line
磁极	磁極	magnetic pole
雌雄同体	雌雄同體	hermaphrodite, monoecy
雌雄同株	雌雄同株	hermaphrodite, monoecy
雌雄异体	雌雄異體	dioecy
雌雄异株	雌雄異株	dioecy
次成体(=亚成体)		
次级生产力,第二性生产力	次級生產力	secondary productivity
次级生产量,第二性生产量	次級生產量	secondary production
次级生产者	次級生產者	secondary producer
次级消费者	次級消費者	secondary consumer
次生代谢物	次級代謝物,二次代謝物	secondary metabolite
次生林	次生林	secondary forest
次生灭绝	次生滅絕	secondary extinction
次生群落	次生群集	secondary community
次生生长	次級生長	secondary growth
次生污染物(=二次污染物)		
次生演替	次生演替	secondary succession
次生演替系列	次生演替系列	secondary sere, subsere

大 陆 名	台 湾 名	英 文 名
次要种	次要種	accessory species
从属关系	從屬關係	dominance subordiance
从属种	低階種,從屬種	subordinate species
丛草草原	叢草草原	tussock grassland
丛生指标	叢聚指標	clumping index
粗出生率	粗出生率	crude birth rate
粗放放牧地	粗放放牧地	extensive pasture
粗放牧	粗放放牧	rough grazing
粗腐殖质	粗腐植質,不混土腐植質	raw humus, mor
粗腐殖质层	酸性腐植層	duff horizon, duff layer
粗颗粒有机物	粗粒有機物	coarse particulate organic matter, CPOM
粗粒环境	粗粒環境	coarse-grained environment
粗粒景观	粗粒地景	coarse-grained landscape
粗密度	粗密度	crude density
粗死亡率	粗死亡率	crude death rate
促进作用	促進作用	facilitation
存活	存活	survivourship
存活率	存活率,殘存率,成活率	survival rate
存活曲线,生存曲线	生存曲線,存活曲線	survival curve, survivourship curve
存活曲线类型	存活曲線類型	survivourship curve type
存活值	存活值(演化)	survival value

D

大 陆 名	台 湾 名	英 文 名
达尔文适合度	達爾文適合度	Darwinian fitness
达尔文学说	達爾文主義,達爾文學說	Darwinism
大爆炸式生殖	大爆發式生殖,一次產卵性	big-bang reproduction
大冰河期	大冰河期	great ice age
大潮	大潮	spring tide
大[海]洋生态系统	大海洋生態系	large marine ecosystem, LME
大块漂浮植物	大塊漂浮植物	sudd
大量营养物(=常量营养物)		
大量元素,常量元素	大量元素	macroelement, major element

大 陆 名	台 湾 名	英 文 名
大陆边缘	大陸邊緣	continental margin
大陆岛	大陸性島嶼	continental island
大陆–岛屿模型	大陸–島嶼模型	continent-island model, mainland-island model
大陆度	陸性率	continentality
大陆架	大陸棚	continental shelf
大陆架生态系统	陸棚生態系	shelf ecosystem
大陆隆	大陸隆起	continental rise
大陆漂移	大陸漂移	continental drift
大陆漂移假说	大陸漂移假說	continental drift hypothesis
大陆坡	大陸坡,大陸斜坡	continental slope
大陆性冰川	大陸性冰川	continental glacier
大灭绝(=聚群灭绝)		
大气浮游生物(=空中漂浮生物)		
大气浮游植物(=空中漂浮植物)		
大气候	大氣候	macroclimate
大气环流	大氣環流	atmospheric circulation
大气环流模型	大氣環流模型,大氣環流模式	general circulation model, GCM
大气圈	大氣圈	atmosphere
大气污染	大氣汙染	atmosphere pollution
大型[底栖]动物	大型動物相	macrofauna
大型底栖生物	大型底棲生物	macrobenthos
大型浮游生物	大型浮游生物	macroplankton
大型浮游植物	大型浮游性植物	macrophytoplankton
大型漂浮植物	大型漂浮植物	pleustophyte, phytopleuston
大型生物群	大型生物相	macrobiota
大型消费者	大型消費者	macro-consumer
大型藻类	大型藻類	macroalgae
大眼幼体	大眼幼體	megalopa larva
大洋表层带(=上层带)		
大洋岛	海洋性島嶼	oceanic island
大洋浮游生物,远洋浮游生物	大洋性浮游生物,海洋性浮游生物	oceanic plankton
大洋环流	海洋環流	ocean circulation
大洋区	大洋區	oceanic province, oceanic zone

大　陆　名	台　湾　名	英　文　名
大洋生物,远海生物	水層生物	pelagic organism
大洋鱼类,远洋鱼类	水層魚類	pelagic fish
大种	多態種	macrospecies
代谢	代謝作用	metabolism
代谢率	代謝率	metabolic rate
代谢物	代謝物	metabolite
带间动物	區間動物相,帶間動物相	interzonal fauna
带状调查	樣帶調查法	strip census
带状分布,显域分布	帶狀分布	zonal distribution
带状耕作	帶狀耕作	strip cropping
戴马通尼干燥指数	戴馬通尼乾燥指數	de Martonne's index of aridity
单倍二倍性	單倍兩倍性	haplodiploidy
单倍体	單倍體	haploid
单倍型	單倍型	haplotype
单次生殖	單次繁殖	semelparity
单顶极	單極相,單極峰群落	monoclimax, single climax
单顶极学说,单顶极理论	單極峰假說,單極峰理論	monoclimax hypothesis, monoclimax theory
单寄生	單寄生	monoparasitism, solitary parasitism
单配制	單配偶制	monogamy
单配种	單配偶種	monogamous species
单食者	單食者	monophage
单态性	單態性,雌雄同型	monomorphism
单体生物	單體生物	unitary organism
单位补充渔获量	單位補充漁獲量	yield per recruit
单位捕捞努力量渔获量,单位努力捕获量	單位努力漁獲量,單位努力捕獲量	catch per unit effort, CPUE
单位努力捕获量(=单位捕捞努力量渔获量)		
单型进化	單型性演化	monotypic evolution
单性生殖	單性生殖,無性繁殖	parthenogenesis, monogony
单雄群	單雄群	one-male group, uni-male group
单循环湖	單循環湖	monomictic lake
单循环性	單循環性	monocyclic
单因子分析	單因子分析	single factor analysis
单优种浮游生物群落	單優勢種浮游生物群集	monotone plankton community

大　陆　名	台　湾　名	英　文　名
单优种群丛	單叢	consociation
单优种群落	單一優勢種群集	monodominant community
单种植物小群	單種植物小群	clan
单主寄生	同主寄生	autoecism
淡水浮游生物(＝湖沼浮游生物)		
淡水生态系统	淡水生態系	freshwater ecosystem
淡水生态学	淡水生態學	freshwater ecology
氮沉降	氮沈降	nitrogen deposition
氮利用效率	氮利用效率	nitrogen use efficiency, NUE
氮收支	氮收支	nitrogen budget
氮循环	氮循環	nitrogen cycle
氮氧化合物	氮氧化物	nitrogen oxide
当地原有害虫	當地原生有害生物	indigenous pest
当年吸收量	當年吸收量	current annual uptake
刀耕火种,烧荒垦种	刀耕火種農業,焚耕,燒耕	slash and burn agriculture
岛屿生物地理学	島嶼生物地理學	island biogeography
岛屿生物地理学说	島嶼生物地理學說	theory of island biogeography
岛屿生物区系	島嶼生物相,島嶼生物區系	island biota
岛屿种(＝隔离种)		
稻鱼共生系统	稻魚混養系統	rice-fish system
等待博弈	等待賽局,消耗戰	wait game
等高带状种植	等高條作	contour strip cropping
等高耕作	等高耕種	contour cultivation, contour plowing
等高线	等高線	contour line
等级	階級	caste
等级分化	階級分化	caste differentiation
等级系统,层级系统	層系[級]系統	hierarchical system
等级组织	層系[級]組織	hierarchical organization
等深线	等深線,海洋等深線	depth contour, isobath, isobathyic line
等位基因	等位基因,對偶基因	allele
等位酶	異位酶	allozyme
等位种(＝等值种)		
等温线	等溫線	isotherm, isothermal line
等压线	等壓線	isobar
等压线图	等壓線圖	isobaric map

大　陆　名	台　湾　名	英　文　名
等盐线	等鹽線	isohaline
等值线	等值線	isopleth, isoline
等值线图	等值線圖	isogram
等值种,等位种	等位種,等值種	equivalent species
低潮	低潮	low water, LW
低潮区	低潮區	low tidal region
低潮线	低潮線	low tidal mark
低地沼泽	潘塔納爾大濕地	pantanal
低地沼泽群落	低沼濕原	hygrophorbium
低强度火灾(=表火)		
低渗压调节	低滲壓調節	osmotic hyporegulation
低体温	溫度過低,失溫	hypothermia
低位沼泽	低位矮叢沼	low moor
低位沼泽泥炭	低位沼澤泥炭	fen peat
低温气候	低溫氣候	microthermal climate
低温植物	低溫植物	microthermal plant, microtherm
低狭温性	狹低溫性	oligothermal
堤后草泽	堤後草澤	back marsh
堤后林泽	堤後林澤	back swamp
敌对行为	敵對作用,敵意	hostility
底表动物,表生动物	底表動物,附著動物,表生動物相	epifauna
底表浮游生物	底表性浮游生物	epibenthic plankton
底层浮游生物(=下层浮游生物)		
底层鱼类,底栖鱼类	底層魚類,底棲魚	demersal fish
底内动物	底內動物[相]	infauna
底栖动物	底棲動物	zoobenthos
底栖动物区系	底棲動物相	bottom fauna
底栖生物	底棲生物	benthos
底栖鱼类(=底层鱼类)		
底栖植物,水底植物	底棲植物	benthophyte, phytobenthos
抵抗力,抗性	抵抗力,抗性	resistance
地被物	地被植物	ground cover
地表植被,活地被物层	地表植被	ground vegetation
地带性气候	地帶性氣候	zonal climate
地带性植被	帶狀植被	zonal vegetation
地方性密度(=特有性		

大 陆 名	台 湾 名	英 文 名
密度)		
地理变异	地理性變異	geographical variation
地理分布	地理分布	geographical distribution
地理分布区	地理分布範圍	geographic range
地理分隔	地理分隔	vicariance
地理分隔模式	地理分隔模式	vicariance model
地理隔离	地理隔離	geographic isolation
地理区域	地理區域	geographic area
地理生态型	地理生態型	geoecotype
地理生态学	地理生態學	geographic ecology
地理信息系统	地理資訊系統	geographic information system, GIS
地理演替	地理性演替,地理性消長	geographic succession
地理宗	地理[種]族	geographic race
地力级	地力級	land capability class
地貌	地貌	landform
地面芽植物	半地下植物,地面芽植物	hemicryptophyte
地面植被层	草本層,地面植被層	field layer, field stratum
地壳运动	地殼運動	crustal movement
地球化学循环	地球化學循環	geochemical cycle
地球资源[技术]卫星	地球資源衛星	earth resources technology satellite, ERTS
地上芽植物	地上芽植物	chamaephyte
地位指数,立地指数	立地指數(森林)	site index
地文顶极群落	地文極峰群落	physiographic climax
地下动物	穴居動物,地下動物	subterranean animal
地下灌溉	地下灌溉	subirrigation, subsurface irrigation
地下水	地下水	ground water
地下水径流	地下逕流	ground water runoff
地下水位	地下水位	ground water table
地下水污染	地下水汙染	ground water pollution
地下芽植物(=隐芽植物)		
地形顶极	地形性極相	topographic climax
地形渐变群(=地形梯度变异)		
地形梯度变异,地形渐变群	地形漸變群	topocline

大　陆　名	台　湾　名	英　文　名
地形土壤顶极	地形土壤極相	topo-edaphic climax
地形雪线	地形性雪線	orographic snowline
地形因子	地形因子	orographic factor
地形雨	地形雨	orographic rainfall
地衣	地衣	lichen
地域特有种	地區[性]特有種	local endemic species
地植物学(＝植物群落学)		
地植物学带	地植物學帶	geobotanical zone
地质公园	地質公園	geopark
地质过程	地質過程	geological process
地质年代学	地質年代學	geochronology
地质性演替	岩層演育(地質學),地質演替(達爾文)	geological succession
地质循环	地質循環	geological cycle
地中海实蝇性诱剂	地中海果實蠅性誘劑	trimedlure
第二性生产力(＝次级生产力)		
第二性生产量(＝次级生产量)		
第四纪	第四紀	Quaternary Period
第一性生产力(＝初级生产力)		
第一性生产量(＝初级生产量)		
第一性生产者(＝初级生产者)		
颠倒采水器,南森瓶	顛倒式採水器,南森瓶,倒轉式採水瓶	reversing water sampler, Nansen bottle
典范相关	典型相關	canonical correlation
点四分法	四分樣區法	point-centered quarter method
点污染源	點汙染源	point source of pollution
点样方分析法	樣點樣方分析	point quadrat analysis
电导率	導電度	electric conductivity
垫藓	墊狀蘚苔	cushion moss
淀粉叶	澱粉葉	starchy leaf
奠基者事件	奠基者事件	founder event
奠基者效应,建立者效	創始者效應,奠基者效	founder effect

大 陆 名	台 湾 名	英 文 名
应	應	
奠基者种群,建立者种群	奠基者族群	founder population
凋落物,枯枝落叶	枯枝落葉,凋落物	litter
凋落物层,枯枝落叶层	枯枝落葉層	litter horizon, litter layer
凋落物量	枯枝落葉量	litter size
凋萎系数(=萎蔫系数)		
调转动态	轉動趨動性	klinokinesis
调转趋性	調轉趨性	klinotaxis
顶端优势	頂芽優勢	apical dominance
顶极	[演替]極相,巔峰[群落]	climax
顶极格局学说	極相樣式學說,極相格局學說	climax pattern theory
顶极群落	極相群集	climax community
顶极群落复合体	極盛相複合體	climax complex
顶极群系	極相群系	climax formation
顶极适应数	極盛相適應序數	climax adaptation number
顶极种	極相種	climax species
定居	立足,定居	establishment, oecesis
定居期死亡率	立足期死亡率	establishment mortality
定向发育,渠限发育	限向發展,限向發育	canalized development
定向进化	定向演化	orthogenesis, directed evolution
定向选择	定向天擇, 定向選汰	directional selection, orthoselection
定形群体	定型群體	coenobium
定型行为	刻板行為	stereotypic behavior
东风带	偏東風,東風[帶]	easterlies
东洋区	東方區,東洋區	Oriental region
冬季洄游(=越冬洄游)		
冬卵	冬卵	winter egg, gamogenetic egg
冬眠	冬眠	hibernation
动情周期	發情週期	oestrous cycle
动态	觸動	kinesis
动态规划	動態規劃	dynamic programming
动态库模型,补充群体模型	動態庫模型, 動態組合模型	dynamic pooled model
动态模型	動態模型, 動態模式	dynamic model
动态平衡	動態平衡	dynamic equilibrium

大　陆　名	台　湾　名	英　文　名
动态群落	動態群集	dynamic community
动态生态学	動態生態學	dynamic ecology
动物传播(=动物散布)		
动物地理区	動物地理區	zoogeographical region, faunal region
动物区系	動物區系,動物相	fauna
动物区系屏障	動物阻礙,動物相屏障	faunal barrier
动物区系相关因子	動物相相關因素	faunistic relation factor
动物区系演替	動物區系演替	faunal succession
动物群	動物群	faunation
动物群落	動物群聚,動物群集	zoobiocenosis, zoocoenose, zoocoenosis
动物散布,动物传播	動物傳播,動物散播	zoochory, synzoochory
动物生态学	動物生態學	animal ecology
动物体内散布	動物內散佈	endozoochore
动物体外散布	靠動物散佈之繁殖體	epizoochore
动物小区系	動物社區系	faunula
动物[演替]顶极	動物頂極	zootic climax
动物志	動物誌	fauna
冻拔	霜拔	frost heaving
冻害	凍害,凍傷,霜害	freezing injury, frost damage
冻敏感植物	凍敏感植物	freezing-sensitive plant
冻蚀,霜蚀	霜蝕	frost erosion
冻原	凍原,苔原	tundra
冻原带	凍原帶	tundra zone
洞穴动物(=穴居动物)		
洞穴生物群落	洞穴生物群聚	cave community
洞穴生物学	洞穴生物學	speleobiology
毒性阈值	毒性閾值	toxicity threshold
毒性指数	毒性指數	toxicity index
独居动物	獨居動物	solitary animal
独居蜜蜂	獨居蜜蜂	solitary bees
独占领域	獨佔領域	exclusive territory
端始种,雏形种	起始種	incipient species
短命植物	短命植物	ephemeral plant
短日照植物,长夜植物	短日照植物	short-day plant, SDP
短夜植物(=长日照植物)		
短暂型植被	短暫型植被	acheb
断层	斷層	fault

大　陆　名	台　湾　名	英　文　名
断棍分布(=折棒分布)		
断棍模型(=折棒模型)		
锻炼	［抗性］鍛鍊	hardening
对比度	對比	contrast
K 对策	K–策略	K-strategy
r 对策	r–策略	r-strategy
对策论(=博弈论)		
K 对策者	K–策略種	K-strategist
r 对策者	r–策略種	r-strategist
对抗竞争	競賽競爭，對抗競爭	contest-type competition, contest competition
对抗行为	敵對行為	agonistic behavior
对抗展示	敵對展示	agonistic display
对立	對立	confronting
对流	對流	convection
对流性气流	對流性氣流，對流性水流	convectional current
对数级数分布	對數［級數］分布	logarithmic series distribution
对数图	對數［座標］圖	logarithmic graph
对数–正态分布	對數–常態分布	log-normal distribution
对数–正态假说	對數–常態假說	log-normal hypothesis
对照点	對照點，控制點，三角點	control point
对照试验(=空白试验)		
对照值	對照值，空白試驗值	blank value
多层林	複層林	multistratal forest
多次生殖	多次繁殖	iteroparity
多度,丰度	豐度	abundance
多度频度比	豐度–頻度比	abundance/frequency ratio, A/F ratio
多度–生物量曲线	豐度–生物量曲線	abundance-biomass curve
多度指数,丰度指数	資源量指數	index of abundance
多化性	一年多代性	multivoltine, multivoltinism
多寄生	多寄生［性］	multiparasitism, multiple parasitism, polyparasitism
多境起源现象	多境起源現象	polytopism
多境起源种	多境起源種	polytopic species
多氯联苯	多氯聯苯	polychlorinated biphenyls, PCBs
多年冻土(=永［久］冻		

大　陆　名	台　湾　名	英　文　名
土)		
多年生草本	多年生草本	perennial herb
多年生禾草	多年生禾草	perennial grass
多年生型	多年生型	perennial form
多年生植物	多年生植物	perennial plant
多配制	多配制	polygamy
多食性	多食性	polyphagy
多食者(＝广食者)		
多树热带草原,多树萨瓦纳	多樹熱帶草原	tree savanna
多树萨瓦纳(＝多树热带草原)		
多态现象(＝多态性)		
多态性,多态现象	多型性	polymorphism
多态性基因座	多態性基因座	polymorphic locus
多维超体积生态位	多維超空間生態席位	multidimensional hypervolume niche
多维空间,超空间	多維空間	hyperspace
多维生态位	多空間尺度生態區位	multidimensional niche
多细胞生物	多細胞生物	multicellular organism
多型进化	多型[性]演化	polytypic evolution
多循环湖	多循環湖	polymictic lake
多样性	多樣性,歧異度	diversity
α 多样性	α-多樣性	alpha diversity
β 多样性	β-多樣性	beta diversity
γ 多样性	γ-多樣性	gamma diversity
多样性比	多樣性比	diversity ratio
多样性梯度	多樣性梯度	diversity gradient
多样性-稳定性假说	多樣性-穩定性假說	diversity-stability hypothesis
多样性指数	多樣性指數,歧異度指數	index of diversity, diversity index, diversity indices
多样性中心	多樣性中心	diversity center
多[元]顶极	多[元]極相,多[演替]極相,多巔峰[群落]	polyclimax
多元分析	多變量分析	multivariate analysis
多种种群	多種類生物族群	multi-species population

E

大　陆　名	台　湾　名	英　文　名
厄尔尼诺	聖嬰,聖嬰現象,聖嬰流	El Niño
恩索	聖嬰南方震盪	El Niño and southern oscillation, ENSO
二倍体	二倍體,倍體	diploid
二重寄生	雙重寄生	diploparasitism
二重寄生物	重複寄生物,二重寄生物	secondary parasite
二次污染物,次生污染物	二次汙染物	secondary pollutant
二次循环湖	二次循環湖	dimictic lake
二叠纪	二疊紀	Permian Period
二分法	二分法	dichotomy method
二化性	二化, 一年二產	bivoltinism
二级处理,生物处理	二級處理	secondary treatment
二级河流	二級河流	second-order stream
二态现象（＝二态性）		
二态性,二态现象	二型性	dimorphism
二项分布	二項分布	binomial distribution
二氧化碳补偿点	二氧化碳補償點	CO_2 compensation point
二氧化碳失汇	二氧化碳失匯	CO_2 missing sink
二氧化碳施肥效应	二氧化碳施肥	CO_2 fertilization

F

大　陆　名	台　湾　名	英　文　名
发光生物	發光生物	luminous organism, bioluminescent organism
发光细菌	光合菌	photobacteria
发芽(＝萌发)		
发育单位	發育單位	developmental unit
发育反应	發育反應	developmental response
发育阶段	發育期	developmental stage
发育临界	發育閾值,發育低限	developmental threshold
发育零点	發育零點	developmental zero

大　陆　名	台　湾　名	英　文　名
发育起点温度	發育低限溫度	developmental threshold temperature
发育[速]率	發育率	developmental rate
繁育系统,繁殖系统	繁殖系統	breeding system
繁殖(=生殖)		
繁殖成功率	繁殖成功率	breeding success rate
繁殖率(=生殖率)		
繁殖潜力(=生物潜力)		
繁殖曲线(=补充曲线)		
繁殖群,同类群	族群,同族群,繁殖亞族群,同群種	deme
繁殖体	繁殖體	propagule
繁殖系统(=繁育系统)		
反刍类	反芻類	ruminant
反馈	回饋	feedback
反馈环	回饋環	feedback loop
反馈机制	回饋機制	feedback mechanism
反向河口	負性河口,反向河口	negative estuary
反硝化细菌	脫氮細菌	denitrifying bacteria
反硝化作用	脫氮作用,去硝化[作用], 反硝化作用	denitrification
反应时滞	反應時滯	reaction time lag
反照率	反照率	albedo
返祖[现象]	返祖[現象]	atavism
泛北极植物界	全北極植物系界	holarctic floral kingdom
泛大陆	盤古板塊,盤古大陸	Pangaea
泛顶极	泛極鋒相	panclimax, pan-climax
泛化种, 广幅种	廣適者	generalist
泛滥平原	洪泛平原	flood plain
泛群系	泛群系	panformation
泛热带植物	泛熱帶植物	pantropical plant
泛域土	泛域土	azonal soil
方差	變方,變異數	variance
方差分析	變方分析	analysis of variance, ANOVA
方格取样	圖點取樣,方格取樣	grid sampling
防风林	防風林	windbreak forest
防护林	防護林	shelter forest
防火树	防火樹	fire prevention tree
防沙林	防沙林	sand protecting plantation, sandbreak for-

大　陆　名	台　湾　名	英　文　名
		est
防雪林	防雪林	snowbreak forest
防御物质	防禦物質	defensive substance
防御行为	防禦行為, 保護行為	defense behavior, protective behavior
防御性互利共生	防禦性互利共生	defensive mutualism
防灾林	防災林, 防護林	disaster prevention forest
防治阈值	防治閾值, 防治低限	action threshold, control threshold
防治阈值密度	防治閾值密度	control threshold density
仿真(=模拟)		
放牧促进	啃食促進	grazing facilitation
放牧地指示生物	放牧地指標生物	grazing indicator
放牧林	放牧林(畜牧學)	grazing forest
放牧容量	牧養量, 啃養量	grazing capacity
放牧生态学	放牧生態學(畜牧學)	grazing ecology
放牧食草动物	啃食性草食動物	grazing herbivore
放牧系统	啃食系統, 放牧系統 （畜牧學)	grazing system
放牧休闲, 生草休闲	夏季休耕地	summer fallow
放射虫软泥	放射蟲軟泥	radiolarian ooze
放射性尘埃	放射性塵埃	radioactive dust
放射性沉降物	放射性落塵	radioactive fallout
放射性废物	放射性廢物	radioactive waste
放射性示踪物	放射性示蹤物, 放射性 示蹤劑	radioactive tracer
放射性示踪物测定法	放射性示蹤物測定法	radioactive tracer method
放射性碳定年	放射性碳定年, 放射性 碳測年	radiocarbon dating, radioative carbon dating
放射性污染	放射性汙染	radioactive pollution, radio-contamination
飞灰	飛灰	fly ash
非包含型等级系统	非巢式層級系統	nonnested hierarchy
非颤抖性产热	非顫抖性生熱[作用]	nonshivering thermogenesis
非点污染源, 面污染源	非點源汙染	non-point source of pollution
非密度制约	非密度依存	density independent
非密度制约控制	密度無關控制	density-independent control
非密度制约因子	密度無關因子	density-independent factor
非平衡模型	不平衡模型	nonequilibrium model
非平衡说	非平衡理論	nonequilibrium theory
非生物生境成分	非生物成分棲地, 非生	abiocoen

大　陆　名	台　湾　名	英　文　名
	物成分生境	
非生物悬浮物	非生物漂浮物，非生物懸浮物	abioseston，tripton
非生物因子	非生物因子	abiotic factor
非线性系统	非線性系統	non-linear system
非相互作用的放牧系统	無相互作用的放牧系統	non-interactive grazing system
非选型交配	選徵交配	disassortative mating
非运动性浮游生物	非運動性浮游生物	akineton
非再生资源，不可更新资源	非再生[性]資源	nonrenewable resources
非造礁珊瑚	非造礁珊瑚	ahermatypic coral，nonhermatypic coral
非政府组织	非政府組織	non-governmental organization，NGO
非周期性	非週期性	aperiodicity
肥满度	肥滿度	coefficient of condition
肥满度系数	肥滿度係數	coefficient of fatness
肥沃草甸	肥沃草甸	fertile meadow
废水	廢水	wastewater
废物处理	廢棄物處理	waste treatment
废物再循环	廢棄物再循環	waste recycling
费尔德草原（=费尔德群落）		
费尔德群落，费尔德草原	韋爾德草原（南非）	veld，veldt
费希尔对数级数	費雪對數級數	Fisher's logarithm series
分布	分布，分散	dispersion
分布边缘区	分布周緣地域，分布邊緣地域	distribution，fringe area
分布参数系统	分布參數系統	distributed parameter system
分布格局（=分布型）		
分布函数	分布函數	distribution function
分布型，分布格局	分布型，分布樣式	distribution pattern
分布障碍	分布屏障	distributional barrier
分层抽样，分层取样	分層取樣	stratified sampling
分层取样（=分层抽样）		
分层随机抽样	分層逢機取樣	stratified random sampling
分层现象	分層，層化作用	stratification
分带	分帶，分區	zoning
分对数变换	分數對數轉換	logit transformation

大　陆　名	台　湾　名	英　文　名
分蜂	分封	swarming
分化	分化	differentiation
分化系数	分化係數	coefficient of differentiation
分角法	分角法	angle method
分节	分節現象	metamerism
分解代谢	異化代謝	catabolism
分解速率	分解速率	decomposition rate
分解者,还原者	分解者	decomposer
分解[作用]	分解[作用]	decomposition
分裂选择,歧化选择	分裂[型]天擇	disruptive selection
分娩季	分娩季	delivery season
分配系数	分配係數	partition coefficient
分配原则	分配原則	principle of allocation
分散度指数	分散度指數	index of dispersion
分室化[作用]	分室化,單位化	compartmentalization, compartmentation
分室模型	分室模型,單位模型	compartment model
分室系统方法	分室系統方法,單位系統方法	compartmental system approach
分数维	碎形維度	fractal dimension
分水岭	分水嶺	divide
分形	碎形,分形,殘形	fractal
分支发生, 分支进化	支系發生	cladogenesis
分支进化(=分支发生)		
分株	分株	ramet
分子微生物生态学	分子微生物生態學	molecular microbial ecology
分子钟	分子[時]鐘	molecular clock
粉纹夜蛾性诱剂	擬尺蠖性誘引劑	looplure
粪堆计数	糞堆計數	pellet count
粪化石	糞化石	coprolite
粪量测定器	糞量測定器	coprometer
粪生植被	糞生植被	coprophilous vegetation
丰度(=多度)		
丰度指数(=多度指数)		
α 丰富度	α-豐富度	alpha richness
β 丰富度	β-豐富度	beta richness
γ 丰富度	γ-豐富度	gamma richness
风成沉积	風成沈積,風積作用	eolian deposit, aeolian deposit
风成地貌	風蝕地形	eolian landform, aeolian landform

大　陆　名	台　湾　名	英　文　名
风成碎层岩	風積碎層岩	eolian clastic rock
风洞	風洞	wind tunnel
风干重	風乾重	air dry weight
风化作用	風化作用	weathering
风积物	風積物,風蝕沈積物	eolian deposit, aeolian deposit
风媒	風媒	anemophily
风媒植物	風媒植物	anemochore
风蚀	風蝕	wind erosion
风速计	風速計	anemometer
[风土]驯化,气候驯化	[自然]馴化	acclimatization
风险分析	風險分析	risk analysis
风险敏感摄食	風險–敏感性[最佳]覓食[理論]	risk-sensitive foraging
封闭生态系统	封閉生態系統	closed ecosystem
封闭系统	封閉系統	closed system
封闭循环	封閉循環	closed circulation
蜂王物质	后蜂物質	queen substance
蜂王信息素	后蜂費洛蒙	queen pheromone
孵化	培養,孵卵,育成	incubation
浮尘	粉塵,粉劑	dust
浮性卵	浮性卵,水層卵	pelagic egg
浮叶植被	浮葉植被	floating-leaved vegetation
浮叶植物	浮葉植物	floating-leaved plant
浮叶植物群系	浮葉植物群系	floating-leaved plant formation
浮游病毒	浮游病毒,病毒浮游生物	viroplankton
浮游底栖生物	浮游[性]底棲生物,海底浮游生物	planktobenthos
浮游动物	動物性浮游生物,浮游動物	zooplankton
浮游生活期	水層生活期	pelagic phase
浮游生物	浮游生物	plankton
浮游生物网	浮游生物網	plankton net
浮游细菌	浮游細菌	planktobacteria
浮游植物	植物性浮游生物,浮游植物	phytoplankton
辐照度	輻照度	irradiance
辐加能量,能量补助	能量補助	energy subsidy

大　陆　名	台　湾　名	英　文　名
腐化池系统,化粪池系统	化粪池系统	septic tank system
腐泥	腐泥	muck, sapropel
腐泥煤	固結腐[植]泥	sapropelite
腐泥土	腐泥土	muck soil
腐泥岩	腐泥岩	sapropelith
腐生浮游生物(＝污水浮游生物)		
腐生菌群落	腐生菌群集,腐生植物群落	saprophytic bacteria community, saprophytic community
腐生链	腐生[食物]鏈	saprophytic chain
腐生生物(＝污水生物)		
腐生生物群落	腐生生物群落	saprium
腐食食物链(＝碎屑食物链)		
腐殖化作用	腐植化作用	humification
腐殖泥	骸泥	gyttja
腐殖酸	腐植酸,腐植質酸	humic acid
腐殖营养水	腐植營養水	dystrophic water
腐殖质	腐植質	humus, humic substance
腐殖质层	腐植質層	humus horizon, humus layer
腐殖质分解者	腐植食者,腐植質分解者	humivore
腐殖质湖	腐植質湖	humus lake
腐殖质灰黏土	腐植質灰黏土	humic gley soil
腐殖质形成	腐植質形成	development of humus
负二项分布	負二項分布	negative binominal distribution
负反馈	負反饋,負回饋	negative feedback
负趋光性	負趨光性	negative phototaxis
负相互作用	負相互作用	negative interaction
负选型交配	負選型交配	negative assortative mating
负载力,环境容纳量	負荷量,承載量	carrying capacity
附表底栖生物	底上底棲生物,底表棲息生物群	epibenthic organism, epibenthos
附加演替系列	附加演替系列,附加消長系列	adsere
附生生物,表生生物	附著[動物上的]生物,表生生物	epibiont, epizoite

大　陆　名	台　湾　名	英　文　名
附生藻	附生藻	epiphytic algae
附生植物	附生植物,附生藻類	epiphyte
附生植物群落	臨水面生物群	epiphyton
附生植物商数	附生植物商數	epiphyte-quotient, EP-Q
附属种	衛星種,附屬種	satellite species
附着动物	附生動物	epizoan
附着器(＝固着器)		
复变态	複變態	hypermetamorphosis
复合环	複合環	complex loop
复合农林业,农林复合系统	複合農林業	agroforestry
复式火山	複式火山	composite volcano
复杂性理论	複雜理論	complexity theory
富集系数(＝浓缩系数)		
富营养	營養豐富,營養佳良,富營養	eutrophy
富营养化	優養化	eutrophication
覆盖	覆蓋	covering
覆盖物	覆蓋物	mulch
覆盖植被	覆蓋植被	cover vegetation
覆盖作物	覆蓋作物	cover crop

G

大　陆　名	台　湾　名	英　文　名
钙化[作用]	鈣化[作用]	calcification
钙土植物	嗜石灰植物,鈣土植物,嗜鈣植物	calcicole plant, calciphyte
盖度	覆蓋度	cover degree, coverage
盖度级	覆蓋級	cover class
盖娅假说	蓋婭假說	Gaia hypothesis
概率单位变换	概率單位變換(二分反應數)	probit transformation
概念模型	概念模式	conceptual model
干草原	乾草原	grass heath
干沉降	乾沈降	dry fallout
干谷	乾谷	dry valley
干旱带	乾旱帶	arid zone

大 陆 名	台 湾 名	英 文 名
干荒地植物	乾荒地植物	chersophyte
干荒漠	乾荒漠	siccideserta
干极	乾極	dry pole
干季	乾季	dry season
干扰	擾動，干擾	disturbance, interference
干扰斑块	擾動嵌塊	disturbance patch
干扰竞争	干擾性競爭	interference competition
干物质生产量	乾物產量	dry matter production
干性草甸	乾性草甸	dry meadow
干燥热风	乾燥熱風	chinook
干燥散热	乾燥散熱	dry heat loss
干重	乾重	dry weight
感光性	感光性	photonasty
冈珀茨曲线	岡波茨曲線	Gompertz curve
冈瓦纳古[大]陆	岡瓦納古陸	Gondwana
高草群落	高莖草本植被	altherbosa
高草稀树草原（=热带高草草原）		
高潮线	高潮線,滿潮線	high tidal mark, high water line
高地草原	查帕達高原(巴西南部的)，高地草原(南非的)	chapadas, high veld
高度计,测高仪	高度計,測高儀,海拔計	altimeter
高放射性废物	高放射性廢物	high-level radioactive waste
高茎草	高莖草	tall-grass
高茎草本植被	高莖草本植被	tall herbaceous vegetation
高茎草型	高莖草型	tall-grass type
高茎草原	高莖草原,高草原	tall-grass prairie
高山矮曲树（=矮树）		
高山草甸植物群落	高山草原	mesophorbium
高山带	高山帶	alpine belt, alpine zone
高山植物	高山植物	acrophyte
高山植物群落	高山植物群落	acrophytia
高斯法则	高斯法則	Gause's rule
高斯假说	高斯假說	Gause's hypothesis
高位芽植物	高位芽植物	phanerophyte
高位沼泽	高位沼，高甄沼澤	high-moor, raised bog

大 陆 名	台 湾 名	英 文 名
高位沼泽盆地	高地濕原盆地	hollow
高位沼泽土	高位沼土	high-moor soil
高盐水(＝超盐水)		
告警声(＝报警鸣叫)		
告警信息素(＝警戒信息素)		
格局分析	格局分析	pattern analysis
格陵兰冰芯	格陵蘭冰芯	Greenland ice core
格洛格尔律	格婁傑定則,哥勞傑規則	Gloger's rule
隔离	隔離,分離	isolation
隔离机制	隔離機制	isolating mechanism
隔离学说	隔離學說	isolation theory
隔离种,岛屿种	島嶼種,隔離種	insular species
个体变异	個體變異	individual variation
个体辨认法	個體辨識法	individual identification method
个体发生,个体发育	個體發生	ontogeny
个体发育(＝个体发生)		
个体论概念	個體論概念	individualistic concept
个体论学派	個體論學派	individualistic school
个体密度	個體密度	individual density
个体生长率	個體生長率	individual growth rate
个体生态学	個體生態學	autecology, autoecology, individual ecology
根冠比	根/莖比	root/shoot ratio
根际	根圈	rhizosphere
根茎地下芽植物	根莖地下芽植物	geophyta rhyzomatosa
根瘤	根瘤	root nodule
根瘤菌	根瘤菌	nodule bacteria
根系	根系	root system
根系竞争	根系競爭	root competition
根压	根壓	root pressure
根[状]茎	根狀莖	rhizome
更新	再生	regeneration
更新概率模型	更新概率模型	renewal probability model
更新砍伐	更新伐	regeneration cutting
更新世	更新世	Pleistocene Epoch
耕作制度	耕作制度	cropping system
工业黑化现象	工業黑化[現象]	industrial melanism

大　陆　名	台　湾　名	英　文　名
公害动物防治	滋擾性動物防治	nuisance animal control
功能反应	機能反應,功能反應	functional response
功能分化	功能分化	ergonomy
功能群	功能群,同功群	functional group
功能生态位	功能生態位	functional niche
功能食物网	功能性食物網	functional food web
功能收敛假说	功能收斂假說	functional convergence hypothesis
攻击信息素	螫釋費洛蒙	sting pheromone
攻击行为,侵犯行为	攻擊行為	aggressive behavior
攻击[性]拟态	攻擊[性]擬態	aggressive mimicry
供猎牧场(=狩猎牧场)		
共存	共存	coexistence
共存属	共存屬	binding genera
共代谢过程	共代謝過程	cometabolism process
共轭生态规划	共軛生態規則	conjugate ecological planning
共生	共生[現象]	symbiosis
共生腐生植物	共生的腐生菌,共生的 腐生植物	symbiotic saprophyte
共生生物	共生生物	symbiont
共适应,互适应	共適應	coadaptation
共同摄食地	共同攝食地	common feeding ground
构件	構件,組件	module
构件生物	構件生物體	modular organism
构造湿地系统	構造濕地系統	constructed wetland system
构造种	構造種	structural species
估计寿命(=生命期望)		
孤雌生殖	孤雌生殖(動物)	parthenogenesis
孤雌胎生蚜	孤雌生無翅雌蟲	virginopara
古北区	舊北區,舊北界,古北區	Palearctic region
古代演替系列	古代演替系列	pterosere
古地磁	古地磁現象	paleomagnetism
古地理学	古地理學	paleogeography
古顶极,原始顶极	極峰相植物群落(第 三紀始新世的)	eoclimax
古近纪	古第三紀	Paleogene Period
古老特有性	古老特有性	epibiotic endemism
古老特有种	古老特有種	epibiotic endemic species
古老植物	古老植物	epibiotic plant

大　陆　名	台　湾　名	英　文　名
古生代	古生代	Paleozoic Era
古生态学	古生態學	paleoecology, palaeoecology
古生物群落	化石群集,古生物群落	palebiocoenosis, paleobiocoenosis
古新世	古新世	Plaeocene Epoch
古演替系列	古代變遷植物相,古演替系列	eosere, paleosere
谷坊	攔砂壩	check dam
骨痛病	痛痛症	itai-itai diseae
固氮生物	固氮生物,固氮菌	diazotroph, diazotrophic organism
固氮细菌	固氮菌	nitrogen-fixing bacteria
固氮作用	固氮作用	nitrogen fixation
固定年龄分布	穩定年齡分布	stationary age distribution
固定行为型	固定行為模式	fixed action pattern, FAP
固定型种群	穩定族群	stationary population
固定指数	固定指數(遺傳距離)	fixation index
固体废物	固體廢棄物	solid waste
固着动物	固著性動物	sessile animal
固着器,附着器	固著器,附著根	holdfast
固着生物	固著生物	sessile organism
固着物种	定著物種	sedentary species
寡食性	寡食性	oligophagy
寡食者	寡食者,寡食性動物	oligophage
寡污带	寡汙水帶,貧腐水帶	oligosaprobic zone
寡污生物	寡汙生物	oligosaprobe
寡循环湖	寡循環湖	oligomictic lake, tropical lake
关键因子	關鍵因子	key factor
关键因子分析	關鍵因子分析	key factor analysis
关键种	關鍵種,基石種	key species, keystone species
关联分析	關聯分析	association analysis
关联系数	關聯係數	association coefficient, AC, coefficient of association
关于特别是水禽栖息地的国际重要湿地公约	國際重要水鳥棲地保護公約	Convention on Wetlands of International Importance Especially as Waterfowl Habitat
冠层(=林冠[层])		
冠盖度,林冠盖度	冠層覆蓋度	canopy cover
管栖动物	管棲動物	tubicole, tubicolous animal
灌丛	灌叢	scrub

大　陆　名	台　湾　名	英　文　名
灌丛沙漠	灌叢沙漠	creosote bush desert
灌溉	灌溉	irrigation
灌木	灌木	shrub, frutescence
灌木带	灌木帶	shrub zone
灌木荒漠	灌木漠地	shrub desert
灌木植被	灌木植被	shrubby vegetation
灌木植物	灌木植物	suffruticosa plant
光饱和	光飽和	light saturation
光饱和点	光飽和點	light saturation point
光补偿点	光補償點	light compensation point
光动性	光趨動性	photokinesis
光度计	光度計	photometer
光合/呼吸比	光合/呼吸比	photosynthesis/respiration ratio, P/R ratio
光合商	光合商	photosynthetic quotient
光合水分利用效率	光合水利用效率	photosynthetic water use efficiency
光合速率	光合[作用]速率	photosynthetic rate
光[合]系统	光合系統	photosynthetic system
光合细菌	光合細菌	photosynthetic bacteria
光合效率	光合效率	photosynthetic efficiency
光合有效辐射	光合有效輻射	photosynthetically active radiation, PAR
光合作用	光合作用	photosynthesis
光呼吸	光呼吸[作用]	photorespiration
光化学反应	光化學反應	photochemical reaction
光化学过程	光化學過程	photochemical process
光化学污染	光化學汙染	photochemical pollution
光化学烟雾	光化學煙霧	photochemical smog
光解	光裂解[作用]	photolysis
光能测定仪	感光計	actinometer
光[能]异养	光異營[現象]	photoheterotrophy
光[能]异养生物	光異營生物	photoheterotroph
光能有机营养生物	光能有機營養生物	photoorganotroph
光[能]自养	光自營[現象]	photoautotrophy
光[能]自养生物	光自營生物,光營[養]生物	photoautotroph, phototroph
光强度	光強度	light intensity
光损害效应	光損害效應	photodestructive effect
光污染	光汙染	light pollution
光抑制	光抑制	photoinhibition

大　陆　名	台　湾　名	英　文　名
光照阶段	光照期	photophase, photostage
光周期	光週期	photoperiod
光周期现象,光周期性	光週期現象,光週期性	photoperiodism, photoperiodicity
光周期性(=光周期现象)		
光周期诱导	光週期誘導	photoperiodic induction
广布种(=世界种)		
广幅植物	廣適性植物	euryvalent
广幅种(=泛化种)		
广食者,多食者	多食者	polyphage
广温性	廣溫性[的]	eurythermal
广温性生物	廣溫性生物	eurythermal organism
广盐性	廣鹽性	euryhaline
广氧性	廣氧性	euryoxybiotic
广义适合度	總適合度	inclusive fitness
归巢	歸航,歸巢	homing
归化,自然化	歸化	naturalization
归化植物,驯化植物	歸化植物	naturalized plant
归化种,驯化种	歸化種	naturalized species
归一化植被指数	常態化差異植被指數	normalized differential vegetation index, NDVI
规则波动,周期性波动	規則波動,規律性波動,週期性變動	regular fluctuation, cyclic fluctuation
规则分布(=均匀分布)		
硅藻软泥	矽藻軟泥,硅藻軟泥	diatomaceous ooze
郭霍法则	柯霍[氏]假說	Koch's postulate
国际长期生态研究	國際長期生態研究	International Long-Term Ecological Research, ILTER
国际地圈-生物圈计划	國際地圈-生物圈計畫	International Geosphere-Biosphere Programme, IGBP
国际生物多样性科学研究规划	國際生物多樣性科學研究計畫	DIVERSITAS
国际生物学计划	國際生物學計畫	International Biological Programme, IBP
国际水文发展十年计划	國際水文發展十年計畫	International Hydrologic Decade, IHD
过捕(=捕捞过度)		
过度放牧	過度放牧	over-grazing
过度开发,过度利用	過度利用	overexploitation
过度利用(=过度开发)		

大　陆　名	台　湾　名	英　文　名
过渡带	過渡帶	transitional zone, transition zone
过渡顶极,暂时顶极	過渡極相	transient climax
过高[种群]密度,种群过密	繁殖過度	overpopulation
过量征候	過量徵候	excess symptom
过敏性反应(=变态反应)		
过敏原	過敏原	allergen
过热(=体温过高)		
过熟林分	過熟林分	overmature forest stand

H

大　陆　名	台　湾　名	英　文　名
哈迪-温伯格定律	哈溫定律	Hardy-Weinberg's law
哈迪-温伯格平衡模型	哈溫平衡模式	Hardy-Weinberg's equilibrium model
哈迪-温伯格原则	哈溫原則	Hardy-Weinberg's principle
海岸林	海岸林	coastal forest, maritime forest
海岸群落	沿岸群集	coastal community
海岸湿地(=海洋湿地)		
海岸植被	海岸植被	maritime vegetation
海潮林	海潮林	tidal forest
海淡水洄游	河海洄游	diadromy
海底沉积物	海底沈積物	submarine sediment
海底热泉	海底熱泉	hydrothermal vent
海底热泉生态系统	海底熱泉生態系	hydrothermal vent ecosystem
海克诱剂(=己诱剂)		
海流	洋流,海流	ocean current
海面带(=上层带)		
海面微表层	海洋微表層	sea-surface microlayer
海平面变化	海水面運動	eustatic movement
海平面上升	海平面上升	sea-level rise
海侵时期	海侵時期,海進時期	transgression stage
海水	海水	marine water
海水养殖	海水養殖	mariculture
海雪	海洋雪花,海雪	marine snow
海洋	海洋	marine
海洋沉积物	海洋堆積物	marine deposit

大　陆　名	台　湾　名	英　文　名
海洋浮游生物	海洋浮游生物	thalassoplankton
海洋洄游	海洋洄游,純海洋性洄游	oceanodromous migration
海洋生态系统	海洋生態系	marine ecosystem
海洋生态学	海洋生態學	marine ecology
海洋生态演替	海洋生態消長,海洋生態演替	marine succession
海洋生物群	海洋生物相	marine biota
海洋生物生产力	海洋生物生產力	marine biological productivity
海洋湿地,海岸湿地	海洋濕地,海岸濕地	marine wetland, coastal wetland
海洋温盐环流输送带	海洋溫鹽環流輸送帶	oceanic thermohaline conveyor belt
海洋细菌	海洋細菌	marine bacteria
海洋性气候	海洋性氣候	oceanic climate
海洋学	海洋學	oceanology
海藻	海藻	marine algae
海藻床	巨藻床	kelp bed, sea-weed bed
海藻植被	海藻植被	marine algae vegetation
害虫压力假说	害蟲壓力假說	pest pressure hypothesis
含水层	含水層	aquifer
含水量	含水量	water content
寒带	寒帶	frigid zone
寒带浮游生物	寒帶浮游生物	hekistoplankton
寒荒漠群落	寒漠群落	frigorideserta
寒极	寒極	cold pole
寒冷指数	寒冷係數,冷度指數	coldness index, CI
寒流	寒流	cold current
寒漠	寒漠	cold desert
寒武纪大爆发	寒武紀大爆發	Cambrian explosion
汉密尔顿法则	漢彌頓[氏]法則	Hamilton's rule
旱期休眠	旱期休眠	drought dormancy
旱生常绿灌丛	偽馬基灌叢,旱生常綠灌叢	pseudomacchia, pseudomaqui
旱生动物	旱生動物	xerocole
旱生形态	旱生形態性,耐旱形態性	xeromorphism
旱生盐土植物	旱生鹽土植物	xerohalophyte
旱生演替	旱生演替,旱生消長	xerarch succession, xeric succession
旱生演替系列	旱生演替系列	xerosere

大　陆　名	台　湾　名	英　文　名
旱生植被	旱生植被	xeromorphic vegetation
旱生植物	旱生植物,耐旱植物	xerophyte, xerophil, xerophile
旱生植物群落	旱生植物群落	xerophytia
好动种类	好動種類	kinetophilous species
好氧处理	好氧處理,氧化處理	aerobic treatment
好氧生物	需氧性生物	aerobe
耗散结构	耗散結構	dissipative structure
耗散[结构]理论	耗散結構理論	dissipative theory
耗氧量(=氧耗量)		
禾草冻原	禾草凍原	grass tundra
禾草类指数	禾草類指數	agrostological index
禾草稀树草原	疏林草原,禾草草原	grass savanna
禾草沼泽	禾草沼	grass moor
合成代谢	同化代謝,合成代謝	anabolism
合适性假说	合適性假說	favorableness hypothesis
合作,协作	互助, 協同	cooperation
合作狩猎	協同狩獵	cooperative hunting
河岸林,河边林	濱岸林	riparian forest
河岸植被	濱岸植被	riparian vegetation
河边林(=河岸林)		
河底生物带	低流區,低流帶	hyporheic zone
河口浮游生物	河口浮游生物	estuarine plankton
河口生态系统	河口生態系	estuarine ecosystem
河口[湾]	河口	estuary
河流浮游生物	河川浮游生物	potamoplankton, riverine plankton
河流阶地	河流階地	river terrace
河流连续体概念	河流連續體概念	river continuum concept
河流漂浮生物	河流漂浮生物	heteroplanobios
河流群落	河流群落	potamium, potamic community
河流生态系统	河流生態系統	river ecosystem
核心分布,蔓延分布	蔓延分布,叢生分布	contagious distribution
核心生境	核心棲地	core habitat
核域	核心區	core area
黑白瓶法	明暗瓶法	light and dark bottle method
黑变作用	黑化作用	melanization
黑潮	黑潮	Kuroshio
黑钙土	黑鈣土	chernozem
黑箱模型	黑箱模型	black box model

大　陆　名	台　湾　名	英　文　名
痕迹性状	痕跡形質,痕跡性狀	rudimentary character
痕量元素	微量元素	trace element
恒定性	穩定性	constancy
恒渗透压动物	恆滲透壓動物	homoiosmotic animal
恒水性植物	恆水性植物	homoiohydric plant
恒温动物	恆溫動物	homeotherm, homoiotherm, homeothermal animal
恒温性	恆溫性	homeothermia, homeothermy, homoiothermy
恒向趋性	恆定角度趨向性	menotaxis
恒有度	恆存度	constance
恒有种	恆存種,恆有種,常存種	constant species
红潮(=赤潮)		
红皇后假说	紅皇后假說	Red Queen hypothesis
红壤	紅土	red earth
红树林	紅樹林	mangrove
红土	磚紅[化]土	lateritic soil
红外光	紅外線光	infrared light
红外线	紅外線	infrared
宏[观]进化	巨演化	macroevolution
洪积台地	洪積台地	diluvial upland
洪涝湿地	洪泛濕地	flood wetland
后滨	後灘,後濱	back shore
后冰期	後冰期	post-glacial period
后顶极	後極相	post climax
后继适应	後繼適應	abaptation
后生动物	後生動物	metazoan
呼吸	呼吸[作用]	respiration
呼吸根	呼吸根	respiratory root, pneumatophore, breathing root
呼吸计	呼吸計	respirometer
呼吸流	呼吸流	respiratory current
呼吸商	呼吸商	respiration quotient, respiratory quotient, RQ
呼吸/生物量比	呼吸/生物量比	respiration/biomass ratio, R/B ratio
呼吸速率	呼吸率	respiratory rate
呼吸损失	呼吸損失	respiration loss
呼吸消费量	呼吸消耗量	respiratory consumption

大　陆　名	台　湾　名	英　文　名
湖泊沉积(=湖相沉积)		
湖上层	表水層	epilimnile, epilimnion
湖水浮游生物	湖水浮游生物	eueimnoplankton
湖下层	深水層,底水層	hypolimnion
湖相沉积,湖泊沉积	湖泊沈積	lacustrine deposit
湖沼带,敞水带	湖沼區	limnetic zone
湖沼浮游生物,淡水浮游生物	湖沼浮游生物	limnoplankton
湖沼群落	湖沼群落	limnium
湖沼湿地	湖泊濕地,湖積濕地	lacustrine wetland
互补色适应	互補色適應	complementary chromatic adaptation
互惠共生(=互利共生)		
互惠利他行为	互利	reciprocal altruism
互利共生,互惠共生	互利共生	mutualism
互利素	新洛蒙,互利素	synomone
互适应(=共适应)		
互养共栖	取食體產物[現象]	syntrophism, syntrophy
华莱士线	華萊士線	Wallace's line
滑坡	坍方,地滑,山崩	landslide
化粪池系统(=腐化池系统)		
化感作用(=他感作用)		
化能合成	化學合成,化合作用	chemosynthesis
化能自养生物	化學[性]自營生物,化合自營生物	chemoautotroph
化石化作用	化石化作用	fossilization
化石群落	化石群集	oryctocoenosis, oryktocoenosis
化石燃料	化石燃料	fossil fuel
化石生物群落	化石群聚	fossil biocoenosis
化石种	化石種	fossil species
化学不育剂	化學不育劑	chemosterilant
化学防卫(=化学防御)		
化学防御,化学防卫	化學防禦,化學防衛	chemical defense
化学防治	化學防治	chemical control
化学通信	化學通信	chemical communication
化学修复	化學修復	chemical remediation
化学需氧量	化學需氧量	chemical oxygen demand, COD
还原论,简化论	簡化論,化約主義	reductionism

大　陆　名	台　湾　名	英　文　名
还原性模型	簡化模型,化約模型	reductionistic model
还原者(＝分解者)		
环岸带	環岸帶	circalittoral zone
环割	環剝	girdling
环礁	環礁	atoll
环境保护	環境保護,環境保育	environmental conservation
环境反应	環境反應	biapocrisis
环境工程	環境工程	environmental engineering
环境绩效指标	環境績效指標	environmental performance index，EPI
环境论	環境論	environmentalism
环境取向	環境取向	environmental preference
环境容量	環境容量	environmental capacity
环境容纳量(＝负载力)		
环境生理学	環境生理學	environmental physiology
环境生物学	環境生物學	environmental biology
环境梯度	環境梯度	environmental gradient
环境退化	環境退化	environmental degradation
环境选择	環境淘汰,環境選擇	environmental selection
环境异质性假说	環境異質性假說	environmental heterogeneity hypothesis
环境因子	環境因子	environmental factor
环境影响评估	環境影響評估	environmental impact assessment，EIA
环境指标	環境指標	environmental indicator
环境质量	環境質量,環境素質,環境品質	environmental quality
环境质量标准	環境素質標準,環境品質標準	environmental quality standard
环境综合体	環境複合體	environmental complex
环境阻力	環境阻力	environmental resistance
环流圈	環流圈	circulation cell
环志	腳環法	banding
缓冲区	緩衝區,緩衝帶	buffer zone
缓冲种	緩衝種,替代[獵物]種	buffer species
荒漠灌丛	沙漠灌叢	desert scrub
荒漠化	沙漠化	desertification
荒漠群落	沙漠群落	eremus
荒漠生态系统	沙漠生態系	desert ecosystem
荒漠土壤	沙漠土	desert soil
荒漠植物	沙漠植物	eremophyte

大　陆　名	台　湾　名	英　文　名
黄化	白化,黄化(植物)	etiolation
黄土	黄土	loess
灰化作用	灰壤化作用	podsolization
灰霾	灰霾	dust-haze
灰壤	灰壤	podsol, podzol
灰棕色灰化土	灰棕[灰]壤	gray-brown podzolic soil
恢复	復育	restoration
恢复力,弹性	回復力,恢復力,彈性	resilience
恢复生态学	復育生態學	restoration ecology
回交	回交	backcross, back-crossing
回迁(=重定居)		
回声定位	回音定位	echolocation
洄游	洄游	migration
洄游群	洄游群	migratory group
汇斑块	匯區塊,沈降區塊	sink patch
汇源关系	匯源關係	sink-source relationship
汇种群	匯族群	sink population
惠特克指数	惠特克指數	Whittaker's index
婚飞	婚飛	nuptial flight
婚后飞行	婚後飛行	post-nuptial flight
婚色	婚姻色	nuptial coloration
婚羽	婚羽,繁殖羽	nuptial plumage
浑浊度(=浊度)		
混播	混播	mixed sowing
混成层	混流層(湖泊)	mixolimnion
混沌	混沌	chaos
混交林	混生林, 混交林	mixed forest
混交林分	混生林分	mixed stand
混交卵	混殖卵(輪蟲)	mictic egg
混植	混植	mixed planting
混作	混作	mixed cropping
活捕器,活捕陷阱	活捕器,活捕陷阱	live-trap
活捕陷阱(=活捕器)		
活地被物层(=地表植被)		
活动范围(=巢域)		
活力	活力	vigor
活命--餐原理	一條命一頓飯法則	life-dinner principle

大 陆 名	台 湾 名	英 文 名
活食者	活食者	biophage
活性酸度	活性酸度	active acidity
活性污泥	活性汙泥	activated sludge
活性污泥法	活化汙泥法	activated sludge method, activated sludge process
火成演替	火成演替	pyrogenic succession
火成因子	火成因子	fire-generated factor
火促草类	促火禾草類	fire-enhancing grasses
火后演替	火後演替	post-fire succession
火烧顶极	火成極盛相,火燒極相	fire climax, pyric climax, pyroclimax
火烧顶极群落	火成極盛相群集	fire climax community
火烧演替	火燒演替	pyrrhic succession
火使用制度,火状况	火災範式,火場範式	fire regime
火状况(=火使用制度)		
获得抗性	後天抗性	acquired resistance
霍尔德里奇生命地带	霍爾德里奇生命地帶	Holdridge's life zone
霍林圆盘方程	霍林圓盤方程式	Holling's disc equation
霍普夫分岔,霍普夫分支	霍普夫分岔	Hopf's bifurcation
霍普夫分支(=霍普夫分岔)		
霍普金斯分布集中度系数	霍浦金分布集中度係數	Hopkins' coefficient of aggregation
霍普金斯寄主选择原理	霍浦金寄主選擇原理	Hopkins' host selection principle
霍普金斯生物气候律	霍浦金生物氣候律	Hopkins' bioclimatic law

J

大 陆 名	台 湾 名	英 文 名
机会代价,择机代价	機會成本	opportunity cost
机会种	機會種,避難種	opportunist species, fugitive species
积温	積溫	accumulated temperature
基本温度	基本溫度	cardinal temperature
基本种	基本種,原始種	elementary species
基础代谢	基礎代謝	basal metabolism, basic metabolism, BM
基础代谢率	基礎代謝率	basal metabolic rate, BMR
基础生态位	基本生態位	fundamental niche
基[础]态	基態	ground state, base state

大　陆　名	台　湾　名	英　文　名
基盖度	基蓋度	basal coverage
基群丛	基群叢	sociation
基塘系统	基塘系統	dike-pond system
基塘系统景观	基塘系統地景	dike-pond system landscape
基位种	基位種	basal species
基性岩	基性岩	basic rock
基因	基因	gene
基因多效性	基因多效性	pleiotropy
基因多样性(=遗传多样性)		
基因多样性指数	基因多樣性指數	gene diversity index
基因库	基因池	gene pool
基因扩散	基因擴散	gene dispersal
基因流	基因流,基因流動	gene flow
基因漂变	基因漂變	gene drift
基因频率	基因頻率	gene frequency
基因生态同类群	基因生態同類群	genoecodeme
基因生态学(=遗传生态学)		
基因型	基因型	genotype
基因型适应	基因型適應	genotypic adaptation
基因座	基因座	locus
基[植被]带	基帶	basal zone
基株	基株	genet
激流环境	流水環境,急流環境	lotic environment
激流群落	激流群集	swift-water community
激怒反应	群體反擊	mobbing reaction
激食物质(=助食素)		
级联模型	瀑布模式	cascade model
极地带	極帶	polar zone
极地高原	極地高原	arctoalpine
极圈	極圈	polar circle
极限环	極限環	limit cycle
极限体长	極限體長	asympototic length
极限体重	極限體重	asympototic weight
极限相似性	限制相似度	limiting similarity
急流动物区系	急流動物相	torrential fauna
急转演替	急轉演替	abrupt succession

大　陆　名	台　湾　名	英　文　名
集合群落	關聯群聚,關聯群落	metacommunity
集合种群,异质种群	關聯族群,複合族群	metapopulation
集流	[物]質流,集流	mass flow
集群	集合體,小群落	assembly, assemblage
集群分布	叢狀分布,塊狀分布	clustered distribution
集群[分布]种群	蔓延族群	contagious population
集群林	社區林,村落林	communal forest
集体防御,结群防卫	集體防禦	group defense
集体求偶	集體求偶	communal courtship
集约放牧	集約放牧地	dense pasture
集约农业	集約農業	intensive agriculture
几何分布	幾何分布	geometric distribution
几何级数增长	幾何級數增長	geometric growth
几何平均	幾何平均	geometric mean
几何增长率	幾何增加率,幾何增長率	geometric rate of increase
几何种群增长	幾何型族群增長,幾何族群成長	geometric population growth
己诱剂,海克诱剂	己誘劑,海克誘劑	hexalure
HDP 计划(=全球环境变化的人文因素计划)		
计数样方法	計數樣區法	count quadrat method
记名样方	記名樣方	list quadrat
记名样方法	記名樣方法	list quadrat method
剂量–反应关系	劑量–反應關係	dose-response relationship
季风	季風,季雨	monsoon
季风雨林	季風林,季雨林	monsoon forest
季节河[流](=间歇河[流])		
季节迁徙	季節性遷徙,季節性遷移,季節性洄游	seasonal migration
季节替代种	季節替代[種]	seasonal vicariad
季节性	季節性	seasonality
季节性节律	季節性律動	seasonal rhythm
季节演替,季相演替	季節性消長,季節性演替	seasonal succession
季节周期性	季節週期性	seasonal periodicity

大　陆　名	台　湾　名	英　文　名
季相	季相,季相變遷	seasonal aspect, aspect, aspection
季相演替(=季节演替)		
寄居生物	客居生物	inquiline
寄栖互利共生	棲所共利共生	endoecism
寄生	寄生[現象]	parasitism
寄生昆虫	寄生性昆蟲	parasitic insect
寄生链	寄生鏈	parasite chain
寄生群落	寄生群落	opium
寄生食物链	寄生食物鏈	parasite food chain
寄生物	寄生物,寄生者	parasite
寄生物介导性选择	寄生物媒介的性擇	parasite-mediated sexual selection
寄主	寄主	host
寄主–寄生物相互作用	寄主–寄生物交互作用	host-parasite interaction
寄主适合性	寄主適合性	host suitability
寄主选择性	寄主選擇	host selection
寄主植物	寄主植物	host plant
寄主专一性	寄主專一性	host specificity
加里格群落	加里格灌叢	garigue, garrigue
夹捕器	彈夾器,夾捕器	snap-trap
家河理论,双亲河理论	家河理論,親河理論	home stream theory
家蝇性诱剂	家蠅性誘劑	muscalure
家族群	親族	kin group
甲壳类浮游生物	甲殼類浮游生物	crustacean plankton
甲烷发酵	甲烷發酵,沼氣發酵	methane fermentation
钾–氩测年,钾–氩计时	鉀氩定年,鉀–氩定年法	K-Ar dating
钾–氩计时(=钾–氩测年)		
假年轮	偽年輪	false annual ring
假梳理	假梳理	mock preening
假水生植物(=两栖植物)		
假说	假說	hypothesis
假死	假死	asphyxy
尖翅蠊素	灰色蜚蠊的雄性識別費洛蒙	nauphoetin
间冰期	間冰期	interglacial period, interglacial stage
兼性互惠共生(=兼性		

大　陆　名	台　湾　名	英　文　名
互利共生)		
兼性互利共生,兼性互 惠共生	兼性互利共生	facultative mutualism
兼性厌氧菌	兼性厭氧菌,兼性厭氧 性細菌	facultative anaerobic bacteria, facultative anaerobe
兼性因子	兼性因子,偶發因子	facultative factor
减幅振荡	減幅振盪	damped oscillation
减耗环	減耗環	decreasing consumption loop
减少者	減少者	decreaser
剪趾法	剪趾法	toe-clipping method
检疫	檢疫	quarantine
简化论(＝还原论)		
碱性植物	耐鹼植物	alkaliplant
碱沼(＝矿质泥炭沼泽)		
间断层	間斷層,不連續層	discontinuity layer
间断分布	間斷分布,不連續分布	discontinuous distribution, disjunctive dis- tribution
间断进化	斷續演化	punctuated evolution
间断年轮	不連續年輪	discontinuous ring
间断平衡说	斷續平衡說	punctuated equilibrium theory
间隔法(＝距离法)		
间隔性波动	間距性變動	spaced fluctuation
间隙水	間隙水	interstitial water
间歇河［流］,季节河 ［流］	間歇性河流	intermittent stream
间歇性河口	間歇性河口	intermittent estuary
间作	間作	intercropping
建成种群	立足族群	established population
建立者效应 (＝奠基者 效应)		
建立者原则	奠基者原理	founder principle
建立者种群(＝奠基者 种群)		
建群种	建群種	constructive species, edificato
渐变混交群	漸變亞族群	clinodeme
渐变群(＝梯度变异)		
渐近线	漸近線	asymptote
渐渗杂交	漸滲雜交	introgression hybridization, introgressive

大　陆　名	台　湾　名	英　文　名
		hybridization, vicinism
渐危种	漸危種	vulnerable species
渐新世	漸新世	Oligocene Epoch
江古田植物区系	江古田植物相	Egota flora
降尘	降塵	dustfall
降海洄游,降河繁殖	降海[河]洄游	catadromy
降河繁殖(=降海洄游)		
降水蒸发指数	降水/蒸發指數	precipitation/evaporation index, P/E index
交哺[现象]	交哺現象	trophallaxis
交互抗性	交互抗性	cross resistance
交互作用	交互作用,交感作用	interaction
交换量	置換容量	exchange capacity
交换性酸度	置換酸度	exchange acidity
交换性盐基	可置換鹽基	exchangeable base
交换性阳离子	可換置陽離子	exchangeable cation
交配干扰,迷向法	交配干擾,迷向法	mating disruption
交配季	交配季	mating season
交配前行为	交配前行為	premating behavior
交配同类群	交配亞族群	gamodeme
交配系统	配對系统	mating system
交配行为	交尾行為,交配行為,交合行為	mating behavior, copulatory behavior
交配型	交配型	mating type
交替结实	隔年結實	alternate year bearing, alternate bearing
交尾	交尾, 交合	copulation
胶质浮游生物	膠質浮游生物	kalloplankton, kollaplankton
角刺浮游生物	角刺浮游生物	chaetoplankton
角质膜蒸腾	角質層蒸散	cuticular transpiration
绞杀植物	纏勒植物	strangler
脚踏石假说	[島嶼]墊石假說,[島嶼]踏腳石假說	stepping-stone hypothesis
脚踏石模型	[島嶼]墊石模式,[島嶼]踏腳石模式	stepping-stone model
阶段性浮游生物,周期性浮游生物	階段性浮游生物, 週期性浮游生物	meroplankton, transitory plankton, periodic plankton
皆伐	皆伐(林業)	clear cutting, clear felling
接触面(=界面)		

大　陆　名	台　湾　名	英　文　名
接触性毒剂	接觸毒	contact poison
接触性化学物质	接觸性化學物質	contact chemicals
接触性杀虫剂,触杀剂	接觸性殺蟲劑	contact insecticide
接触性信息素	接觸性性費洛蒙	contact sex pheromone
接触样点法	樣點接觸法,樣點截取法	point-contact method
孑遗分布区,残遗分布区	孑遺分布區	relic area
孑遗群落	孑遺群集	relict community
孑遗特有种	孑遺特有種,古特有種	relic endemic species, paleo-endemic species
孑遗植物区系,残遗植物区系	孑遺植物相	relic flora
孑遗种,残遗种	孑遺種,古老種	relict species, epibiotic species, epibiotics
节水农业	節水農業	water-saving agriculture
拮抗作用	拮抗作用,拮抗現象	antagonism
结构斑块	結構區塊,結構斑塊,結構嵌塊體	structural patch
结合水(=束缚水)		
结合种,联系种	共存種	binding species
结群防卫(=集体防御)		
截平分布	截斷分布	truncated distribution
界面,接触面	界面	interface
金属硫蛋白	金屬硫蛋白	metallothionein, MT
紧急学说	緊急假說	emergency-only hypothesis
近交	近親繁殖,近親交配	inbreeding, inbreed
近交衰退	近交衰退	inbreeding depression
近交种	近親交配種	inbreeding species
近群种	近群種	coenospecies
近因,直接原因	近因	proximate cause
进化,演化	演化	evolution
进化迟滞,进化延滞	演化遲滯現象	evolutionary retardation
进化军备竞赛	進化軍備競賽	evolutionary arms race
进化逆行	演化逆行現象	evolutionary reversion
进化生态学,演化生态学	演化生態學,進化生態學	evolutionary ecology
进化生物学	演化生物學	evolutionary biology
进化时间	演化時間	evolutionary time

大　陆　名	台　湾　名	英　文　名
进化延滞(=进化迟滞)		
进食量, 摄食量	進食[量]	food intake
进展演替	前進演替, 進展演替	progressive succession
浸水带	浸水帶	emersion zone
禁伐林	保留林	reserve forest
禁猎区	保護區, 禁獵區	sanctuary
禁牧区, 限外区	限外區	exclosure
京都议定书	京都議定書	Kyoto Protocol
经度地带性	經度地帶性	longitudinal zonality
经济合作与发展组织	經濟合作暨發展組織	Organization for Economic Co-operation and Development, OECD
经济灭绝	經濟性滅絕	economic extinction
经济危害水平	經濟為害水平	economic injury level, EIL
经济阈值	經濟限界	economic threshold, ET
经卵巢传递	經卵巢傳染	transovarial transmission
茎根比	莖根比	top/root ratio, T/R ratio
茎花现象	幹生花現象, 莖花現象	cauliflory
荆棘灌丛(=热带旱生灌丛)		
惊吓效应	驚嚇效應	startle effect
精明捕食假说	精明捕食假說	prudent predation hypothesis
精明捕食者	精明捕食者	prudent predator
精子竞争	精子競爭	sperm competition
精子取代机制	精子取代機制	sperm displacement mechanism
景观	地景, 景觀	landscape
景观多样性	景觀多樣性	landscape diversity
景观分维数	景觀碎形維度	landscape fractal dimension
景观格局	景觀格局	landscape pattern
景观规划	景觀規劃	landscape planning
景观过程	地景過程, 景觀過程	landscape process
景观设计	景觀設計	landscape design
景观生态学	地景生態學	landscape ecology
景观镶嵌体	景觀鑲嵌體	landscape mosaic
景观形状指数	景觀形狀指數	landscape shape index
景观指数	景觀指數	landscape index, landscape metrics
景天酸代谢	景天酸代謝	crassulacean acid metabolism, CAM
景天酸代谢光合作用	景天酸代謝光合作用	crassulacean acid metabolism photosynthesis, CAM photosynthesis

大　陆　名	台　湾　名	英　文　名
景天酸代谢植物,CAM植物	景天酸代謝植物,CAM植物	crassulacean acid metabolism plant, CAM plant
警戒色	警戒色,宣告色	warning coloration, aposematic coloration, advertising color
警戒信息素,告警信息素	警戒費洛蒙,警戒傳訊素	alarm pheromone
警戒作用	警戒作用	aposematism
净初级生产比率	淨初級生產比率	net primary production per gross primary production ratio, NPP/GPP ratio
净初级生产力,净第一性生产力	淨初級生產力	net primary productivity, NPP
净初级生产量,净第一性生产量	淨初級生產量	net primary production, NPP
净次级生产量,净第二性生产量	淨次級生產量	net secondary production
净地上生产力	地上部淨生產力	net aboveground productivity, NAP
净第二性生产量(=净次级生产量)		
净第一性生产力(=净初级生产力)		
净第一性生产量(=净初级生产量)		
净辐射	淨輻射	net radiation
净光合作用	淨光合[作用]	net photosynthesis
净群落生产力	群集淨生產力	net community productivity
净生产比率	淨生產比率	net production per gross production ratio, NP/GP ratio
净生产量	淨生產量	net production
净生产率	淨生產率	net production rate, NPR
净生产效率	淨生產效率	net production efficiency, efficiency of net production
净生长量	淨生長量	net growth
净生态系统生产力	生態系淨生產力	net ecosystem productivity, NEP
净生物群系生产力	淨生物群系生產力	net biome productivity, NBP
净生殖率	淨生殖率,淨增殖率	net reproduction rate
净生殖值	淨生殖值	net reproductive value
净同化,表观同化	淨同化[作用]	net assimilation
净同化[速]率	淨同化率	net assimilation rate, NAR

大　陆　名	台　湾　名	英　文　名
净增加量	淨增加量	net increase
径流	逕流	runoff
径流系数	逕流係數	runoff coefficient
竞争	競爭	competition
竞争共存	競爭共存	competitive coexistence
竞争假说	競爭假說	competition hypothesis
竞争密度效应	競爭密度效應	competition-density effect, C-D effect
竞争[能]力	競爭能力	competitive ability, competitive capacity
竞争排斥	競爭互斥	competitive exclusion
竞争排斥原理	競爭排斥原理,競爭互斥原理	competition exclusion principle, principle of competitive exclusion
竞争平衡	競爭平衡	competition equilibrium
竞争曲线	競爭曲線	competition curve
竞争释放	競爭釋放	competitive release
竞争替代	競爭置換	competitive displacement
竞争替代原理	競爭置換原理	competitive displacement principle
竞争系数	競爭係數	competitive coefficient, coefficient of competition
竞争相互作用	競爭交互作用	competitive interaction
竞争性结合	競爭性結合	competitive association
竞争序	競爭序	competition order
竞争学说	競爭學說	competition theory
竞争压力	競爭壓力	competition pressure
竞争优势	競爭優勢,有利競爭	competitive dominance, competitive advantage
竞争者	競爭者	competitor
静水浮游生物	靜水性浮游生物	stagnoplankton
静水水域	靜水	standing water, lentic habitat
静态模型	靜態模型,靜態模式	static model
静态生命表	靜態生命表	static life table
静止代谢率	靜止代謝率	resting metabolic rate
就地保护,就地保育	就地保育	*in situ* conservation
就地保育(=就地保护)		
局部分层湖(=局部循环湖)		
局部循环湖,局部分层湖	局部循環湖,不完全對流湖	meromictic lake
巨型底栖生物	巨型底棲生物	megabenthos

大　陆　名	台　湾　名	英　文　名
巨型浮游生物	大型浮游生物, 巨型浮游生物	megaloplankton, megaplankton
拒食剂	抗食物質	anti-feedant
拒盐	拒鹽	salt exclusion
具冠毛种子	具冠毛種子	comospore
距离法, 间隔法	距離法	distance method
距离隔离模型	距離隔離模型	isolation-by-distance model
距离效应	間距效應	distance effect
距离指数	距離指數	distance index
飓风	颶風	hurricane
聚附信息素	聚附費洛蒙	aggregation and attachment pheromone
聚集	聚集, 聚合, 族聚, 群聚	aggregation
聚集分布	聚集分布, 群聚分布, 叢聚分布, 超分布	aggregated distribution, clumped distribution, hyperdispersion
聚集信息素	聚集費洛蒙	aggregation pheromone
聚集指数, 群聚指数	聚集指數	aggregation index
聚类分析	聚類分析	cluster analysis
聚群反应	聚集反應	aggregative response
聚群灭绝, 大灭绝	大滅絕	mass extinction
眷群, 妻妾群	妻妾群	harem
决定系数	決定係數	coefficient of determination
绝对补充量	絕對補充量	absolute recruitment
绝对密度	絕對密度	absolute density
绝对湿度	絕對濕度	absolute humidity
绝对温度	絕對溫度	absolute temperature
绝对休闲地, 无草休闲地	無草休耕區	bare fallow
绝对种群估值	絕對族群估值	absolute population estimate
绝对最低致死温度	絕對最低致死溫度	absolute minimum fatal temperature
绝对最高致死温度	絕對最高致死溫度	absolute maximum fatal temperature
均变说	均變說	uniformitarianism
均方距离	均方距離	mean square distance
均匀度	均匀度, 均等性	evenness
均匀分布, 规则分布	均匀分布	uniform distribution, regular distribution
菌根	菌根	mycorrhiza
菌丝体	菌絲體	mycelium

K

大　陆　名	台　湾　名	英　文　名
卡尔文循环	卡爾文[氏]循環	Calvin cycle
卡价,热值	熱量,熱[卡]值	caloric value
卡塔赫纳生物安全议定书	卡塔赫納生物安全議定書	Cartegena Protocol on Biosafety
卡廷加群落	卡廷加群落,多刺茂密灌叢(巴西的)	caatinga
开放大洋	開闊大洋	open ocean
开放[式]循环系统	開放[式]循環系統	open circulation system
开放系统	開放系統	open system
开放系统循环	開放系循環	circulation of open system
开拓种,侵殖种	拓殖種	colonizing species
糠虾幼体	糠蝦[期]幼蟲	mysis larva
抗虫性	抗蟲性	insect resistance
抗冻性	抗凍性	freezing resistance
抗干燥性	抗旱性	desiccation resistance
抗寒性	抗寒性,抗寒能力,耐寒性	cold resistance
抗旱性	抗旱性	drought resistance
抗热性	抗熱性	heat resistance
抗生[作用]	抗生[作用],抗生現象	antibiosis
抗霜性	抗霜性,抗寒性	frost resistance
抗体	抗體	antibody
抗污性	抗汙性	pollution resistance
抗性(=抵抗力)		
抗性适应	抗性適應	resistance adaptation
抗盐性	抗鹽性	salt resistance
抗药性	殺蟲劑抗性,抗藥性	insecticide resistance, pesticide resistance
抗原	抗原	antigen
科普法则	柯普法則	Cope's rule
颗粒物	顆粒物	particulate matter, particulate material
可捕量,可捕性	漁獲率,作業度	catchability
可捕系数	作業度係數	catchability coefficient
可捕性(=可捕量)		

大　陆　名	台　湾　名	英　文　名
可测性状	可測性狀	measurable character
可持续管理	永續管理,可持續管理	sustainable management
可持续利用	永續利用,可持續利用	sustainable use
可持续农业,永续农业	永續農業,可持續農業	sustainable agriculture, permaculture
可燃有机岩	可燃性生物岩	caustobiolith
可适应的生态系统管理	適應性生態系管理	adaptive ecosystem management, AEM
可塑性	可塑性	plasticity
可再生资源	再生[性]資源	renewable resources
克隆生长	株系生長,複製生長	clonal growth
克隆植物	殖株植物	clone plant
客虫	客居生物	synoekete
客栖	客居	synoecy, synoekie, synoekosis
空白试验,对照试验	對照試驗,空白試驗	blank test
空间尺度	空間尺度	space scale
空间分辨率,空间解析度	空間解析度	spatial resolution
空间格局	空間格局	spatial pattern
空间解析度(＝空间分辨率)		
空间景观模型	空間景觀模型,空間地景模型	spatial landscape model
空间生态位	空間生態位	spatial niche
空间梯度	空間梯度	spatial gradient
空间异质性	空間異質性	spatial heterogeneity
空间异质性学说	空間異質性學說	theory of spatial heterogenity
空间自相关	空間自相關	spatial auto-correlation
空间自相关分析	空間自相關分析	spatial auto-correlation analysis
空气污染	空氣汙染,大氣汙染	air pollution
空隙分析	GAP 分析,地理取向過程分析	geographical approach process analysis, GAP analysis
空中传播	空中傳播	air-borne
空中漂浮生物,大气浮游生物	空中漂浮生物,空中浮游生物	aeroplankton, air plankton
空中漂浮植物,大气浮游植物	空中浮游植物	aeroplanktophyte
空中种群,气生种群	空中族群	aerial population
控制火烧	控制焚燒	controlled burning
控制论	控制論,控制學	cybernetics

大　陆　名	台　湾　名	英　文　名
控制论系统	控制論系統	cybernetic system
枯熟期	枯熟期	dead stage
枯枝落叶(=凋落物)		
枯枝落叶层(=凋落物层)		
块茎地下植物	塊莖地下植物	tuber geophyte
矿化作用	成礦作用,礦化作用	mineralization
矿物质循环	礦物質循環	mineral cycle, mineral cycling
矿质泥炭沼泽,碱沼	鹼沼,礦質泥炭沼澤	fen, minerotrophic mire
矿质营养	無機營養,礦質營養	mineral nutrient
昆虫聚集信息素	昆蟲聚集費洛蒙	insect aggregation pheromone
昆虫媒介	媒介昆蟲	insect vector
扩散	散佈,播遷	dispersal
扩散前死亡率	播遷前死亡率	predispersal mortality
扩散前种子捕食	播遷前種子被捕食[現象]	predispersal seed predation
扩散信息素	擴散費洛蒙	dispersal pheromone
扩增片段长度多态性	擴增片段長度多型性	amplified fragment length polymorphism, AFLP
扩展协同进化	發散共同演化	diffuse coevolution
阔叶材	硬木	hardwood
阔叶常绿灌木群落	常綠淵葉灌叢	laurifruticeta
阔叶常绿木本群落	常綠闊葉林群落	laurilignosa
阔叶林	闊葉林,硬木林	broadleaf forest, broad-leaved forest, hardwood forest

L

大　陆　名	台　湾　名	英　文　名
拉马克学说	拉馬克主義	Lamarckism
拉姆萨尔湿地公约	拉姆薩爾濕地公約	Ramsar Convention on Wetlands
拉尼娜	反聖嬰,拉尼娜	La Niña
莱斯利矩阵	萊斯利矩陣	Leslie matrix
蓝绿藻类浮游生物	藍綠藻類浮游生物	desmoplankton
廊道	廊道	corridor
劳亚古[大]陆	勞亞古陸	Laurasia
老化	老化	aging
类似群落	同型同境群落	isocies

大　陆　名	台　湾　名	英　文　名
类信息素	類費洛蒙	parapheromone
累变发生（=前进进化）		
累积毒性	累積性毒性	cumulative toxicity
累积效应	累積效應	cumulative effect
冷害	寒害	cold injury
冷适应	冷適應	cold adaptation
冷水性世界种	冷水性世界種	cold water cosmopolitan
冷诱导产热	冷誘導產熱	cold-induced thermogenesis
离岸流	離岸流	offshore current
离巢性	離巢性	nidifugity
离巢幼龄动物群	離巢小動物	creche
离巢幼鸟	離巢雛鳥	fledgling
离散随机变数	分立隨機變數	discrete random variable
离散型模型	離散模型	discrete model
离征(=衍征)		
理论生态学	理論生態學	theoretical ecology
理想自由分布	理想自由分布	ideal free distribution
历史植物地理学	歷史植物地理學	historical plant geography
立地	立地,生育地(森林)	site
立地价值	立地價值(森林)	site value
立地因子	立地因子(森林)	site factor
立地指标	立地指標(森林)	site indicator
立地指数(=地位指数)		
立地质量	立地品質(森林)	site quality
立木	立木	standing tree
立体绿化	立體綠化	vertical planting
立体农业	立體農業	multi-storied agriculture
利比希最低量法则,利比希最低因子律	利比希最低量定律	Liebig's law of the minimum
利比希最低因子律(=利比希最低量法则)		
利己素	利己傳訊素	allomone
利他素,益他素	利他素,益他素	kairomone
利他行为	利他行為	altruistic behavior
利他主义	利他性,利他主義,利他現象	altruism
利用比率	開發率	exploitation rate
利用性竞争	利用性競爭	exploitation competition

大　陆　名	台　湾　名	英　文　名
栗钙土	栗鈣土	chestnut soil
砾石	礫石	gravel
笠贝酮	笠貝酮	limatulone
粒度	粒度,顆粒,粒	grain
连接度	連接度,連通性	connectivity
连接度指数	連接度指數	connectivity index
连通性	連接度,連通性	connectedness
连通性食物网	連通性食物網	connectedness food web
连续变异	連續變異	continuous variation
连续放牧,常年放牧	連續放牧,連續啃食	continuous grazing
连续培养	連續培養	continuous culture
连续群落	連續性群集	continuous community
连续随机变量	連續性隨機變數	continuous random variable
连续体,连续统	[群集]連續體	continuum
连续体指数	群集連續指數	continuum index
连续统(=连续体)		
连续稳定性群落	持續穩定性群集	continuously stable community
连续样方	連續樣區	continuous quadrat
连作	連作	continuous cropping
联系种(=结合种)		
两极分布	雙極分布	bipolar distribution
两极同源(=两极性)		
两极性,两极同源	雙極性,兩極性,兩極同源	bipolarity
两栖植物,假水生植物	兩棲植物	amphiphyte
两性冲突	兩性衝突	sexual conflict
量子进化	量子式演化	quantum evolution
量子式物种形成	量子式種化	quantum speciation
列联表	關連表	contingency table
猎物,被食者	獵物,被捕者,被掠者	prey
猎物–捕食者方程,洛特卡–沃尔泰拉方程	羅特卡–弗爾特拉方程式,L-V 方程式	Lotka-Volterra equation
猎物–捕食者模型,洛特卡–沃尔泰拉模型	羅特卡–弗爾特拉模型,L-V 模型	Lotka-Volterra model
邻域分布	鄰域分布	parapatry
邻域物种形成	鄰域種化	parapatric speciation
林班	林班	compartment
林窗模型	間隙模型,間隙模式	gap model

大　陆　名	台　湾　名	英　文　名
林道	林道	forest road
林德曼比	林德曼比[率]	Lindeman's ratio
林德曼定律,百分之十 定律	林德曼定律,百分之十 定律	Lindeman's law
林德曼效率	林德曼效率	Lindeman's efficiency
林地表层	地表有機層,枯枝落葉 層,林床	forest floor
林地施肥	林地施肥作業	forest fertilization
林分	林分	stand, forest stand
林分结构	林分構造	stand structure
林分密度	林分密度	stand density
林分气候	林地氣候	stand climate
林冠[层],冠层	林冠,冠層	canopy, forest canopy
林冠密度	林冠密度	density of canopy
林火	林火	forest fire
林肯-彼得松指数	林肯-彼得森指數	Lincoln-Peterson index
林肯指数	林肯指數	Lincoln index
林内放牧	林内放牧	forest grazing
林奈种	林奈命名種	Linnean species
林线,树木线	林線	timber line
林型	林型	forest type
林业	林業	forestry
林缘	林緣	forest margin, forest edge
临界光周期	臨界光週期	critical photoperiod
临界浓度	臨界濃度	critical concentration
临界期	臨界期	critical phase, critical period
临界热增量	臨界熱增量	critical thermal increment
临界深度	臨界深度	critical depth
临界体长	臨界體長	critical size
临界氧	臨界溶氧	critical dissolved oxygen
临界昼长	臨界日長,臨界日照	critical day length
淋溶层	洗出層	eluvial horizon, eluvial layer
淋溶作用	洗出作用	eluviation
淋洗作用	淋溶作用	leaching
磷循环	磷循環	phosphorus cycle
鳞茎地下芽植物	鱗莖地下芽植物	geophyta bulbosa
零假说	虛擬假說	null hypothesis
零净增长等值线	零淨生長等值線	zero net growth isoline, ZNGI

大　陆　名	台　湾　名	英　文　名
零模型	假設模型	null model
龄	齡(蟲)	instar
龄级(＝年龄组)		
龄组	年齡組	age group
领域	領域	territory
领域行为	領域行為	territorial behavior
领域性	領域性	territoriality
流动沙丘	移動性沙丘	mobile dune，migratory dune
流沙荒漠群落	流沙荒漠	mobilideserta
流水群落	流水系群集	running water community
流水生境管理	濱岸棲地管理	riparian habitat management
流水营养生物	流水營養生物	rheotrophic organism
流水植物	流水植物	rheophyte
流涡	環流,渦流,大洋環流	gyre
流域	流域,集水區	catchment
流域管理	集水區管理,流域管理	watershed management
流域生态学	流域生態學	watershed ecology
留巢性	留巢性	nidicolocity，hidicolocity
留鸟	留鳥	resident bird，resident
硫化物生物群落	硫化物群聚	sulphide community
硫酸盐还原菌	硫酸鹽還原菌	sulfate-reducing bacteria
硫循环	硫循環	sulfur cycle
硫氧化物	硫氧化物	sulfur oxide
卤水	富鹽水	brine water
陆地生态系统	陸域生態系,陸生生態系	terrestrial ecosystem
陆地卫星	大地衛星	Landsat
陆封种	陸封種	land-locked species
陆架动物区系	陸棚動物相	shelf fauna
陆桥假说	陸橋假說	continental bridge hypothesis
陆生植物	陸生植物	terrestrial plant
露点	露點	dew point
旅游生态学	遊憩生態學	recreation ecology
绿肥	綠肥	green manure
绿肥作物	綠肥作物	green manure crop
绿胡须效应	綠鬍鬚效應	green beard effect
绿色 GDP(＝绿色国内生产总值)		

大　陆　名	台　湾　名	英　文　名
绿色革命	綠色革命	green revolution
绿色国内生产总值,绿色 GDP	綠色國內生產毛額,綠色 GDP	green gross domestic product, green GDP
绿色化工	綠色化工產業	green chemical industry
绿色能源	綠色能源	green energy
绿色食品	綠色食品	green food
绿色文明	綠色文明	green civilization
氯度,氯含量	氯度,氯量	chlorinity, chlorosity
氯氟烃	氟氯碳化物	chlorofluorocarbon, CFC
氯含量(＝氯度)		
滤食	濾食	filter feeding
滤食动物,悬食动物	濾食者,濾食生物,懸浮物攝食者	filter feeder, suspension feeder
孪生种	孿生種	twin species
卵鞍	卵鞍,蝶鞍	ephippium
卵块	卵塊,卵團	egg mass, egg batch
卵生	卵生	oviparity
卵生动物	卵生動物	ovipara
卵胎生	卵胎生	ovoviviparity
掠夺信息素	掠奪費洛蒙	robbing pheromone
伦敦黏土植物区系	倫敦黏土層植物區系	London clay flora
逻辑斯谛方程	邏輯斯諦方程式,推理方程式	logistic equation
逻辑斯谛曲线,S 形曲线	推理曲線,邏輯斯諦曲線,S 形曲線	logistic curve, sigmoid curve
逻辑斯谛增长	邏輯斯諦成長,推理成長	logistic growth
逻辑斯谛增长方程	邏輯斯諦成長方程式,推理曲線成長方程式	logistic growth equation
逻辑斯谛种群生长	邏輯斯諦式族群成長,推理曲線式族群成長	logistic population growth
裸地	不毛地,裸地	bare land, denuded land
裸地景观	剝蝕地景	denuded landscape
洛马群落(＝秘鲁草原)		
洛特卡–沃尔泰拉方程(＝猎物–捕食者方程)		
洛特卡–沃尔泰拉模型		

大 陆 名	台 湾 名	英 文 名
(=猎物–捕食者模型)		
落尘	落塵	fallout
落叶采收器	落葉採收器	litter trap
落叶剂	落葉劑	defoliant
落叶阔叶林,夏绿林	落葉闊葉林,夏綠林	deciduous broad-leaved forest, summer green forest, estatilignosa
落叶阔叶林带	落葉闊葉林帶	deciduous broad-leaved forest zone
落叶林	落葉林	deciduous forest
落叶木本群落	落葉木本群落	deciduilignosa, decidulignosa
落叶针叶林	落葉針葉林	deciduous coniferous forest

M

大 陆 名	台 湾 名	英 文 名
马尔萨斯过渔	馬爾薩斯過漁	Malthusian overfishing
马尔萨斯模型	馬爾薩斯模型	Malthusian model
马尔萨斯增长(=指数增长)		
马基斯群落,马基亚群落	馬基斯植被	maquis, macchia
马基亚群落(=马基斯群落)		
马加莱夫演替模式	馬加萊夫演替模式	Margalef's model of succession
麦克阿瑟平衡说	麥克阿瑟平衡說	MacArthur's equilibrium theory
麦克阿瑟折棒模型	麥克阿瑟斷棍模型	MacArthur's broken-stick model
麦克诺顿优势指数	麥克諾頓優勢指數	McNaughton's dominance index
螨植共生	螨植共生	acarophily, acarophytium
漫游底栖生物	漫游底棲生物	vagile benthos
蔓延度	蔓延單位,傳染	contagion
蔓延分布(=核心分布)		
蔓延过程	蔓延過程	contagious process
毛皮收购记录	毛皮記錄	pelt record
毛[细]管势	毛管勢能,毛細管位能	capillary potential
毛[细]管水	毛細管水,微管水	capillary water
铆钉假说	鉚釘假說	rivet-popper hypothesis
冒纳罗亚观测站	冒納羅亞觀測站	Mauna Loa Observatory, MLO
萌发,发芽	萌芽,萌發,發芽	germination

大　陆　名	台　湾　名	英　文　名
萌芽繁殖体	萌芽繁殖體	blastochore
萌芽更新	萌芽更新	coppice regeneration, copse regeneration
迷向法(＝交配干扰)		
米勒拟态	穆氏擬態	Müllerian mimicry
泌盐	泌鹽,排鹽	salt excretion
觅食	覓食	foraging
觅食行为	覓食行為	foraging behavior, food-seeking behavior
密闭林分(＝郁闭林分)		
密闭群落(＝郁闭群落)		
密[闭森]林(＝郁闭[森]林)		
密闭系统循环	閉鎖系循環	circulation of closed system
密度	密度	density
密度比	密度比率	density ratio
密度比例因子	密度比例因子,密度相關因子	density-proportional factor
密度干扰因子	密度擾動因子	density-disturbing factor
密度关联过程	密度關聯過程	density-related process
密度–聚集度系数	密度–集合度係數	density-contagiousness coefficient
密度控制反应	密度管制反應	density-governing reaction
密度控制因子	密度管制因子	density-governing factor
密度突变层(＝密度跃层)		
密度效应	密度效應	density effect
密度依赖学说(＝密度制约学说)		
密度跃层,密度突变层	密度躍層	pycnocline
密度制约	密度依變,密度依存	density dependent
密度制约控制	密度依變控制	density-dependent control
密度制约学说,密度依赖学说	密度依變說	density-dependent theory
密度制约因子	密度依變因子	density-dependent factor
密实度	密實度	compactness
密植	密植	close planting, dense planting
棉象甲性诱剂	棉象甲性誘劑	grandlure
面积效应	面積效應	area effect
面污染源(＝非点污染源)		

大　陆　名	台　湾　名	英　文　名
灭绝	滅絕	extinction
灭绝率	滅絕率，遞減率	extinction rate, rate of extinction
灭绝曲线	絕滅曲線	extinction curve
民族植物学	民族植物學	ethnobotany
敏感模型	感受性模型	sensitivity model
敏感指数	感受指數	sensitive index
鸣叫计数	鳴叫計數	call count
模仿行为	個體間模仿行為	allelomimetic behavior
模拟,仿真	模擬	simulation
模型	模式,模型	model
末期相	末期相	final phase
墨卡托投影	麥卡特投影[法]	Mercator projection
母体效应	母體效應	maternal effect
母性行为	母性行為	maternal behavior
木本植物	木本植物	woody plant
木质纤维素降解	木質纖維素降解	ligocellulose degradation
牧场	牧場	pasture
牧场条件	牧野條件	range condition
牧食食物链	刮食食物鏈,啃食食物鏈	grazing food chain

N

大　陆　名	台　湾　名	英　文　名
那氏信息素,引导信息素	那氏費洛蒙	Nosanov pheromone
耐冻性	耐凍性	freezing tolerance
耐冻植物	耐凍植物	freezing-tolerant plant
耐毒性	耐毒性	toxic tolerance
耐干燥性	耐旱性	desiccation tolerance
耐寒性	耐寒性	cold hardiness, frost hardiness
耐旱性	耐旱性	drought tolerance
耐火植物	耐火植物	pyrophyte
耐逆性	耐逆性	stress tolerance
耐热性	耐熱性	heat tolerance
耐受极限	耐受極限	limit of tolerance
耐受性定律	耐受律	law of tolerance
耐温性	耐溫性	temperature toleration

大　陆　名	台　湾　名	英　文　名
耐污染物种(=耐性种)		
耐污性	耐汙性	pollution tolerance
耐性种,耐污染物	耐性種,耐汙種	tolerant species
耐压性	耐壓性	barotolerant
耐盐性	耐鹽性	salt tolerance, salinity tolerance
耐氧性	耐氣性	aerotolerant
南方涛动	南方震盪	southern oscillation, SO
南非干燥[台地]高原	[南非的]乾燥台地	karroo
南回归线	南回歸線	Tropic of Capricorn
南界	澳洲界,南界	Notogaea, Notogaeic Realm
南森瓶(=颠倒采水器)		
内禀增长力(=内禀增 长率)		
内禀增长率,内禀增长 力	内在增殖率,内在增长 率,内禀增长力	intrinsic rate of increase, innate capacity for increase
内禀自然增长率	内在自然增殖率	intrinsic rate of natural increase
内布拉斯加冰期	内布拉斯加冰期	Nebraskan glacial period
内层底栖生物	底内底棲生物,内生底 棲生物	endobenthos
内动力土[壤]	内動力土[壤]	endodynamorphic soil
内环境	内環境	internal environment
内寄生	内寄生	endoparasitism
内寄生物	内寄生物	endoparasite
内寄生性	内寄生性	internal parasitism
内聚力学说	内聚力學說	cohesion theory
内陆常绿阔叶林,硬木 森林	哈莫克林,中生森林 （北美东南部）	hammock forest
内陆水域	内陸水域,内陸水	inland water
内栖生物,内生生物	底内生物,内生生物	endobiont
内渗	内滲透	endosmosis
内生菌根	内生菌根	endotrophic mycorrhiza, endomycorrhiza
内生生物(=内栖生物)		
内生生物群集	底内生物群集,内生生 物群集	endobiose
内生植物	内生植物,内生菌	endophyte
内温动物	内溫動物,恆溫動物	endotherm
内温性	内溫性	endothermy
内因动态演替	内動性消長,内動性演	endodynamic succession

大　陆　名	台　湾　名	英　文　名
	替	
内因[性]演替	内因演替	endogenetic succession
内源节律	内生律動	endogenous rhythm
能汇	能匯	energy sink
能量补助(=辅加能量)		
能量传递	能量傳遞	energy transfer
能量耗散	能量耗散	energy dissipation
能量金字塔(=能量锥体)		
能量枯竭	能量枯竭	energy drain
能量流程图	能量流程圖	energy flow diagram
能量流动,能流	能量流通,能流	energy flow, energy flux
能量收支[表],能量预算	能量收支[表],能量预算	energy budget
能量守恒	能量守恆	energy conservation
能量效率	能量效率	energy efficiency
能量预算(=能量收支[表])		
能量转化者,能量转换器	能量轉換者,能量轉換器	energy transformer
能量转换器(=能量转化者)		
能量锥体,能量金字塔	能量[金字]塔	pyramid of energy, energy pyramid
能流(=能量流动)		
能流食物网	能量流食物網	energy flow food web
能配群(=杂交界限群)		
能值	能值	emergy
能值功率	能值功率	empower
能值/货币比率	能值/貨幣比	emergy/ $ ratio
泥流	泥流	mudflow
泥盆纪	泥盆紀	Devonian Period
泥石流	泥石流	mud and rock flow, debris flow
泥滩生物群落	泥灘群落	ochthium, pelochthium
泥炭	泥炭	peat
泥炭土	泥炭土	peat soil
泥炭藓沼泽	苔泥[炭]沼,苔灌叢沼	sphagnum bog, sphagnum moor
泥炭沼泽	泥炭沼, 深泥沼	mire, peat bog
拟寄生物	擬寄生物,致命寄生物	parasitoid

大　陆　名	台　湾　名	英　文　名
拟人主义	擬人主義, 擬人觀	anthropomorphism
拟态	擬態	mimicry, mimesis
逆城市化	逆都市化	counter-urbanization
逆流循环	對流循環	countercurrent circulation
逆温层	逆溫層	inversion layer
逆行演替(=退化演替)		
年代分布区假说(=年代面积假说)		
年代面积假说, 年代分布区假说	年代面積假說	age and area hypothesis
年代种	年代種, 時序種	chronological species
年龄比	年齡比	age ratio
年龄分布	年齡分布, 齡期分布	age distribution
年龄鉴定特征	年齡鑑定形質	age determination character
年龄结构	年齡結構, 齡級結構	age structure
年龄结构模型	年齡結構模式	age-structured model
年龄金字塔(=年龄锥体)		
年龄体长换算表	年齡–體長換算表	age-length key
年龄锥体, 年龄金字塔	年齡[金字]塔	age pyramid
年龄组, 龄级	齡級	age class
年龄组成	年齡組成	age composition
年轮	年輪	annual ring
年平均摄取量	年平均攝取量, 年平均吸收量	mean annual uptake
年热能收支	年熱收支	annual heat budget
年收支	年收支	annual budget
黏捕法	黏捕法	sticky trap method
黏盘	黏盤	claypan
黏土	黏土, 黏粒	clay
黏性卵	黏著卵	adhesive egg
黏着诱捕器	黏捕器	sticky trap
鸟粪	鳥糞	guano
鸟环志	鳥類標誌法	bird banding
鸟类方言	鳥類方言	dialects in birds
鸟类区系	鳥類相	avifauna
鸟媒花	鳥媒花	ornithophilous flower
鸟媒植物	鳥媒植物	ornithophilous plant

大　陆　名	台　湾　名	英　文　名
凝聚沉淀法	凝聚沈澱法	coagulating sedimentation
凝视时间假说	凝視時間假說	stare duration hypothesis
牛轭湖	牛軛湖,新月湖	oxbow lake
农地指示生物	農地指標生物	agricultural indicator
农家肥	堆肥	farmyard manure
农林复合系统(=复合 　农林业)		
农药残留	農藥殘留	pesticide residue
农药污染	農藥汙染	pesticide pollution
浓缩系数,富集系数	濃縮係數	concentration factor, CF
奴役[现象]	奴役現象	dulosis
暖流	暖流	warm current
暖温带	暖溫帶	warm temperate zone
暖温带落叶阔叶林	暖溫帶落葉林	warm temperate deciduous forest
暖温带雨林	暖溫帶雨林	warm temperate rain forest

O

大　陆　名	台　湾　名	英　文　名
偶见寄主	偶見寄主	accidental host
偶见种	偶見種	occasional species, incidental species, ca- 　sual species
偶然浮游生物	暫時性浮游生物,偶然 　浮游生物	tychoplankton
耦合	耦合	coupling

P

大　陆　名	台　湾　名	英　文　名
帕拉莫群落	帕爾莫高原	paramo
排比(=比对)		
排斥	排斥	repulsion
排卵	排卵	ovulation
排泄	排泄[作用]	excretion, egestion
排泄物	排泄物	egesta
排序	排序,空间排序	ordination
排盐	排鹽	salt elimination
潘帕斯群落(=阿根廷		

大　陆　名	台　湾　名	英　文　名
草原)		
攀缘植物	攀緣植物	climber, climbing plant
判别分析	判別分析	discriminatory analysis
陪伴关系	伴侶關係	consort relationship
配偶外交配	配偶外交配	extra-pair copulation, EPC
配偶选择	擇偶	mate choice
配子	配子	gamete
盆地	盆地	basin
偏害共生	片害共生,片害共棲,片害交感作用	amensalism
偏利共生	片利共生	commensalism
偏利素	腐物激素	apneumone
偏途顶极	偏途極相,偏途顛峰	plagioclimax
偏途演替顶极	干擾性極峰相	disclimax
偏途演替系列	偏途演替系列	plagiosere
漂浮草甸	漂浮草甸	floating meadow
漂浮动物	漂浮動物	zooneuston
漂浮生物	漂浮生物	neuston
漂浮植物	漂浮植物,浮葉植物	floating plant, planophyte
漂浮植物群落	漂浮性植物群落	floating plant community
漂流卵	漂流卵	drifting egg
漂流生物	漂流[性]生物, 流動生物	drifting organism
贫养	貧養	oligotrophy
贫养植物	貧養植物	oligotrophic plant
贫营养湖	貧養湖	oligotrophic lake
贫营养化	貧養化	oligotrophication
频度	頻率,頻度	frequency, frequence
频度定律	頻率[定]律	frequency law
频率百分比	頻率百分比	frequency percentage
频率表	頻率表	frequency table
频率分布	頻率分布	frequency distribution
频率依赖选择	頻率依存[型]天擇	frequency-dependent selection
频率指数	頻率指數	index of frequency
频率制约	頻率依存	frequency dependent
频谱	頻率圖譜	frequency spectrum
品系	[品]系	line
品种	品種, 生育, 繁殖	breed

大　陆　名	台　湾　名	英　文　名
平衡等值线	平衡等值線	equilibrium isoline
平衡多态现象(=平衡 多态性)		
平衡多态性,平衡多态 现象	均衡多型性,平衡多態 現象	balanced polymorphism
平衡假说	均衡假說	balanced hypothesis
平衡理论	平衡理論	equilibrium theory
平衡密度	平衡密度	equilibrium density
平衡选择	平衡[型]天擇	balancing selection
平均龄期	平均齡期	mean instar
平均世代时间	平均世代時間	mean generation time
平均数标准误差	平均值標準誤差	standard error of the mean
平均拥挤度	平均擁擠度	mean crowding
平均拥挤度–平均密度 比	平均擁擠度–平均密度 比	mean crowding-mean density ratio
平均预期寿命	預期壽命中量值	median life expectancy
平均值	平均值	mean value
平均最近邻距	平均最近鄰距	mean distance to nearest neighbor
平行进化	平行演化	parallel evolution, parallelism
平行群落	平行群集	parallel community
屏障效应	屏障效應	barrier effect
瓶颈效应	瓶頸效應	bottleneck effect
破坏性砍伐	破壞性砍伐	destructive lumbering
破碎化指数	破碎化指數	fragmentation index
剖面法	斷面法	bisect method
匍匐地面芽植物	匍匐地面芽植物	creeping hemicryptophyte
匍匐植物	匍匐植物,蔓生植物	creeping plant, stoloniferous plant, trai- ling plant
普查	普查,清點,盤點	inventory
普雷里群落(=北美草 原)		
普纳群落	普納群落(草原),普納 生態系	puna
谱分析	光譜分析	spectral analysis

Q

大 陆 名	台 湾 名	英 文 名
妻妾群(=眷群)		
栖巢	棲所	roost
栖息处	棲息處	roosting place
栖息地,生境	棲地	habitat
栖息地斑块	棲地嵌塊,棲地區塊	habitat patch
栖息地岛屿,生境岛屿	孤立棲地,棲地島	habitat island
栖息地多样性,生境多样性	棲地多樣性,生境多樣性	habitat diversity
栖息地隔离,生境隔离	棲地隔離	habitat isolation
栖息地基质	棲地基質,棲地基底	habitat matrix
栖息地选择,生境选择	棲地選擇	habitat selection
栖息群	棲息群	roosting colony
欺骗色	矇騙色	deceiving coloration
歧化选择(=分裂选择)		
起源中心	起源中心	center of origin
气候变化	氣候變遷	climatic change
气候带	氣候帶	climate zone, climatic zone
气候顶极群落	氣候極盛相	climatic climax
气候图	氣候圖	climatograph, climograph, climatic chart
气候稳定性	氣候穩定性	climatic stability
气候稳定学说	氣候穩定學說	climatic stability theory, theory of climatic stability
气候性演替	氣候性演替	climatic succession
气候雪线	氣候雪線	climatic snowline
气候驯化(=[风土]驯化)		
气候循环,气候周期	氣候週期	climatic cycle
气候演替系列	氣候演替系列	clisere
气候因子	氣候因子	climatic factor
气候周期(=气候循环)		
气候宗	氣候性品種	climatic race
气孔	氣孔	stoma, stomata(复)
气孔导度	氣孔導度	stomatal conductance

大　陆　名	台　湾　名	英　文　名
气孔蒸腾	氣孔蒸散	stomatal transpiration
气孔阻力	氣孔阻力	stomatal resistance
气生根	氣[生]根	aerial root
气生植物	氣生植物	aerophyte
气生种群(=空中种群)		
气态物循环,气体型循环	氣態型循環	gaseous type cycle
气体型循环(=气态物循环)		
气味标记	氣味標識	scent marking
气味强度指数	氣味強度指數	odor intensity index
气温直减率	溫度直減率	temperature lapse rate
气穴现象	穴蝕現象	cavitation
气压表	氣壓表	barometer
气压计	氣壓計	barograph
弃耕地	廢耕地	abandoned field
千年生态系统评估	千禧年生態系評估	millennium ecosystem assessment
迁出	遷出	emigration
迁出者	遷出者	emigrant
迁飞路线	遷飛路線	flyway
迁入	遷入	immigration
迁入者	遷入者	immigrant
迁徙	遷徙	migration
迁徙动物	遷徙動物	migrant
迁移	遷移	migration
迁移农业	遊墾農業	shifting agriculture
迁移性放牧,牲畜季节性迁移	季節移牧	transhumance
铅中毒	鉛中毒	saturnism
前滨	前濱(潮間帶)	foreshore
前顶极	前[演替]極相,前巔峰[群落]	preclimax, proclimax
前寒武纪	前寒武紀	Precambrian, Precambrian Period
前进进化,累变发生	前進演化	anagenesis
前适应,预适应	前適應,預先適應,先期適應	preadaptation
前信息素	前費洛蒙	propheromone, prepheromone
潜热	潛熱	latent heat

大　陆　名	台　湾　名	英　文　名
潜水动物区系	地下水動物相	phreatic fauna
潜水灰壤	潛水灰壤	ground water podzol soil
潜育作用	灰黏化作用,潛育作用	gleization
潜在蒸发	位蒸發作用,勢蒸發量	potential evaporation
潜在蒸散	位蒸發散作用,勢蒸發散量	potential evapotranspiration，PET
浅海[底]带	近海區	neritic zone，neritic province
浅海动物区系	淺海動物相	neritic fauna
浅沼泽	灌木澤(北美南部)	pocosin
强壮性	穩健性,穩固性	robustness
乔丹律	喬丹律,約旦氏法則	Jordan's rule
乔利–塞贝尔法	喬利–塞貝爾法	Jolly-Seber method
乔木	喬木	arbor
乔木层	喬木層	tree layer，tree stratum
切沟侵蚀	溝蝕	gully erosion
亲代操纵	親代操縱	parental manipulation
亲代抚育	親代撫育	parental care
亲代投资	親代投資	parental investment
亲代行为	親代行為	parental behavior
亲属选择(=亲缘选择)		
亲缘辨别	親緣辨別	kin discrimination
亲缘关系	親族關係	kinship
亲缘识别	親緣辨別	kin recognition
亲缘系数	親緣係數	coefficient of relationship，coefficient of relatedness
亲缘选择,亲属选择	親屬選擇	kin selection
侵犯行为(=攻击行为)		
侵害	相害作用	disoperation
侵入(=入侵)		
侵蚀基准面	侵蝕基準面	base level of erosion
侵蚀循环	侵蝕循環	erosion cycle
侵蚀周期	侵蝕週期	cycle of erosion
侵蚀[作用]	侵蝕,腐蝕,沖刷,沖蝕	erosion
侵殖种(=开拓种)		
青饲料	青秣料	green fodder
倾斜仪	斜度計	clinometer
清晨水势	清晨水勢,凌晨水勢	predawn water potential
清除共生,清洁共生	清除共生	cleaning symbiosis

大　陆　名	台　湾　名	英　文　名
清洁共生(＝清除共生)		
清洁能源	清潔能源	clean energy
丘陵地带,山麓地带	丘陵地帶	hill belt
秋季环流	秋季翻流	fall overturn
求爱行为	展示	presenting
求偶	求偶	courtship
求偶场	求偶場,競偶場	lek
求偶礼物	求偶贈禮	nuptial gift
求偶色	求偶色	courtship coloration
求偶喂食	求偶餵食	courtship feeding
求偶行为	求偶行為	courtship behavior
求偶展示(＝示爱)		
球茎	球莖	corm
区别种	分化種	differential species
区域尺度	區域尺度	regional scale
区域群丛	區域群叢	regional association
屈服炫耀	臣服展示	submissive display
趋触性,趋实性	趨觸性	thigmotaxis, stereotaxis
趋风性	趨風性	anemotaxis
趋光性	趨光性	phototaxis, phototaxy
趋化性	趨化作用,趨化性	chemotaxis
趋流性	趨流性	rheotaxis
趋实性(＝趋触性)		
趋水性	趨水性	hydrotaxis
趋同	趨同	convergence
趋同进化	趨同演化	convergent evolution
趋温性	趨溫性,趨熱性	thermotaxis
趋性	趨向性	taxis
趋氧性	趨氣性	aerotaxis
趋异	趨異	divergence
趋异进化	趨異演化	divergent evolution
趋异适应	支系內適應,趨異適應	cladogenic adaptation
渠限发育(＝定向发育)		
取代行为	取代行為	displacement behavior
取食抑制剂	抑食因子,抑食物質, 　　阻食物	feeding suppressant, feeding deterrent
取食诱发剂	促食因子,促食物質	feeding incitant
取样,抽样	採樣,取樣	sampling

大　陆　名	台　湾　名	英　文　名
取样比率	取樣率	sampling ratio
取样变异	取樣變異	sampling variation
取样单元	取樣單位	sampling unit
取样分布	取樣分布	sampling distribution
取样误差	取樣誤差	sampling error
去除调查法	移除調查法	removal census
去除法	移除法	removal method
去除取样法	移除取樣法	removal sampling
去离子水,脱矿质水	去礦質水	demineralized water
全北界	全北極區	Holarctic Realm
全变态类	完全變態類	holometabola
全或无定律	全或無律	all or none law
全寄生物	全寄生物	holoparasite
全球变暖	全球暖化	global warming
全球定位系统	全球定位系统	global positioning system, GPS
全球环境变化的人文因 素计划,HDP 计划	全球變遷人文面向科學 計畫	International Human Dimension Progra- mme on Global Environmental Change, IHDP
全球生态学	全球生態學	global ecology
全球生物多样性信息机 构	全球生物多樣性資訊機 構	Global Biodiversity Information Facility, GBIF
全日潮	全日潮	diurnal tide
全新世	全新世	Holocene Epoch
全循环湖	全循環湖	holomietic lake
全域稳定性	全球穩定性	global stability
缺乏症	缺乏症	deficiency symptom
缺绿症	黃化	chlorosis
缺陷原则	缺陷原則	handicap principle
确定性模型	確定性模式,確定性模 型	deterministic model
确定性系统	確定性系統	deterministic system
确限度	獨佔度,［棲地］忠誠 度,群落確限度	exclusiveness, fidelity
确限种	獨佔種	exclusive species
群丛	群系, 群屬	association
群丛变型	變異體,變異型	variant
群丛地理变异	群叢地理變異	geographical variant of association
群飞	群飛,紛飛	swarming

大　陆　名	台　湾　名	英　文　名
群集度	社群度	sociability
群居寄生	群聚寄生，社會寄生	gregarious parasitism, social parasitism
群居相	群居相	gregaria phase
群居性昆虫	聚落昆蟲	colonial insect
群聚指数(=聚集指数)		
群落	群集，群落，群聚	community, coenosium
群落表	群集表	community table
群落表面	群集面	community surface
群落代谢	群集代謝	community metabolism
群落动态	群集動態[學]	community dynamics
群落发生演替	親緣演替	syngenetic succession
群落分布学	群落分布學	synchorology
群落复合体	群落複合體	community complex
群落功能	群集功能	community function
群落呼吸	群集呼吸	community respiration
群落环	群集環	community ring
群落渐变群(=群落生态群)		coenocline
群落交错区(=生态过渡带)		
群落结构	群集結構,群聚結構	community structure
群落类型	群集型	community type
群落连续体	群集連續	community continuum
群落能量学	群集能量論	community energetics
群落平衡	群集平衡	community equilibrium
群落生活	群集生活	coenobiosis
群落生境	群聚生境	biotope
群落生态群,群落渐变群	群集漸變群	coenocline
群落生态学	群集生態學	community ecology
群落调节	群集調節	community regulation
群落稳定性	群集穩定性	community stability
群落系数	群集係數	coefficient of community
群落系统发生,群落系统发育	群落系統發生	phylocoenogenesis
群落系统发育(=群落系统发生)		
群落相似系数	群集相似係數	coefficient of community similarity

大　陆　名	台　湾　名	英　文　名
群落镶嵌	嵌镶型群集	community mosaic
群落学	群集学	coenology
群落演替	群集消長,群集演替	community succession
群落演替学(=群落遗传学)		
群落遗传学,群落演替学	群落演替学	syngenetics
群落整合性(=群落整体性)		
群落整体性,群落整合性	群集整合性	community integration
群落总生产率	群集總生產率	community gross production rate
群落组成	群集組成	community composition
群落组织	群集組織	community organization
群属	群團	alliance
群体繁殖	群體繁殖	colonial breeding
群体生态学	群體生態學	synecology
群体狩猎	團體狩獵	group hunting
群[体]选择	群擇,群體選擇	group selection
群体征召	群體補充	group recruitment
群系	群系	formation
群相,变[植物]群丛	群相,亞植物群落區	faciation

R

大　陆　名	台　湾　名	英　文　名
壤土	壤土	loam
扰动	擾動	perturbation
热带高草草原,高草稀树草原	熱帶高草草原,高草稀樹草原	highgrass savanna
热带高山矮曲林,高山矮曲林	矮林	elfin forest, elfin woodland
热带旱生灌丛,荆棘灌丛	荊棘灌叢	thorn scrub
热带旱生林	荊棘林	thorn forest
热带区,埃塞俄比亚区	衣索匹亞區	Ethiopian region
热带稀树草原,萨瓦纳	稀樹草原	savanna
热带雨林	熱帶雨林	tropical rain forest

大　陆　名	台　湾　名	英　文　名
热带雨林生物群系	熱帶雨林生物群系	tropical rain forest biome
热岛	熱島	heat island
热点	熱點	hot spot
热辐射	熱[能]輻射	thermal radiation
热汇	熱匯	heat sink
热量测定	熱量測定法	calorimetry
热量计	熱量計	calorimeter
热[量]平衡	熱平衡	heat balance
热量收支	熱收支	heat budget
热流	熱通量	heat flux
热泉	熱泉	hot spring
热污染	熱汙染	thermal pollution, heat pollution
热盐环流	溫鹽環流	thermohaline circulation
热源	熱源	heat source
热值(=卡价)		
人工放牧	人工放養	artificial stocking
人工礁	人工魚礁	artificial reef
人工景观,人造景观	人造景觀	man-made landscape
人工牧地	播種草地	seeded pasture
人工气候	人造氣候	man-made climate
人工气候室	人工氣候室	phytotron
人工生长箱	人工生長箱	growth chamber
人工选择	人擇	artificial selection
人类生态学	人類生態學	human ecology
人为分布	人為散佈	brotochore
人为富营养湖	人為優養湖	cultural eutrophic lake
人为干扰	人為干擾	human disturbance
人为演替	人為消長,人為演替	anthropogenic succession
人为植被	人為植被	anthropogenic vegetation
人与生物圈计划	人與生物圈計畫	Man and the Biosphere Programme, MAB Programme
人与生物圈自然保护区	人與生物圈自然保護區	Man and the Biosphere Reserve, MAB Reserve
人造景观(=人工景观)		
日补偿点	日補償點	daily compensation point
日度	日度[數]	degree-day
日活动型	晝活動型	diurnal type
日积温	日積溫	daily cumulative temperature

大 陆 名	台 湾 名	英 文 名
日节律	日週律	daily rhythm
日演替	日演替,日消長	daily succession
日[照]中性植物	日照中性植物,中性日照植物	day-neutral plant
日周期(=昼夜周期)		
容积比重	容積比重	bulk specific gravity
容重	總體密度,土塊密度,容積密度	bulk density
溶解氧	溶氧,溶氧量	dissolved oxygen, DO
冗余种,物种冗余	物種冗餘	species redundancy
冗余种假说,物种冗余假说	冗餘種假說	species redundancy hypothesis
肉茎植物	肉莖植物	stem succulent
入侵,侵入	侵入,入侵	invasion
入侵种	入侵種	invasive species
入渗	入滲作用	infiltration
入渗量	入滲量	infiltration capacity
软泥	軟泥	ooze
软释放	軟釋放	soft release
弱光层(=弱光带)		
弱光带,弱光层	弱光帶,弱光層,貧光帶	dysphotic zone, disphotic zone

S

大 陆 名	台 湾 名	英 文 名
撒勃尔群落	撒勃爾群落	subor
萨瓦纳(=热带稀树草原)		
三重捕捉法	三重捕捉法	triple catch method
三叠纪	三疊紀	Triassic Period
三级处理,深度处理	三級處理	tertiary treatment
三级消费者	三級消費者	tertiary consumer
三角洲	三角洲	delta
散布(=传播)		
散布多态现象(=散布多态性)		
散布多态性,散布多态现象	散播多型性	dispersal polymorphism

大　陆　名	台　湾　名	英　文　名
散布力	散佈力	vagility
散点图	散佈圖	scatter diagram
散居相	散居型	solitaria phase
色素适应	色彩適應	chromatic adaptation
森林带	森林帶	forest zone
森林界限	森林限界	forest limit
森林立地型	森林立地型	forest site type
森林气象学	森林氣象學	forest meteorology
森林生境指示植物	立地指標植物（森林）	site indicator plant
森林生态系统	森林生態系	forest ecosystem
森林生态学	森林生態學	forest ecology
森林影响	森林影響	forest influence
森林游憩	森林遊樂	forest recreation
森林指示植物	森林指標植物	forest indicator
杀虫剂	殺蟲劑	insecticide
杀菌剂	殺真菌劑	fungicide
杀卵剂	殺卵劑	ovicide
杀螨剂	殺螨劑	miticide
杀线虫剂	殺線蟲劑	nematocide
沙[尘]暴	沙塵暴	sandstorm
沙间生物	砂隙生物	mesopsammon
沙面生物	砂表性生物	epipsammon
沙漠沉积	沙漠堆積	desert deposit
沙漠气候	沙漠氣候	desert climate
沙漠群落	沙漠群集	desert community
沙内生物	砂棲性動物	endopsammon
沙丘	沙丘	dune
沙丘固定	沙丘固定[作用]	dune fixation
沙丘植被	沙丘植被	sand dune vegetation
沙丘植物	沙丘植物	dune plant
沙生生物	沙粒間生物,沙地生物群集	psammon
沙生演替系列	沙地演替系列	psammosere
沙生植被	沙地植被	psammophytic vegetation
沙生植物	沙地植物	psammophyte
沙浴	沙浴	sand bathing
莎草沼泽	莎草泥炭沼	sedge bog
筛选说	篩選抉擇說	sieve selection hypothesis

大　陆　名	台　湾　名	英　文　名
山地	山地	montane
山地生物群系	山地生物區系	orobiome
山麓地带(＝丘陵地带)		
芟除样方	裸地樣方	denuded quadrat
珊瑚	珊瑚	coral
珊瑚礁	珊瑚礁	coral reef
珊瑚生态系统	珊瑚生態系	coral reef ecosystem
栅格像元	網格單元,網格單位	grid cell, raster cell
熵	熵,能趨疲	entropy
上层	上層	overstory
上层带,海面带,大洋表层带	表層洋帶	epipelagic zone
上层浮游生物	表層性浮游生物	autopelagic plankton
上层木	上層木	tree of overstory
上层疏伐	冠層疏伐	crown thinning
上颚腺信息素	大顎腺費洛蒙	mandibular gland pheromone
上临界温度	上臨界溫度	upper critical temperature
上升流	湧升流	upwelling
上升流生态系统	湧升流生態系	upwelling ecosystem
上新世	上新世	Pliocene Epoch
上行控制	上行控制, 由下而上的控制	bottom-up control, down-up control
上行效应	上行效應	bottom-up effect
烧荒垦种(＝刀耕火种)		
烧失量	燒失量	loss-on-ignition
少耕法	減犁系統	less-tillage system, reduced tillage system
奢侈吸收	奢侈吸收	luxury absorption
蛇纹石植被	蛇紋石植被	serpentine vegetation
社会等级	社會階層,社會階級	social hierarchy
社会生物学	社會生物學	sociobiology
社会信息素	社會費洛蒙	social pheromone
社会行为	社會行為	social behavior
社会性	社會性	sociality
社会性昆虫	社會昆蟲	social insect
社会性易化	社會促進	social facilitation
社群	社會,社群	society
社群结构	社會結構	social structure
社群联结	社會連結,社會聯結,社	social bond

大　陆　名	台　湾　名	英　文　名
	會鍵	
社群性学习	社會學習	social learning
社群优势	社會優勢	social dominance
摄食部位	取食部位,取食地點	feeding site
摄食垂直移动	攝食垂直移動	diet vertical migration, DVM
摄食地点	取食場所	feeding place
摄食高度	啃食高度	grazing height
摄食量(=进食量)		
摄食率	啃食率	grazing rate
摄食生态位	取食生態席位, 攝食生態位	feeding niche, food niche
摄食水流	取食水流	feeding current
摄食习性(=食性)		
摄食行为	攝食行為	feeding behavior
摄食学说	攝食學說	theory of grazing
深层带	深層洋帶	bathypelagic zone
深底带	深水帶	profundal zone
深度处理(=三级处理)		
深海[底]带	深層區	bathyal zone
深海底栖生物	深海底棲生物	abyssal benthos
深海群落	深海群聚	abyssal community
深海散射层,深水散射层	深海散射層,深海散亂層	deep scattering layer, DSL
深海细菌	深海細菌	deep-sea bacteria
深海渔业	深海漁業	deep-sea fishery
深水散射层(=深海散射层)		
深渊层(=深渊水层带)		
深渊[底]带	深海帶,深海區	abyssal zone
深渊动物区系	深海動物相	abyssal fauna
深渊平原	深海平原	abyssal plain
深渊山丘	深海山丘	abyssal hill
深渊水层带,深渊层	深層洋帶區	abyssopelagic zone
渗水采集器	淋急裝置	lysimeter
渗透理论	滲透理論	percolation theory
渗透临界值(=渗透阈值)		
渗透势	滲透勢	osmotic potential

大　陆　名	台　湾　名	英　文　名
渗透压	滲透壓	osmotic pressure
渗透压顺应生物	滲透壓順應者	osmoconformer
渗透[压]调节	滲透壓調節[作用]	osmotic regulation，osmoregulation
渗透压调节者	滲透壓調節者	osmoregulator
渗透阈值,渗透临界值	滲透閾值,滲透臨界值	percolation threshold
渗透[作用]	滲透	osmosis
渗养者	滲養者	osmotroph
生草休闲(＝放牧休闲)		
生产	生產	production
生产参数	生產參數	production parameter
生产力假说	生產力假說	productivity hypothesis
生产量(＝产量)		
生产率	生產率	production rate
生产生态学	生產生態學	production ecology
生产水分利用效率	生產水分利用效率	water use efficiency of productivity
生产者	生產者	producer
生存力,生活力	活力,生存力	viability
生存曲线(＝存活曲线)		
生化需氧量	生化需氧量	biochemical oxygen demand，BOD
生活废物	生活廢棄物	sanitary waste
生活力(＝生存力)		
生活史,生活周期	生活史,生命週期	life cycle，life history
生活史对策	生活史對策,生活史策略	life history strategy
生活型	生活型,生命形式	life form
生活型谱	生活型譜	life form spectrum
生活周期(＝生活史)		
生境(＝栖息地)		
生境岛屿(＝栖息地岛屿)		
生境多样性(＝栖息地多样性)		
生境分离	棲地分離	habitat segregation
生境隔离(＝栖息地隔离)		
生境偏爱,生境适应性	棲地偏好	habitat preference
生境破碎	棲地碎裂	habitat fragmentation
生境生态位	棲地生態[區]位	habitat niche

大　陆　名	台　湾　名	英　文　名
生境适宜度指数	棲地適宜性指數	habitat suitability index，HSI
生境适应性(＝生境偏爱)		
生境选择(＝栖息地选择)		
生理出生率	生理出生率	physiological natality
生理多态现象(＝生理多态性)		
生理多态性,生理多态现象	生理多態型	physiological polymorphism
生理干旱	生理乾旱	physiological drought
生理干燥	生理乾燥	physiological dryness
生理隔离	生理隔離	physiological isolation
生理节律	生理節律	physiological rhythm
生理零点	生理零點	physiological zero
生理生态学	生理生態學	physiological ecology，physioecology
生理时间	生理時間	physiological time
生理寿命	生理壽命	physiological longevity
生理死亡率	生理死亡率	physiological mortality
生理小种	生理小種	physiological race
生理种	生理種	physiological species
生命表	生命表	life table
生命带	生物[分布]帶,生命帶	life zone，life belt
生命期望,估计寿命	生命期望,估計壽命,預期壽命	life expectance，life expectancy
生命网	生命網	web of life
生命支持系统	維生系統	life support system
生死比率	出生/死亡比率	birth/death ratio
生态	生態	eco-
生态保护	生態保育	ecological conservation
生态报复	生態報復	ecological boomerang
生态变异	生態變異	ecological variation
生态表型	生態變種反應	ecophene
生态常数	生態常數	ecological constant
生态场	生態場	ecological field
生态冲击,生态反冲	生態反衝	ecological backlash
生态重叠	生態重疊	ecological overlap
生态出生率,实际出生	實際出生率,生態出生	ecological natality，realized natality

大　陆　名	台　湾　名	英　文　名
率	率	
生态岛	生態島	ecological island
生态等价	生態等位	ecological equivalence
生态等值种	生態等位種	ecological equivalent
生态地理学	生態地理學	ecological geography
生态顶极	生態極峰相	ecological climax
生态动物地理学	生態動物地理學	ecological zoogeography，ecozoogeography
生态对策	生態對策	bionomic strategy，ecological strategy
生态多度计算	生態數目估計	ecological bonitation
生态繁殖群	生態繁殖亞族群	ecodeme
生态反冲(=生态冲击)		
生态分布	生態分布	ecological distribution
生态幅[度]	生態幅度	ecological amplitude
生态复合体(=生态综 　合体)		
生态隔离	生態隔離	ecological isolation
生态工程	生態工程	ecological engineering，ecotechnology
生态管理	生態管理	ecological management
生态过渡带,群落交错 　区	生態交會區,生態過渡 　區	ecotone
生态化学物质	生態化學品,生態化合 　物	eco-chemicals
生态恢复	生態復育	ecological restoration
生态基因组学	生態基因體學	ecological genomics
生态价,生态值	生態價	ecological valence，ecological valency
生态渐变群(=生态梯 　度)		
生态金字塔(=生态锥 　体)		
生态景观	生態地景	eco-landscape，ecoscape
生态立地	生態區	ecotope
生态零值	生態零點	ecological zero
生态流	生態流	ecological flow
生态旅游	生態旅遊	ecological tourism，ecotourism
生态密度	生態密度	ecological density
生态能量学	生態能量論	ecological energetics，ecoenergetics
生态年龄	生態年齡	ecological age
生态农场	生態農場	ecological farm

大　陆　名	台　湾　名	英　文　名
生态平衡	生態平衡	ecological equilibrium
生态平衡表	生態平衡表	ecological balance sheet
生态气候	生態氣候	ecoclimate
生态气候图解	氣候特性圖	climate diagram
生态圈	生態圈	ecosphere
生态群	生態類群	ecological group
生态生理学	生態生理學	ecological physiology, ecophysiology
生态时间	生態時間	ecological time
生态释放	生態釋放	ecological release
生态寿命	生態壽命	ecological longevity
生态死亡率,实际死亡率	實際死亡率,生態死亡率	ecological mortality, realized mortality
生态梯度,生态渐变群	生態漸變群,生態梯度變異	ecocline, ecological gradient
生态替代种	生態同宗對應種	ecological vicariad
生态调节	生態調節	ecoregulation
生态通道模型	生態途徑模式	ecopath model
生态同源	生態同源	ecological homologue
生态危机	生態危機	ecological crisis
生态位	生態[區]位,[生態]樓位	niche, ecological niche
生态位变异假说	生態位變異假說	niche variation hypothesis
生态位重叠	生態位重疊,區位重疊,席位重疊	niche overlap
生态位分离	生態位分離	niche separation
生态位互补性	生態位互補性	niche complementarity
生态位宽度	生態位寬度,區位寬度,席位寬度	niche width, niche breadth
生态位维度(=生态位维数)		
生态位维数,生态位维度	生態位維度	niche dimension
生态位压缩	生態席位壓縮	compression of niche
生态位优先占领假说	生態位優先佔有假說	niche-preemption hypothesis
生态位转移	生態位轉移	niche shift
生态系统	生態系	ecosystem
生态系统承载力	生態系承載力	ecosystem carrying capacity
生态系统多样性	生態系多樣性	ecosystem diversity

大　陆　名	台　湾　名	英　文　名
生态系统发育	生態系發展	ecosystem development
生态系统分室模型	生態系分室模型,生態系單位模型	compartment model of ecosystem
生态系统服务	生態系服務	ecosystem service
生态系统服务价值	生態系統服務價值	value of ecosystem service
生态系统功能	生態系功能	ecosystem function
生态系统净交换	生態系淨交換	net ecosystem exchange, NEE
生态系统能量学	生態系力能學	ecosystem energetics
生态系统生态学	生態系生態學	ecosystem ecology
生态系统稳定性	生態系統穩定性	ecosystem stability
生态系统效率	生態系效率	ecosystem efficiency
生态系统与生物多样性经济学	生態系與生物多樣性經濟學	The Economics of Ecosystems and Biodiversity, TEEB
生态系统组分	生態系組成因子	components of ecosystem
生态效率	生態效率	ecological efficiency
生态型	生態型	ecotype
生态学	生態學	ecology, oecology, bionomics
生态循环	生態循環	ecocycling
生态演替	生態消長,生態演替	ecological succession
生态一致性	生態一致性	ecological consistence
生态遗传学	生態遺傳學	ecological genetics
生态因子	生態因子	ecological factor
生态阈值	生態阈值,生態低限	ecological threshold
生态占用(=生态足迹)		
生态值(=生态价)		
生态植物地理学	生態植物地理學	ecological plant geography
生态指示种	生態指標	ecological indicator
生态种	生態種	ecospecies
生态[种]发生	生態發生	ecogenesis
生态锥体,生态金字塔	生態塔	ecological pyramid
生态宗	生態品種	ecological race
生态综合体,生态复合体	生態複合體	ecological complex
生态足迹,生态占用	生態足跡	ecological footprint
生态最适度	最適生態條件	ecological optimum
生物安全	生物安全	biological safety
生物半衰期	生物半衰期	biological half-life
生物标记	生物標記	biomarker

大　陆　名	台　湾　名	英　文　名
生物表面活性剂,生物界面活性剂	生物表面活性劑,生物界面活性劑	biological surfactant
生物残留群	生物殘體群	liptocoenos
生物测定	生物檢驗,生物檢定,生物分析法	biological assay, bioassay
生物层积学	生物化石分布學	biostratinomy, biostratonomy
生物处理(=二级处理)		
生物带	生物地層,生物帶	biozone
生物地层学	生物化石層序學	biostratigraphy
生物地理区	生物地理區	biotic province
生物地理群落	生物[地理]群集	biogeocoenosis
生物地理学(=生物分布学)		
生物地球化学	生物地理化學	biogeochemistry
生物地球化学循环	生地化循環	biogeochemical cycle
生物顶极群落	生物極盛相,生物巔峰相	biotic climax
生物多样性	生物多樣性	biodiversity
生物多样性公约	生物多樣性公約	Convention on Biological Diversity, CBD
生物多样性和生态系统服务政府间科学政策平台	生物多樣性及生態系服務政府間科學及政策平台	Intergovernmental Science-Policy Platform on Biodiversity and Ecosystem Services, IPBES
生物多样性热点	生物多樣性熱點	biodiversity hotspot
生物多样性信息学	生物多樣性資訊學	biodiversity informatics
生物发光	生物發光	bioluminescence
生物防治	生物防治	biological control
生物放大	生物放大[效應]	biological magnification, biomagnification
生物分布学,生物地理学	生物分布學,生物地理學	chorology, biogeography
生物富集	生物富集	bioenrichment
生物还原作用	生物還原作用	bio-reduction
生物积累,生物累积	生物性累積	biological accumulation, bioaccumulation
生物监测	生物監測	biological monitoring, biomonitoring
生物降解	生物降解[作用]	biodegradation
生物接触氧化反应器	生物接觸氧化槽	biological contact oxidation reactor
生物节律	生物律動	biological rhythm
生物界面活性剂(=生物表面活性剂)		

大　陆　名	台　湾　名	英　文　名
生物经济学	生物經濟學	bioeconomics
生物景带	生物景帶線	biochore
生物净化	生物淨化	biological purification
生物可降解性	生物降解力	biodegradability
生物可利用性(＝生物有效性)		
生物控制论	生物控制論	biocybernetics
生物矿化	生物礦化［作用］	biomineralization
生物扩张力(＝生物压力)		
生物累积(＝生物积累)		
生物量	生物量,生質量	biomass
生物量/呼吸量比	生物量/呼吸量比	biomass/respiration ratio, B/R ratio
生物量金字塔(＝生物量锥体)		
生物量增量	生物量增量	biomass increment
生物量锥体,生物量金字塔	生物量［金字］塔	pyramid of biomass, biomass pyramid
生物滤池	生物過濾器,生物濾池	biological filter
生物膜	生物膜	biofilm
生物膜法	生物膜法	biofilm process
生物能[量]学	生物能量學	bioenergetics
生物浓缩	生物濃縮［作用］	biological concentration, bioconcentration
生物平衡	生物平衡	biotic balance, biotic equilibrium
生物谱	生物譜	biological spectrum
生物气溶胶	生物氣溶膠	bioaerosol
生物潜力,繁殖潜力	生物潛能	biotic potential
生物侵蚀	生物侵蝕	bioerosion
生物区	生物區	biotic region, bioregion
生物区系	生物相,生物誌	biota
生物圈	生物圈	biosphere
生物圈 2 号	生物圈 2 號	Biosphere 2
生物群落	生物群聚,生物群集,生物群落	biotic community, biocommunity, biocoenosis
生物群系	生物群系,生物群區	biome, biotic formation
生物扰动	生物擾動	bioturbation
生物社会学	生物社會學	coenobiology
生物生态地理学	生態生物地理學	ecobiogeography

大　陆　名	台　湾　名	英　文　名
生物碎屑,有机碎屑	生物碎屑,有機碎屑	organic detritus
生物调节	生物制約	biological conditioning
生物通气法	生物通氣法	bioventing process
生物统计学	生物統計學	biostatistics
生物退化	生物衰退	biodeterioration
生物脱氮	生物脱氮	biological removal of nitrogen
生物完整性(=生物整体性)		
生物完整性指数(=生物整体性指数)		
生物吸附	生物吸附作用	biological adsorption
生物系统	生物系統,生物體系	biological system, biosystem
生物系统效率	生物系效率	efficiency of biological system
生物相	化石相	biofacies
生物相图	化石相圖	biofacies map
生物型	生物型	biotype
生物修复	生物修復	bioremediation
生物需氧量	生物需氧量	biological oxygen demand, BOD
生物悬浮物	生物懸浮物	bioseston
生物压力,生物扩张力	生物壓力	biotic pressure
生物演替	生物演替	biotic succession
生物氧化	生物氧化[作用]	bio-oxidation
生物遥测	生物遙測[法],生物追蹤	biotelemetry
生物遗传资源的衍生所有权	生物遺傳資源的衍生所有權	derived property right of biogenetic resources
生物因子	生物因子,生物因素	biotic factor
生物有效性,生物可利用性	生物有效性	bioavailability
生物整体性,生物完整性	生物完整性	biological integrity
生物整体性指数,生物完整性指数	生物整合性指數	index of biological integrity, index of biotic integrity, IBI
生物指数	生物指數	biotic index
生物钟	生物時鐘	biological clock
生物周期现象	生物週期性	biological periodism
生物转化	生物轉化作用	biological transformation
生物转盘	生物轉盤	biological disc

大　陆　名	台　湾　名	英　文　名
生物宗	生物族	biological race
生育控制	節育,生育控制	birth control
生育力	生育力,肥力	fertility
生育力表	生育力表	fertility table
生源说	生源[說]	biogenesis
生长分析	生長分析	growth analysis
生长季	生長季	growing season
生长率	生長率,成長率	growth rate
生长轮	生長輪,年輪	growth ring
生长期	生長期	growth period, growing period
生长曲线	生長曲線,成長曲線	growth curve
生长习性	生長習性	growth habit
生长系数	生長係數	coefficient of growth
生长效率	生長效率	growth efficiency
生长型	生長型	growth form
生长因子	生長因子	growth factor
生长锥	生長錐	increment borer
生殖,繁殖	繁殖,生殖	reproduction, breeding, breed
生殖成本	繁殖成本,生殖成本	reproductive cost
生殖毒性,遗传毒性	遺傳毒性	genotoxicity
生殖对策	繁殖策略,生殖策略	reproductive strategy
生殖隔离	生殖隔離	reproductive isolation
生殖洄游(＝产卵洄游)		
生殖价	繁殖價	reproductive value
生殖力	生殖力	fecundity
生殖量	繁殖產出,生殖產出	reproductive output
生殖率,繁殖率	繁殖率,生殖率	reproduction rate, reproductive rate
生殖能力	繁殖力,生殖力	reproductive capacity
生殖努力	繁殖努力,生殖努力	reproductive effort
生殖潜能	繁殖潛能,生殖潛能	reproductive potential
生殖失败	繁殖失敗,生殖失敗	reproductive failure
生殖腺	生殖腺	gonad
生殖腺指数	性腺體重指數,生殖腺指標	gonadosomatic index, GSI
生殖行为	繁殖行為,生殖行為	reproductive behavior
生殖周期	繁殖週期,生殖週期	reproductive cycle
牲畜季节性迁移(＝迁移性放牧)		

大　陆　名	台　湾　名	英　文　名
剩余空间	剩餘空間	residual space
剩余生产量	剩餘生產量	surplus production
剩余生产量模型	剩餘生產量模型	surplus production model
剩余污泥	剩餘汙泥	surplus sludge, excess sludge
尸养寄生物	屍養寄生物	necrotrophic parasite
失汇	失匯	missing sink
失控性选择	失控性擇	runaway sexual selection
施肥	施肥	fertilization, fertilizer application
湿草甸	潤草甸	moist meadow
湿草原	濕草原,非酸沼,蘆葦沼	grass fen
湿地	濕地	wetland
湿地公园	濕地公園	wetland park
湿地生态学	濕地生態學	wetland ecology
湿度	濕度	humidity
湿度表	濕度計	hygrometer
湿度计	濕度計	hygrograph
湿润系数	濕度係數	moisture coefficient
湿森林	濕潤林,潮林	moist forest
湿生植物	濕生植物	hygrophyte
石化林	石化林	petrified forest
石化作用	石化作用	petrification
石灰岩	石灰岩	limestone
石灰岩性植物群落	石灰岩性植物群落	calcipetrile
石面生物	岩石附生生物相,石面生物	epilithic organism, epilithion
石生演替系列	岩生演替系列	lithosere
石生植物	岩生植物	lithophyte
石炭纪	石炭紀	Carboniferous Period
石隙植物,岩隙植物	岩隙植物	chasmophyte, endolithophyte
石质土	石質土	lithosol
时度	時度[數]	degree-hour
时间尺度	時間尺度	temporal scale
时间格局	時間格局,時間樣式,時間模式	temporal pattern
时间结构	時間結構	temporal structure
时间生态位	時間生態位,時間[生態]區位,時間[生態]席位	temporal niche

大 陆 名	台 湾 名	英 文 名
时空格局	時空格局,時空模式	spatial and temporal pattern
时空结构	時空結構	temporal-spatial structure
时滞	時滯	time lag, time delay
实测密度,现存密度	實測密度	actual density
实际出生率(=生态出生率)		
实际生态位	實際區位,實際生態席位	realized niche
实际死亡率(=生态死亡率)		
实际蒸散	實際蒸散,實際蒸發散量	actual evapotranspiration, AET
实验生态学	實驗生態學	experimental ecology
[实验]驯化	[實驗]馴化	acclimation
食草	啃食,刮食(海洋),放牧	grazing
食草动物	草食動物,草食者,植食者	herbivore, grazing animal
食虫动物	食蟲動物,蟲食動物	insectivore
食虫性	食蟲性	entomophagy
食虫植物	食蟲植物	carnivorous plant
食底泥动物	沈積物攝食動物,泥食動物	deposit feeder
食底栖生物者	攝食底棲生物者	benthos feeder
食粪性	食糞性	coprophagy
食浮游生物动物	食浮游生物動物	planktivore
食腐动物	食腐動物,腐食動物	saprophage, saprovore, scavenger
食腐性	食腐性,腐食性	saprophagy
食谷动物	食種子動物	granivore
食果动物	果食性動物	frugivorous animal
食果性	果食性	frugivorous
食禾草性	食禾草性	graminivorous
食菌甲诱醇	蠹聚集費洛蒙	sulcatol
食菌性	菌食性	fungivore
食客	供食者	trophobiont
食料微生物比	食微比(環工)	food-to-microorganism ratio, F/M ratio
食蜜动物	食蜜動物	nectarivore
食蜜性	食蜜性	melliphagy, nectar feeding

大　陆　名	台　湾　名	英　文　名
食木性	木食性	xylophagy
食泥者	泥食者	ilyotrophe
食肉动物	肉食動物	carnivore
食肉性	肉食性,食肉性	sarcophagy
食尸性	屍食性	necrophagy
食死地被物者	食落葉者	litter feeder
食碎屑动物	食碎屑者	detritivore, detritus feeder
食微生物动物	食微生物者	microbivore
食物关系	攝食關係	food relationship
食物环	食物環	food cycle
食物环节	食物環節	food link
食物净值	食物淨值	net food value
食物可利用性假说	食物可利用性假說	food availability hypothesis
食物链	食物鏈	food chain
食物链效率	食物鏈效率	food chain efficiency
食物网	食物網	food web
食物消费量	攝食量	food consumption
食物选择	食物選擇	food selection
食物引诱物	食物誘引劑	food attractant
食物转化效率	食物轉換效率	food conversion efficiency
食性, 摄食习性	食性,攝食習性	feeding habit, food habit
食用植物	食用植物	food plant
食鱼动物	食魚動物	ichthyovorous animal
食鱼性	魚食性,食魚性	piscivory
食藻性动物	藻食性動物	algivore
食植类	植食動物	phytophage
史前归化植物	史前歸化植物	prehistoric naturalized plant
使用价值	工具性價值	instrumental value
始新世	始新世	Eocene Epoch
世代	世代	generation
世代重叠	世代重疊	overlapping of generation
世代交替	世代交替	alternation of generations
世代离散	分立世代	discrete of generation
世代时间	世代時間	generation time
世界性植物	全球性植物	cosmopolitan plant
世界遗产公约	世界遺產公約	World Heritage Convention
世界种,广布种	全球種, 泛適應種	cosmopolitan species, cosmopolite, ubiquitist

大　陆　名	台　湾　名	英　文　名
世界自然保护联盟红皮书	世界自然保育聯盟紅皮書	IUCN Red Data Book
世界自然保护联盟红色名录	世界自然保育聯盟紅色名錄	IUCN Red List
世界自然遗产名录	世界遺產名錄	World Heritage List
示爱,求偶展示	求偶展示	courtship display
示踪信息素(=踪迹信息素)		
视觉通信	視覺溝通	visual communication
视密度(=表观密度)		
试错学习	試誤學習	trial and error learning
试验误差	試驗機差	experimental error
试验植被	試驗植被	experimental vegetation
试验种群	試驗族群	experimental population
适氮植物(=嗜氮植物)		
适洞动物	真洞棲動物	eucaval animal
适钙植物	嗜石灰植物,嗜鈣植物	calciphilous plant, calciphile
适寒植物	適寒植物	hekistotherm
适合度	適合度,適應性	fitness
适合度系数	適合度係數,適應度係數	coefficient of fitness
适口性	適口性	palatability
适生城市植物	適城市植物	urbanophile plant
适酸植物	適酸植物	acid plant
适宜种	適宜種	preferential species
适应	適應,順應	accustomization, adaptation
适应补偿	適應補償	adaptive compensation
适应程度	適應程度	adaptedness
适应辐射	適應輻射	adaptive radiation
适应酶	適應酵素	adaptive enzyme
适应趋同	適應趨同	adaptive convergence
适应色	適應色	adaptive coloration
适应退化	適應退化	adaptative regression
适应型	適應型	ecad
适应性	適應力	adaptability
适应性选择	適應選擇	adaptive selection
适应值	適應值	adaptive value
适者生存	適者生存	survival of the fittest

大　陆　名	台　湾　名	英　文　名
释放因子	釋放因子	releaser
嗜捕性	嗜捕性	trap addictedness
嗜氮植被	嗜氮植被	nitrophilous vegetation
嗜氮植物,适氮植物	嗜氮植物	nitrophyte, nitrophilous plant
嗜腐生物	嗜腐生物	saprophile
嗜硅植物	嗜矽酸植物	silicicolous plant
嗜寒性	嗜寒性,嗜冷性	psychrophile
嗜火性菌类	火燒地菌類	fireplace fungus
嗜碱性植被	嗜鹼性植被,適鹼植被	basophilous vegetation
嗜冷生物	嗜冷生物,嗜寒生物	psychrophilic organism
嗜冷细菌	嗜冷細菌	psychrophilic bacteria
嗜流性植被	嗜流性植被	rheophilic vegetation
嗜热生物	嗜熱生物	thermal organism, thermophile
嗜深性	嗜深性	bathophilous
嗜酸性植被	嗜酸性植被	acidophilous vegetation
嗜雪植物	嗜雪植物	chianophile
嗜压细菌	嗜壓[性]細菌	barophilic bacteria
嗜盐细菌	嗜鹽細菌,鹽生性細菌	haloarchaea, halobacteria
收获法	收穫法,收割法	harvest method
寿命	壽命	longevity, duration of life, life span
受动者	受動者	coactee
受精	受精	fertilization
受体	受體	recipient
狩猎动物	狩獵動物,狩獵用鳥獸	game animal
狩猎管理,狩猎经营	狩獵管理,狩獵經營	game management
狩猎经营(=狩猎管理)		
狩猎牧场,供猎牧场	狩獵牧場,供獵牧場	game pasture
梳理	梳理,自我梳理	preening, grooming
疏灌丛	灌叢群落	shrubland
疏林	疏林	open forest
疏林林分	疏性林分	open stand
疏植	疏植	sparse planting
束缚水,结合水	結合水	bound water, combined water
树高比	樹高比	tree height ratio
树高曲线	樹高曲線	height curve
树冠	樹冠	crown, tree crown
树冠层	樹冠層	crown canopy, crown cover
树冠厚度	樹冠厚度	crown depth

大　陆　名	台　湾　名	英　文　名
树冠火	樹冠火	crown fire
树冠级	樹冠級	crown class
树冠率	樹冠比	crown ratio
树冠面	樹冠面	crown surface
树冠投影图	樹冠投影圖	crown projection diagram
树径测量	樹徑測量	diameter measurement
树篱	樹籬	hedgerow
树木年代学	年輪學,樹齡學	dendrochronology
树木线(=林线)		
树皮苔藓	樹皮苔蘚	corticolous bryophyte
树上附生植物	樹木附生植物	epiphyta arboricosa
树势	樹勢	tree vigor
树限	樹限	tree limit
树雨(=雾雨)		
树沼	沼澤,林澤	swamp
数量金字塔(=数量锥体)		
数量性状	數量性狀,定量性狀	quantitative character
数量遗传	定量遺傳,數量[的]遺傳	quantitative inheritance
数量锥体,数量金字塔	數[量金字]塔	pyramid of number, number pyramid
数学模型	數學模式	mathematical model
数学生态学	數學生態學	mathematical ecology
数值反应	數值反應,數量反應	numerical response
数值分类	數值分類	numerical classification
衰减效应	衰減效應	depletion effect
衰老	老化	senescence
双重泊松分布	雙重卜瓦松分布	double Poisson distribution
双重抽样	雙重取樣	double sampling
双峰分布	雙峰分布	bimodal distribution
双亲河理论(=家河理论)		
双性群	雙性群	bisexual group
霜害	霜害	frost injury
霜蚀(=冻蚀)		
霜线	霜線	frost line
水边低沙丘群落	岸前沙丘群落	foredune community
水边湿地	邊緣濕地	fringe wetland
水表上漂浮生物	表層漂浮生物	epineuston

大　陆　名	台　湾　名	英　文　名
水表下漂浮生物	水表下漂浮生物,水表 下生物	infraneuston, hyponeuston
水布植物	水媒植物	hydrochore
水层区	水層區	pelagic zone, pelagic division, pelagic province
水层生物	水層生物	pelagos
水底植物(=底栖植物)		
水分饱和亏缺	水分飽和虧缺	water saturation deficit, WSD
水分保持	水資源保育,節水	water conservation
水分差额(=水分收支)		
水分短缺	水分短缺	water shortage
水分利用效率	水分利用效率	water use efficiency, WUE
水分平衡	水分平衡	water balance, water equilibrium
水分收支,水分差额	水分收支	water budget
水分胁迫	水緊迫	water stress
水华(=藻华)		
水解[作用]	水解[作用]	hydrolysis
水培	水耕[法]	hydroponics
水漂生物	漂浮生物,水漂生物	pleuston
水平分布	水平分布	horizontal distribution
水平基因转移	水平基因傳遞	horizontal gene transfer
水平生命表	水平生命表	horizontal life table
水圈	水圈	hydrosphere
水泉群落	泉水群落	crenium
水生草本群落	水生草本群落	aquiherbosa, aquiprata
水生动物	水生動物	hydrocole
水生群落	水生群落	aquatic community
水生生态系统(=水域 生态系统)		
水生生物	水生生物	hydrobiont, hydrobios
水生生物学	水生生物學	hydrobiology
水生演替	水生演替	hydrarch succession, hydroarch succession
水生演替系列	水生演替系列,水生消 長系列	hydroarch sere, hydrosere
水生植物	水生植物	hydrophyte
水土保持	水土保持	water and soil conservation
水土流失	水土流失	water and soil loss
水污染	水[質]汙染	water pollution

大　陆　名	台　湾　名	英　文　名
水循环	水文循環	hydrologic cycle
水俣病	水俣病（汞中毒）	Minamata disease
水域生态系统,水生生态系统	水域生態系	aquatic ecosystem
水质监测	水質監測	water-quality monitoring
水质评价	水質評估	water-quality assessment
顺从姿态	臣服姿勢	submissive posture
顺序雌雄同体	順序雌雄同體	sequential hermaphrodite
顺应	順應	accommodation
瞬时补充率	瞬間補充率,瞬時補充率	instantaneous rate of recruitment
瞬时出生率	瞬間出生率,瞬時出生率	instantaneous birth rate
瞬时全死亡率	瞬間全死亡率	instantaneous rate of total mortality
瞬时剩余生产率	瞬間剩餘生產率	instantaneous rate of surplus production
瞬时死亡率	瞬間死亡率,瞬時死亡率	instantaneous death rate, instantaneous mortality rate
瞬时渔获死亡率	瞬間漁獲死亡率	instantaneous rate of fishing mortality
瞬时增长率	瞬間成長率,瞬時生長速率,瞬間增加率	instantaneous rate of increase, instantaneous growth rate, per capita rate of increase
瞬时自然死亡率	瞬間自然死亡率	instantaneous rate of natural mortality
斯金纳箱	斯金納箱	Skinner box
死浮游生物	死浮游生物	necroplankton
死亡率	死亡率	mortality, death rate
似禾草植物	似禾草植物	grasslike plant
似然竞争,表观竞争	表觀競爭,外顯競爭	apparent competition
饲草	糧草,飼草	forage
饲草系数	糧草係數	forage factor
饲料作物	飼料作物	forage crop, fodder crop
搜寻印象	搜尋形象	search image
宿主	宿主	host
溯河繁殖(=溯河洄游)		
溯河洄游,溯河繁殖	溯河洄游,溯河繁殖	anadromous migration, anadromy
酸沉降	酸[性]沈降	acidic precipitation, acid deposition
酸度	酸度,酸性	acidity
酸生演替系列	酸性演替系列	oxysere
酸土植物	酸土植物	oxylophyte, oxyphile

大　陆　名	台　湾　名	英　文　名
酸性泥炭沼泽,酸沼	酸沼,矮叢沼,雨養深泥沼	bog, ombrotrophic mire, moor
酸性岩	酸性岩	acidic rock
酸性指示植物	酸性地指標植物	acidophilous indicator plant
酸雨	酸雨	acid rain
酸沼(=酸性泥炭沼泽)		
随机变量	隨機變數,逢機變數	random variable, stochastic variable
随机抽样	逢機取樣,隨機取樣	random sampling
随机对法	逢機毗鄰法,隨機駢對法	random pairs method
随机分布	隨機分布	random distribution
随机化区组	逢機區集	randomized block
随机交配	逢機交配	random mating, panmixia, panmixis
随机交配种群	逢機交配族群	panmictic population
随机景观模型	隨機景觀模型,隨機地景模型	stochastic landscape model
随机灭绝	隨機滅絕	stochastic extinction
随机模型	隨機模式	stochastic model
随机生态位边界假说	隨機生態位邊界假說	random niche-boundary hypothesis
随机系统	隨機系統	stochastic system
随机样本	逢機樣本	random sample
随遇种	廣適種	indifferent species
碎屑	碎屑,腐屑	detritus
碎屑食物链,腐食食物链	碎屑食物鏈	detritus food chain
碎屑食物途径	碎屑途徑	detrital pathway
碎屑食性摄食	碎屑攝食	detritus feeding
损耗环	損耗環	consumptive loop
索饵场	索餌場	feeding ground
索饵洄游	索餌洄游,覓食遷移	feeding migration

T

大　陆　名	台　湾　名	英　文　名
他感化学物质,他感素	種間交感物質	allelochemics, allelochemicals
他感素(=他感化学物质)		
他感作用,化感作用	［植物］相剋作用	allelopathy

大　陆　名	台　湾　名	英　文　名
胎仔数	窝仔數	litter size
苔藓群落学	蘚苔群落學	bryocoenology
苔藓植物	蘚苔類,苔蘚植物	bryophyte
太平洋两岸分布	太平洋兩岸分布	amphi-Pacific distribution
太阳辐射	太陽輻射	solar radiation
太阳辐射曲线	太陽輻射曲線	solar radiation curve
太阳跟踪	太陽跟蹤	solar tracking
太阳能值	太陽能值	solar emergy
太阳能值转换率	太陽能換率	solar transformity
太阳紫外辐射	太陽紫外輻射	solar ultraviolet radiation
泰加林,北方针叶林	泰加林,北方針葉林,北寒針葉林	taiga, northern coniferous forest
泰勒幂法则	泰勒[氏]幂法則	Taylor's power law
弹性(＝恢复力)		
探索行为	探索行為,搜尋行為	investigative behavior, searching behavior
碳氮比	碳氮比	carbon-nitrogen ratio, C/N ratio
碳–14定年法	碳–14定年[法]	carbon-14 dating
碳固存	碳封存	carbon sequestration
碳固定	固碳作用	carbon fixation
碳–3光合作用	三碳光合作用	C_3 photosynthesis
碳–4光合作用	四碳光合作用	C_4 photosynthesis
碳汇	碳匯	carbon sink
碳获取	碳獲取	carbon acquisition
碳库	碳庫	carbon pool, carbon stock
碳贸易	碳交易	carbon trade
碳水化合物(＝糖类)		
碳同化作用	碳同化作用	carbon assimilation
碳信用	碳信用	carbon credit
碳循环	碳循環	carbon cycle
碳源	碳源	carbon source
碳债	碳債	carbon debt
碳–3植物,C_3植物	三碳植物,C_3型植物	C_3 plant
碳–4植物,C_4植物	四碳植物,C_4型植物	C_4 plant
糖类,碳水化合物	碳水化合物,醣	carbonhydrate
逃避机制	逃避機能	escape mechanism
逃命共存	逃命共存	fugitive coexistence
特定出生率	特定出生率	specific natality
特定年龄出生率	年齡別出生率	age-specific natality

大　陆　名	台　湾　名	英　文　名
特定年龄存活率	年齡別存活率	age-specific survival rate
特定年龄生命表	年齡別生命表	age-specific life table
特定年龄生殖力	年齡別孕卵數,年齡別生殖力,齡別繁殖力	age-specific fecundity, age-specific fertility
特定年龄死亡率	年齡別死亡率	age-specific mortality
特定时间生命表	特定時間生命表	time-specific life table
特定死亡率	特定死亡率	specific mortality
特化	專化,特化	specialization
特化种	專化種,特化種	specialized species
特殊环境学	特殊環境學	ectology
特异反应假说	特異反應假說	idiosyncratic response hypothesis
特优种	優勢種	predominant
特有现象	特有性	endemism
特有性密度,地方性密度	特有性密度,地方性密度	endemic density
特有有害生物	特有有害生物	endemic pest
特有种	特有種,地方種,固有種	endemic species
特征动物	示徵動物	characteristic animal
特征种	特徵種	characteristic species
藤壶区	藤壺區	balanus zone
梯度	梯度	gradient
梯度变异,渐变群	漸變群	cline
梯度分析	梯度分析	gradient analysis
体表共生	體表共生	epoekie
体长频度分布	體長頻度分布	length-frequency distribution
体核温度	體核溫度	core temperature
体内	體内	*in vivo*
体内共生	體内共生	entoekie
体外	體外	*in vitro*
体温过高,过热	體溫過高,過熱	hyperthermia
体温调节	體溫調節	thermoregulation
体型选择捕食	體型選擇捕食	size-selection predation
替代宿主,转主寄主	替代寄主,交替寄主	alternative host, alternate host
替代现象	地理分隔作用,地理分隔現象	vicarism
替代种	替代種,地理分隔種	substitute species, vicarious species, vicariad
天敌	天敵	natural enemy

大　陆　名	台　湾　名	英　文　名
天然公园,自然公园	天然公園,自然公園	natural park
天然纪念物	自然遺產	natural monument
天然林	天然林	natural forest
天然林更新	天然林更新	natural forest regeneration
天然杂种	天然雜種	natural hybrid
田间持水量	田間持水量	field capacity, field moisture capacity, field water capacity
田间试验	田間試驗	field experiment
填闲作物	間作物,增益作物	catch crop
条件反射	條件反射	conditional reflex
条件反应	條件反應	conditional response
调和湖泊型	調和湖沼型	harmonic lake type
调和型生物区系	調和型生物相	harmonic biota
调节	調節	regulation
调节学说	調節學說	regulation theory
跳跃式物种形成	跳躍式物種形成	saltational speciation
挺水植物	挺水植物	emerged plant
通常竞争	慣例性競爭	conventional competition
通量	通量	flux
通气	通氣, 氣曝	aeration
通气组织	通氣組織	aerenchyma
同胞关系	同胞關係	sibship
同胞种	同胞種	sibling species
同步化	同步[作用]	synchronization
同地演替系列(=同生演替系列)		
同工酶	同功[異構]酶,同質異構酶	isozyme
同功	同功性	analogy
同化/呼吸量比	同化/呼吸量比	assimilation/respiration ratio, A/R ratio
同化系统	同化系统	assimilation system
同化效率	同化效率	assimilation efficiency, AE, efficiency of assimilation
同化[作用]	同化[作用]	assimilation
同类群(=繁殖群)		
同类相食(=同种相残)		
同龄林分	同齡林分	even-aged stand
同龄群(=同生群)		

大　陆　名	台　湾　名	英　文　名
同龄群生命表(＝同生群生命表)		
同配生殖	同型配子結合	homogamy
同生群,同龄群	同齡群	cohort
同生群分析	年級群分析	cohort analysis
同生群生命表,同龄群生命表	同齡群生命表	cohort life table
同生群世代时间	同齡群世代期間	cohort generation time
同生演替系列,同地演替系列	同生演替系列, 同生消長系列	cosere
同时雌雄同体	同時雌雄同體	simultaneous hermaphrodite
同属种	同屬種	congeneric species
同塑性	同塑性	homoplasy
同位素	同位素	isotope
同系交配	同系[近親]交配	endogamy
同域成种(＝同域物种形成)		
同域物种形成,同域成种	同域種化,同域成種作用	sympatric speciation
同域种	同域種	sympatric species
同源多倍体	同源多倍體	autopolyploid
同源性	同源性	homology
同源性状	同源性狀	homologous character
同质性	均質性,同質性	homogeneity
同质性系数	均質係數	coefficient of homogeneity
同种相残,同类相食	同種相食,同類相殘	cannibalism
同资源种团	同功群	guild
偷猎	盜獵	poaching
偷窃寄生现象	偷竊寄生現象	kleptoparasitism
透光层(＝透光带)		
透光带,真光带,透光层	透光帶,透光層	photic zone, euphotic zone, euphotic stratum
透光伐	除伐(林業)	cleaning, cleaning cutting
透明度	透明度,透視度	transparency
透气性	透氣性	air permeability, gas permeability
透水层	透水層	permeable layer, pervious stratum
透水性	透水性,水滲透率	water permeability
透性	滲透性	permeability

大　陆　名	台　湾　名	英　文　名
透性系数	滲透性係數	permeability coefficient
突变	突變	mutation
突发生态种	突發生態種	abrupt ecospecies
突生进化	突生演化	emergent evolution
图解样方	圖示樣方	chart quadrat
土地复垦	土地再造	land reclamation
土地覆盖	地表覆蓋	land cover
土地改良	土地改良	land amelioration, land improvement
土地利用规划	土地使用規劃	land use planning
土地利用与土地覆盖变化	土地利用與地表覆蓋變遷[計畫]	Land Use and Land Cover Change, LUCC
土链	土鏈	catena
土栖大型动物	土棲大型動物相	soil macrofauna
土栖小型动物	土棲微動物相	soil microfauna
土栖中型动物	土棲中型動物相	soil mesofauna
土壤[地]带	土壤帶	soil zone
土壤地带性	土壤成帶性	soil zonality
土壤顶极	土壤極峰相	pedoclimax
土壤顶极群落	土壤性極峰相群集	edaphic climax community
土壤恶化(=土壤退化)		
土壤发生	土壤化育	pedogenesis
土壤发生过程	土壤化育過程	pedogenic process
土壤发生演替	土壤發生演替,成土演替	edaphogenic succession
土壤肥力	土壤肥力	soil fertility
土壤改良	土壤改良	soil amelioration
土壤改良剂	土壤改良劑	soil amendment
土壤含水量	土壤含水量	soil water content
土壤碱化作用	土壤鹼化作用	soil alkalization
土壤结持度	土壤結持度	soil consistency
土壤毛管水	土壤毛管水	soil capillary water
土壤气候	土壤氣候	soil climate
土壤侵蚀	土壤侵蝕	soil erosion
土壤群落	土壤性群集	edaphic community
土壤容重	土壤容重	soil bulk density
土壤杀菌,土壤消毒	土壤殺菌	soil sterilization
土壤生产力	土壤生產力	soil productivity
土壤生物	土壤生物	geobiont

大　陆　名	台　湾　名	英　文　名
土壤水分	土壤水	soil moisture
土壤水分常数	土壤水常數	soil moisture constant
土壤水分枯竭	土壤水枯竭	soil water depletion
土壤水分特征曲线	土壤水特性曲線	soil moisture characteristic curve, soil water characteristic curve
土壤酸度	土壤酸度	soil acidity
土壤退化,土壤恶化	土壤劣化	soil deterioration
土壤微生物群落	植物性土壤微生物	phytoedaphon
土壤萎蔫系数	土壤凋萎係數	soil wilting coefficient
土壤污染	土壤汙染	soil pollution, soil contamination
土壤污染指数	土壤汙染指數	soil pollution index
土壤消毒(=土壤杀菌)		
土壤形成	土壤形成	soil formation
土壤演化	土壤演化	soil evolution
土壤演替顶极	土壤性極峰相	edaphic climax
土壤因子	土壤因子	edaphic factor
土壤有效水	土壤有效水	soil available water
土壤诊断	土壤診斷	soil diagnosis
土壤–植被关系	土壤–植被關係	soil-vegetation relationship
土壤自由水	土壤自由水	soil free water
土壤组合	土壤聯域	soil association
土著区系	原生植物相	indigenous flora
土著种,本地种,乡土种	本土種,原生種,本地種	indigenous species, native species, autochthon
吐水[现象]	泌溢[現象]	guttation
湍流	亂流,紊流	turbulence
推力传播	裂開散佈	bolochory
退化	迴歸,退行,退化	degeneration, retrogression, regression
退化林	衰退林	degraded forest
退化生态系统	退化生態系	degraded ecosystem
退化演替,逆行演替	退行性消長,退行性演替,逆行演替	retrogressive succession
退行进化,退行演化	退行演化,逆行演化	regressive evolution, retrogressive evolution
退行演化(=退行进化)		
蜕皮	蜕皮	ecdysis, moulting
蜕皮激素	蜕皮激素	ecdysone
脱氨作用	去胺[作用]	deamination

大　陆　名	台　湾　名	英　文　名
脱矿质水(=去离子水)		
脱硫作用	去硫作用,脱硫作用	desulfidation
脱羧作用	去羧基作用	decarboxylation
脱叶	剪葉,落葉,採葉	defoliation
拓殖	拓殖	colonization
拓殖率	拓殖率	colonization rate, rate of colonization
拓殖曲线	拓殖曲線	colonization curve

W

大　陆　名	台　湾　名	英　文　名
外代谢产物	體外代謝產物	extrametabolite
外动性土壤	外動性土壤	ectodynamorphic soil
外动性演替	外動性消長,外動性演替	ectodynamic succession
外分泌腺	外分泌腺	exocrine gland
外寄生	外寄生	ectoparasitism, external parasitism
外寄生物	外寄生物	ectoparasite
外来化合物(=异生物质)		
外来侵入种	外來入侵種	alien invasive species
外来植物	外來植物	alien plant
外来种	外來種	alien species, exotic species, allochtho-nous species
外内生菌根	外內生菌根	ecto-endotrophic mycorrhiza
外渗	外滲透	exosmosis
外生菌根	外生菌根	ectomycorrhiza, ECM
外温动物	外溫動物	ectotherm
外温性	外溫性	ectothermy
外养生物	外[營]養生物	ectotroph
外因	外因	extrinsic factor
外因[性]演替	外因动力演替	exogenetic succession
外因周期	外發性週期	extrinsic cycle
外源适应	外源適應	exoadaptation
完成行为(=终结行为)		
完全密度制约因子	完全密度依變因子	perfectly density-dependent factor
网格系统	網格[圖]系統	grid system
网格自动机,细胞自动	細胞自動機,元胞自動	cellular automata

大　陆　名	台　湾　名	英　文　名
机	機	
网络分析	網路分析	network analysis
网络支配指数	網路支配指數	index of network ascendancy
网箱	箱網	net cage, cage net
网箱养殖	箱網養殖	net cage culture, cage net culture
往返迁移	復返遷移	return migration
威吓色	威嚇色	threatening coloration
威吓行为	威嚇行為	threat behavior
威胁姿势	威嚇姿勢	threat posture
微地貌(＝微地形)		
微地形, 微地貌	微地形	micro-topography
微动物区系	微動物相	microfauna
微［观］进化	微演化	microevolution
微环境(＝小环境)		
微量营养物	微量養分	micronutrient
微量元素	次要元素, 微量元素	microelement, minor element
微气候(＝小气候)		
微生态学	微生態學	microecology
微生物环	微生物環	microbial loop
微生物农药	微生物農藥	microbial pesticide
微生物区系	微生物相	microbiota
微生物食物环	微生物食物環	microbial food loop
微生物絮凝剂	微生物混凝劑	microbial flocculant
微食物网	微生物食物網	microbial food web
微体化石	微化石	microfossil
微微型浮游生物(＝超微型浮游生物)		
微卫星	微衛星	microsatellite
微卫星 DNA	微從屬 DNA, 微衛星 DNA	microsatellite DNA
微型［底栖］动物	微型動物相	nannofauna
微型底栖生物	微型底棲生物	microbenthos
微型浮游生物	微細浮游生物	nannoplankton
微型生态系统	微生態系	microecosystem
微型游泳生物	微游泳生物	micronekton
微型藻类	微藻類	microalgae
微演替	微消長, 微演替	micro-succession
微宇宙, 小宇宙	微型生態池	microcosm

大　陆　名	台　湾　名	英　文　名
DNA 微阵列	DNA 微陣列	DNA microarray
围隔生态系统	圈隔式生態系	enclosure ecosystem
围蛹	圍蛹	coarctate pupa
伪装	偽裝,保護色	camouflage
纬度地带性	緯度分帶	latitudinal zonation
委内瑞拉草原	利亞諾植被	llano
萎缩	萎縮,減縮現象	atrophy
萎蔫	凋萎	wilting
萎蔫点	凋萎點	wilting point
萎蔫湿度	凋萎濕度	wilting moisture
萎蔫系数,凋萎系数	凋萎係數	wilting coefficient
卫生填埋	衛生掩埋	sanitary landfill
卫星影像	衛星影像	satellite image
未成熟期(=幼龄期)		
温带草原	溫帶草原	temperate grassland
温带林	溫帶林	temperate forest
温带落叶林	溫帶落葉林	temperate deciduous forest
温带雨林	溫帶雨林	temperate rain forest
温带针叶林	溫帶針葉林	temperate coniferous forest
温度偏好(=温度选择)		
温度适应	溫度適應,溫度調適	thermal adaptation
温度顺应者	溫度順應者	temperature conformer
温度调节者	溫度調節者	thermoregulator
温度性迁移	溫度性遷移	thermal migration
温度选择,温度偏好	溫度選擇,溫度偏好	thermopreferendum
温暖指数	溫暖指數	warmth index, WI
温泉群落	溫泉群落	thermium
温湿图	溫度雨量圖,溫濕圖	temperature-moisture graph, hydrotherm figure, hythergraph
温室气体	溫室氣體	greenhouse gas, GHG
温室生态系统	溫室生態系	greenhouse ecosystem
温室效应	溫室效應	greenhouse effect
温跃层	躍溫層,斜溫層	thermocline
温周期性	溫週期性	thermoperiodism
稳定草场,永久牧场	永久牧場	permanent pasture
稳定极限环	穩定極限週期	stable limit cycle
稳定进化对策	穩定演化策略	evolutionary stable strategy, ESS
稳定年龄分布	穩定年齡分布	stable age distribution

大　陆　名	台　湾　名	英　文　名
稳定同位素分析	穩定同位素分析	stable isotope analysis
稳定型种群	穩定族群	stable population
稳定性	穩定性	stability
稳定选择	穩定[型]天擇	stabilizing selection
稳定植物群落	穩定植物群落	stable phytocoenosium
稳定周期性振动	穩定週期性振動	stable cyclic oscillation
稳态	[體內]恆定,恆定狀態,穩態	homeostasis, steady state
稳定平衡	穩定平衡	stable equilibrium
涡流相关法	渦流性相關法	eddy correlation method
窝卵数	窩卵數,產卵數	clutch size
污泥	汙泥	sludge
污泥处理	汙泥處理	sludge treatment
污泥浓缩	汙泥濃度	sludge thickening
污泥膨胀	汙泥蓬鬆[現象]	sludge bulking
污染	汙染,沾染	pollution, contamination
污染负荷	汙染負荷	pollution load
污染监测	汙染監測	pollution monitoring
污染控制	汙染控制,汙染防治	pollution control
污染水平	汙染度	pollution level
污染物	汙染物	pollutant, contaminant
污染预防	汙染預防	pollution prevention
污染源	汙染源	pollution source
污染指示生物	汙染指標生物	pollution indicating organism
污水	汙水	sewage
污水处理	汙水處理	sewage treatment
污水处理场	汙水處理場	sewage farm
污水浮游生物,腐生浮游生物	腐生浮游生物	saproplankton
污水灌溉	汙水灌溉	sewage irrigation
污水生物,腐生生物	汙水生物,腐生生物	saprobia, saprobiont, saprotroph
污着群落	汙損生物群落	fouling community
污着生物	汙損生物,附著生物	fouling organism
屋顶花园	屋頂庭園	roof garden
无草休闲地(=绝对休闲地)		
无翅雌蚁	無翅雌蟻	ergatogyne
无翅型	無翅型	apterous form

大　陆　名	台　湾　名	英　文　名
无光层(＝无光带)		
无光带,无光层	無光帶	aphotic zone
无灰干重	無灰乾重	ash-free dry weight
无灰重量	無灰重量	ash-free weight
无机营养	無機營養	lithotrophy
无机营养生物	無機營養生物	lithotroph
无节幼体	無節幼蟲,無節幼體	nauplius larva
无融合生殖	無融合生殖	apomixis
无生源说(＝自然发生说)		
无霜带	無霜帶	frostless belt
无霜季	無霜期	frostless season
无限增长	無限生長	indeterminate growth
无限种群	無限族群	infinite population
无性生殖	無性生殖	asexual reproduction
无性系种群	無性繁殖族群	clonal population
无性种	無性種,無配種	agamospecies
无序	無序	disorder
无循环层(＝永滞层)		
无样地取样	無樣區取樣	plotless sampling
无意人为引入植物	人為引進植物	anthropophyte
舞蹈语言	舞蹈語言	dance language
舞毒蛾性诱剂	舞毒蛾性誘劑	disparlure
物候学	物候學	phenology
物理因子	物理因子	physical factor
物流	物流	matter flow, material flow
物质流分析	物質流分析	material flow analysis, MFA
物质收支	物質收支	material budget
物质循环	物質循環	matter cycle, material cycle
物种	物種,種	species
物种饱和度	物種飽和度	species saturation
物种不变论	物種不變論	theory of species immutability
物种多度曲线,物种丰度曲线	物種豐量曲線	species-abundance curve
物种多样性	物種多樣性	diversity of species, species diversity
物种多样性指数	物種多樣性指數,[物]種歧異度指數	index of species diversity, species diversity index
物种丰度曲线(＝物种		

大　陆　名	台　湾　名	英　文　名
多度曲线)		
物种丰富度	物種豐[富]度	species richness
物种均匀度	物種[均]匀度	species evenness
物种起源	物種原始	origin of species
物种群集	物種聚縮	species packing
物种冗余(=冗余种)		
物种冗余假说(=冗余 种假说)		
物种入侵	物種入侵	species invasion
物种识别	物種辨識	species recognition
物种相似性	物種相似度	species similarity
物种形成	種化	speciation
物种周转	物種周轉	species turnover
物种组合	物種組合	species combination
雾雨,树雨	樹雨,霧滴	fog drip

X

大　陆　名	台　湾　名	英　文　名
吸附[作用]	吸附[作用]	adsorption
吸附[作用]过程	吸附過程	adsorption process
吸光测定法	吸光測定法	absorptiometry
吸光率	吸光率,吸收率	absorbancy
吸湿系数	吸濕係數	hygroscopic coefficient
吸收根	吸收根	absorbing root
吸收光谱	吸收光譜	absorption spectrum
吸收[光谱]带	吸收[譜]帶	absorption band
吸收损耗	吸收損耗	absorption loss
吸收系数	吸收係數	absorption coefficient
吸收[作用]	吸收[作用]	absorption
吸汁液者(=汁食性者)		
稀释法	稀釋法	dilution method
稀释计数	稀釋計數	dilution count
稀释率	稀釋率	dilution rate
稀释效应	稀釋效應	dilution effect
稀疏	稀疏,稀薄	rarefaction
稀疏群落	開放群落	open community
稀疏植被	稀疏植被, 開放植被	sparse vegetation , open vegetation

大　陆　名	台　湾　名	英　文　名
稀树草原	溫帶疏樹[大]草原	parkland
稀有度	稀有度,罕見度	rarity
稀有植物	偶見植物	stranger plant
稀有种	稀有種,罕見種	rare species
习得性行为	習得行為	learned behavior
习惯化	習慣化	habituation
习性	習性	habit
系谱	譜系,血統	lineage
系统地理学(=系统发生生物地理学)		
系统发生,系统发育	親緣關係,種系發生	phylogeny
系统发生生物地理学,系统地理学	親緣地理學	phylogeography
系统发生学	譜系學,親緣關係學	phylogenetics
系统发育(=系统发生)		
系统分析	系統分析	system analysis
细胞自动机(=网格自动机)		
细川线	細川氏線	Hosokawa's line
细腐殖质	混土腐植質	mull
细沟侵蚀	細流侵蝕	rill erosion
细粒环境	細粒環境	fine-grained environment
细粒景观	細粒地景	fine-grained landscape
潟湖	潟湖	lagoon
狭食性	狹食性	stenophagy
狭适性	狹棲性	stenotopic
狭温性生物	狹溫性生物	stenotherm
狭温种	狹溫種	stenothermal species
狭盐性	狹鹽性[的]	stenohaline
狭盐种	狹鹽種	stenohaline species
下层浮游生物,底层浮游生物	下層浮游生物	hypoplankton
下层木	下層木	tree of understory
下层疏伐	下層疏伐	low thinning
下潮间带	下潮間區	lower intertidal zone
下降流	沈降流,下降流	downwelling
下临界温度	下臨界溫度	lower critical temperature
下木层	林下植物	undergrowth

大　陆　名	台　湾　名	英　文　名
下行控制	下行[式]控制	top-down control
下行效应	下行效應	top-down effect
夏绿灌木群落	夏綠灌叢	aestatifruticeta, estatifruticeta
夏绿林(=落叶阔叶林)		
夏绿乔木群落	夏綠喬木林	aestatisilvae, estatisilvae
夏绿硬叶林,夏绿硬叶 　木本群落	夏綠硬葉林	aestidurilignosa, estidurilignosa
夏绿硬叶木本群落 　(=夏绿硬叶林)		
夏卵	夏卵	summer egg
夏眠,夏蛰	夏眠,夏蟄	aestivation, estivation
夏蛰(=夏眠)		
夏滞育	夏滯育	summer diapause
先锋阶段	先鋒期	pioneer stage
先锋群落	先驅群集	pioneer community
先锋植物	先驅植物	pioneer plant
先锋种	先驅種	pioneer species
先天行为	先天行為,天生行為, 　本能行為	innate behavior
先占效应	先佔效應	preoccupation effect
鲜重	鮮重	fresh weight
嫌城市植物	嫌城市植物	urbanophobe plant
嫌钙植物,避钙植物	嫌石灰植物,嫌鈣植物	calcifuge plant, calciphobous plant, calci- 　phobe
嫌酸植物	避酸[性]植物,嫌酸 　[性]植物	oxyphobe
嫌雪植物	嫌雪植物	chianophobe
嫌压性	嫌壓性	barophobic
显花植物	顯花植物	anthophyte
显性	顯性[現象]	dominance
显性标记	顯性標記	dominant marker
显域分布(=带状分布)		
显著水平	顯著水準	level of significance
藓类沼泽	苔蘚灌叢沼	moss-moor
藓类[植物]	苔類	moss
现存[产]量	現存[產]量	standing yield, standing stock
现存密度(=实测密度)		
现存生物量	現存生物量	standing biomass

大　陆　名	台　湾　名	英　文　名
现存种群	现存族群	standing population
现实植被图	现存植被圖,现實植被圖	real vegetation map
线性系统	線性系統	linear system
线性因子	線性因子	linear factor
限外区(=禁牧区)		
限制酶	限制酶	restriction enzyme
限制浓度	限制濃度	limiting concentration
限制性片段长度多态性	限制性片段長度多態性	restriction fragment length polymorphism, RFLP
限制因子	限制因子	limiting factor
陷阱诱捕器	掉落式陷阱	pit-fall trap
乡村林业	鄉村林業	rural forestry
乡土种(=土著种)		
相对多度	相對豐度	relative abundance
相对干旱指数	相對乾旱指數	relative drought index
相对光照强度	相對光照強度	relative light intensity
相对密度	相對密度	relative density
相对频率	相對頻率	relative frequency
相对生长	相對生長	relative growth
相对生长法	相對生長測定法	relative growth method
相对生长速率	相對生長率	relative growth rate, RGR
相对生长系数	相對生長係數	relative growth coefficient
相对湿度	相對濕度	relative humidity
相对需光量	相對需光度	relative light requirement
相对优势度	相對優勢	relative dominance
相关图分析,序列相关分析	自相關圖分析	correlogram analysis
相关系数	相關係數	coefficient of correlation, correlation coefficient
相害性竞争	相害性競爭	disoperative competition
相互作用	相輔作用	coaction
相互作用者	相輔者	coactor
相邻种群大小	鄰居規模,相鄰族群大小	neighborhood size
相似系数	相似係數	coefficient of similarity
相似性指数	相似度指數	index of similarity
相异系数	差異係數	coefficient of difference

大　陆　名	台　湾　名	英　文　名
香农函数	夏儂[氏]函數	Shannon function
香农–维纳指数	夏儂–威納指數	Shannon-Wiener index
镶嵌复合体	鑲嵌複合體	mosaic complex
镶嵌性	鑲嵌性	mosaic
镶嵌植被	鑲嵌植被	mosaic vegetation
向岸流	向岸流	onshore current
向触性,向实性	向觸性	thigmotropism, stereotropism
向低温性(=向冷性)		
向光性	向光性	phototropism
向碱性	趨鹼性	alkaliotropism
向冷性,向低温性	趨冷性	cryotropism
向日性	向日性	heliotropism
向实性(=向触性)		
向水性	趨水性,向水性	hydrotropism
向性	向性	tropism
相	次亞植物群落區,外形	facies
相空间	相空間	phase space
消费链	消費鏈	consumer chain
消费效率	消費效率	consumption efficiency, CE
消费者	消費者	consumer
消费者–资源相互作用	消費者–資源相互作用	consumer-resource interaction
消光系数	消光係數,吸光係數	extinction coefficient
消耗量	消耗量	consumption
消耗战	消耗戰	war of attrition
消化	消化[作用]	digestion
消化池,沼气池	消化池	digester
消化效率	消化效率	digestive efficiency
硝化细菌	硝化[細]菌	nitrobacteria
硝化作用	硝化作用	nitrification
硝酸盐还原细菌	硝酸鹽還原細菌	nitrate-reducing bacteria
小冰期	小冰河期	little ice age
小波分析	小波分析	wavelet analysis
小潮	小潮	neap tide, neap
小单优种群丛(=演替系列单优种[微生物]群落)		
小高位芽植物	小型地上植物	microphanerophyte
小灌木(=矮灌木)		

大　陆　名	台　湾　名	英　文　名
小环境,微环境	微環境	microenvironment
小气候,微气候	微氣候	microclimate
小球茎	小球莖	cormlet
小群落	小群落	microcommunity, microcenose
小生境	微棲地	microhabitat
小卫星	小衛星	minisatellite
小型[底栖]动物	小型底內動物相	meiofauna
小型底栖生物	小型底內底棲生物	meiobenthos
小型浮游生物	微型浮游生物	microplankton
小演替系列	微消長系列,微演替系列	microsere
小样本理论	小樣本理論	small sample theory
小宇宙(=微宇宙)		
小种	小種	microspecies
效率因子	效率因子	efficient factor
笑气(=氧化亚氮)		
协方差分析	變積分析	analysis of covariance
协同进化	共同演化	coevolution
协同相互作用	協同交互作用	cooperative interaction
协同作用	協力作用,增效作用	synergism
协作(=合作)		
胁迫	緊迫,壓力,應力,逆壓,逆境	stress
谐波分析	調和分析	harmonic analysis
谢尔福德耐受性定律	謝爾福德氏耐受性定律	Shelford's law of tolerance
心土	心土	subsoil
辛普森多样性指数	辛普森多樣性指數	Simpson's diversity index
新北界	新北區,新北界	Nearctic Realm
新达尔文学说	新達爾文學說	neo-Darwinism
新界	新界	Neogea, Neogaea
新近纪	新近紀	Neogene Period
新拉马克学说	新拉馬克學說	neo-Lamarckism
新热带植物区	新熱帶植物域	neotropical floral kingdom
新生代	新生代	Cenozoic Era
新生代植物演替系列	新生代植物消長系列,新生代植物演替系列	cenosere, angeosere
新生特性(=新质)		
新特有种	新特有種	neo-endemic species

大　陆　名	台　湾　名	英　文　名
新仙女木事件	新仙女木事件	Younger Dryas
新性发生	新生型發生	cenogenesis
新月形沙丘	鎌狀沙丘,新月沙丘	barchan dune
新质,新生特性	突現性質	emergent property
新种	新生種	neospecies
信号刺激	信號刺激	sign stimulus, token stimulus
信息化学物质	訊息化合物	infochemicals, semiochemicals
信息量	資訊量	information content
信息素	費洛蒙,外泌素	pheromone
信息素释放器	費洛蒙釋放器	pheromone dispenser
信息素诱捕器	費洛蒙誘捕器	pheromone-baited trap
行为多态现象(=行为 　多态性)		
行为多态性,行为多态 　现象	行為多型性	behavioral polymorphism
行为多型	行為多態型	polyethism
行为二态现象(=行为 　二态性)		
行为二态性,行为二态 　现象	行為雙型性	behavioral dimorphism
行为隔离	行為隔離	ethological isolation
行为生态学	行為生態學	behavioral ecology
行为学	[動物]行為學	ethology
行为主义	行為主義,行為學說	behaviorism
形成层	形成層	cambium
S形曲线(=逻辑斯谛 　曲线)		
形态测量特征	形態測量形質	morphometric character
形态测量学	形態測定學	morphometrics
形态–功能关系	形態–功能關係	form-function relationship
形态演进	形態演化	aromorphosis
形态种	形態種	morphological species
性比	性比	sex ratio
性别间选择	異性間選擇	intersexual selection
性别结构	性別結構	sexual structure
性别转变	性轉變	sex change
性二态	性雙型,兩性異型,雌雄 　雙型	sexual dimorphism

大　陆　名	台　湾　名	英　文　名
性隔离	性[别]隔離	sexual isolation
性角色逆转	性角色逆轉	sex role reversal
性母	性母,產性成蟲(蚜蟲)	sexupara
性内交配	同性交配	homosexual copulation
性内竞争	同性競爭	homosexual competition
性内选择	同性間選擇	intrasexual selection
性皮肿胀	性皮腫脹	sexual swilling
性腺成熟系数	成熟度係數	coefficient of maturity
性信息素	性費洛蒙	sex pheromone
性选择	性擇	sexual selection
性诱剂	性誘[引]劑	sex attractant
性状	特徵,性狀,形質	character
性状释放	性狀釋放	character release
性状替换	性狀置換,形質置換	character displacement
胸高直径	胸高直徑	diameter at breast height, DBH
雄性不育法	閹雄法	sterile-male method
雄性不育释放技术	閹雄釋放技術	sterile-male release technique
雄性投资	雄性投資	male investment
休耕	休耕	fallowing
休眠	休眠	dormancy
休眠孢子	休眠孢子	resting spore, resting cell
休眠卵,滞育卵	休眠卵,滯育卵	resting egg, diapause egg, dormant egg
休眠型	休眠型	dormancy form
休眠芽	休眠芽	statoblast
羞捕性	怯捕性	trap shyness
须根系	鬚根系	fibrous root system
需光量	需光量	light requirement
需水量	需水量	water requirement
需氧生活	需氧生活	aerobiosis
序贯抽样	層序取樣	sequential sampling
序列相关系数	系列相關係數	serial correlation coefficient
序列相关分析(=相关图分析)		
序批式反应器	序列批式反應器	sequencing batch reactor, SBR
序位	層系[級],位階	hierarchy
畜牧业	畜牧業	stock farming
嗅觉仪	嗅覺儀	olfactometer
嗅觉指标	嗅覺指數	olfactory index

大　陆　名	台　湾　名	英　文　名
悬浮体	懸膠體	suspensoid
悬浮物	懸浮物	suspended substance, SS, seston
悬浮物摄食	懸浮物攝食	suspension feeding
悬食动物(＝滤食动物)		
选型交配	選擇性交配,同類交配, 選型交配	assortative mating
选型育种	同類育種	assortative breeding, assortive breeding
选择	選擇,淘汰	selection
K 选择	K–選擇	K-selection
r 选择	r–選汰, r–選擇	r-selection
选择差	擇汰差	selection differential
选择毒性	選擇性毒性	selective toxicity
选择放牧	選擇啃食	selective grazing
选择透性	選[擇通]透性	selective permeability
选择吸收	選擇性吸收[作用]	selective absorption
选择系数	擇汰係數	selection coefficient
选择性除草剂	選擇性殺草劑,選擇性 除草劑	selective herbicide
选择性杀虫剂	選擇性殺蟲劑	selective insecticide
选择压[力]	擇汰壓力	selection pressure
选择指数	選擇[性]指數	selectivity index
炫耀	展示	display
穴居	穴居	pit dwelling
穴居动物,洞穴动物	穴棲動物	cavernicolous animal, burrowing animal
雪线	雪線	snow line, nival line
驯化植物(＝归化植物)		
驯化种(＝归化种)		
循环经济	循環經濟	circular economy
循环库	循環庫	cycling pool
循环期	循環期	circulation period

Y

大　陆　名	台　湾　名	英　文　名
压力势	壓力勢	pressure potential
压缩假说	壓縮假說	compression hypothesis
压缩木(＝应压木)		
压条	壓條	layerage, layering

大　陆　名	台　湾　名	英　文　名
亚北极带	亞北極帶	subarctic zone
亚成虫	亞成蟲	subimago
亚成体,次成体	亞成體	subadult, adolecent
亚大陆性气候	次大陸性氣候	subcontinental climate
亚高山带	亞高山帶	subalpine zone
亚高山植物区系	亞高山植物相	subalpine flora
亚寒带种	亞寒帶種	subfrigid zone species
亚化石	準化石,亞化石	subfossil
亚极带	亞極帶	subpolar zone
亚群丛	亞群叢	subassociation
亚群系	亞群系	subformation
亚群相	亞群相,亞變群叢	lociation
亚热带	亞熱帶	subtropical zone
亚热带常绿阔叶林	亞熱帶常綠闊葉林	subtropical evergreen forest
亚热带雨林	亞熱帶雨林	subtropical rain forest
亚热带雨林带	亞熱帶雨林帶	subtropical rain forest zone
亚山地带	山麓地帶	submontane zone
亚系统	次系統	subsystem
亚硝酸盐氧化细菌	亞硝酸鹽氧化細菌	nitrite-oxidizing bacteria
亚沿岸带	亞沿岸帶,亞濱岸帶	sublittoral zone
亚沿岸区	亞沿岸區,亞濱岸區	sublittoral region
亚[演替]顶极	亞極峰	subclimax
亚影响种	亞影響種	subinfluent species
亚优势木	亞優勢木	subdominant tree
亚优势种	亞優勢種	subdominant species
亚致死剂量	亞致死劑量	sublethal dosage
亚致死浓度	亞致死濃度	sublethal concentration
亚致死热胁迫	亞致死熱緊迫	sublethal heat stress
亚种	亞種	subspecies
亚种群	亞族群,次群族	subpopulation
淹水灌溉	淹水灌溉	flood irrigation
延迟性密度制约因子	延遲性密度依變因子	delayed density-dependent factor
岩岸	岩岸	rocky shore
岩礁	岩礁	rocky reef
岩生植被	岩生植被	rock vegetation
岩石圈	岩石圈	lithosphere
岩隙生物区系	岩隙生物相	endolithon
岩隙植物(=石隙植物)		

大　陆　名	台　湾　名	英　文　名
沿岸带	沿岸區,濱岸區	littoral zone, littoral belt
沿岸底栖生物	沿岸底棲生物	littoral benthos
沿岸动物	沿岸動物相	littoral fauna
沿海浮游生物	沿岸浮游生物	coastal plankton
沿海沙漠	沿岸沙漠	coastal desert
沿海渔业	沿岸漁業	coastal fishery
沿海沼泽	沿岸林澤	coastal swamp
盐变层(=盐跃层)		
盐度	鹽度	salinity
盐湖	鹽水湖	salt lake, athalassic lake
盐化作用	鹽化[作用]	salinization, salination
盐漠	鹽[質沙]漠	salt desert
盐肉质化	鹽肉質化	salt succulence
盐生灌木	鹽性灌木	salt bush
盐生群落	鹽生群落	salt community
盐生生物	鹽生生物	halobios, halobiont
盐生演替系列	鹽生演替系列,鹽生消 長系列	halosere
盐水浮游生物	鹹水浮游生物,鹽水浮 游生物	haloplankton
盐调节	鹽調節	salt regulation
盐土	鹽漬土	salted soil
盐腺	鹽腺	salt gland
盐胁迫	鹽緊迫,鹽逆壓	salt stress
盐跃层,盐变层	鹽躍層	halocline layer
盐沼	鹽澤,鹽沼	salt marsh
衍征,离征	衍徵	apomorphy
掩蔽效应	掩蓋效應	masking effect
眼斑	眼斑	eye spot
演化(=进化)		
演化生态学(=进化生 态学)		
演替	演替,消長	succession
演替度	演替度,消長度	degree of succession, DS
演替阶段	演替階段	succession stage, stage of succession
演替趋同	演替趨同	successional convergence
演替系列	演替系列,消長系列	sere
演替系列单优种群丛	演替系列單優種	consocies

大　陆　名	台　湾　名	英　文　名
演替系列单优种[微生物]群落,小单优种群丛	演替系列單優微生物	consociule
演替系列顶极[群落]	演替過渡極峰,演替系列頂極群落	serclimax, sereclimax
演替系列期	演替過渡階段	seral stage
演替系列群落	演替系列群落	seral community
演替系列亚群相	演替系列亞變群叢	locies
演替系列组合	小社群	socies
演替植物地理学	親緣植物地理學	syngenetic geobotany
厌氧生物	厭氧生物	anaerobe
堰塞湖	堰塞湖	imprisoned lake, barrier lake, dammed lake
堰塞盆地	堰塞盆地	dammed basin
阳离子交换量	陽離子置換量	cation exchange capacity, CEC
阳伞效应	保護傘效應	umbrella effect
阳生植物	陽性植物,陽生植物	heliophyte, sun plant
洋盆	海洋盆地	ocean basin
洋中脊	中洋脊	mid-oceanic ridge
养分,营养物	養分	nutrient, nutrition
养分利用效率	養分利用效率	nutrient use efficiency, NUE
养分流	營養流,養分流	nutrient flow
养分平衡	養分均衡	nutrient balance
养分缺乏	營養缺乏	nutritional deficiency
养分收支	養分收支	nutrient budget
养分循环,营养物循环	營養循環	nutrient cycle
养分有效性	養分有效性	nutrient availability
氧耗量,耗氧量	耗氧量	oxygen consumption
氧化	氧化[作用]	oxidation
氧化沟	氧化溝	oxidation ditch
氧化还原电位	氧化還原電位	redox potential, oxidation-reduction potential
氧化还原反应	氧化還原反應	redox reaction
氧化塘	氧化塘	oxidation pond
氧化亚氮,笑气	氧化亞氮,笑氣	nitrous oxide
氧跃层	氧躍層	oxycline, clinograde
氧债	氧債	oxygen debt
氧张力	氧張力	oxygen tension

大　陆　名	台　湾　名	英　文　名
样本	樣本	sample
样本量	樣本數	sample size
样带,样条	樣帶,穿越線	belt transect, transect
样带法	樣線法	line transect method
样地	樣區	plot
样地记录[表]	最小面積樣方	relevé
样点观察法	樣點觀察法	point observation method
样方	樣方	quadrat
样方法	樣方法	quadrat method
样区	樣區	sampling area
样条(=样带)		
样线[截取]法	截線[取樣]法	line intercept method
样线样方调查	線區調查	line-plot survey
遥感	遙[感探]測	remote sensing
椰子林	椰子林	coconut palm grove
野化种群,野生种群	野化族群	feral population
野火	野火	wildfire
野生生物保护	野生[動]物保育	wildlife conservation
野生生物保护区	野生[動]物保護區	wildlife refuge
野生生物保护区系统	野生[動]物保護區系統	wildlife refuge system
野生生物管理	野生[動]物管理	wildlife management
野生种群(=野化种群)		
叶附生植物群落	葉[表]附生植物群落	epiphyllous community
叶绿素	葉綠素	chlorophyll
叶面高度	枝葉層高度	foliage height
叶面积比	葉面積比	leaf area ratio, LAR
叶面积密度	葉面積密度	leaf area density, foliage density
叶面积指数	葉面積指數	leaf area index, LAI
叶面吸收	葉面吸收	foliar absorption
叶芽	葉芽	foliar bud
叶重比	葉重比	leaf weight ratio, LWR
夜间迁徙	夜間遷移	nocturnal migration
夜行动物	夜行動物	nocturnal animal
一报还一报式合作	一報還一報式合作	tit-for-tat co-operation
一雌多雄制	一雌多雄制	polyandry
一次污染物,原生污染物	原生汙染物,主要汙染物	primary pollutant

大　陆　名	台　湾　名	英　文　名
一大或数小原则,SLOSS原则	一大或數小原則	single large or several small principle, SLOSS principle
一化	一年一代	univoltine
一级处理,初级处理	初級處理	primary treatment
一年生植物	一年生植物	therophyte
一雄多雌制	一雄多雌制	polygyny
一雄多雌阈值	一雄多雌閾值	polygyny threshold
依赖群落	依賴群落	dependent community
仪式化	儀式化	ritualization
移植栽培	移植栽培	transplanting culture
遗传变异	遺傳變異	genetic variation
遗传标记	遺傳標記	genetic marker
遗传冲刷,遗传侵蚀	遺傳侵蝕	genetic erosion
遗传传递	遺傳傳遞	genetic transmission
遗传定律	遺傳律	laws of inheritance
遗传毒性(=生殖毒性)		
遗传多态性	遺傳多態型	genetic polymorphism
遗传多样性,基因多样性	遺傳多樣性,基因多樣性	genetic diversity
遗传多样性指数	遺傳多樣性指數	genetic diversity index
遗传二态性	遺傳雙型	genetic dimorphism
遗传反馈机制	遺傳回饋機制	genetic feedback mechanism
遗传防治	遺傳控制	genetic control
遗传分化系数	遺傳分化係數	genetic differentiation coefficient
遗传负荷	遺傳負載	genetic load
遗传结构	遺傳結構	genetic structure
遗传距离	遺傳距離	genetic distance
遗传距离系数	遺傳距離係數	coefficient of genetic distance
遗传力(=遗传率)		
遗传率,遗传力	遺傳力,可遺傳性	heritability
遗传密码	遺傳密碼,基因密碼	genetic code
遗传漂变	基因漂變,遺傳漂變	genetic drift
遗传侵蚀(=遗传冲刷)		
遗传生态学,基因生态学	基因生態學,遺傳生態學	genetic ecology, genecology
遗传同类群	遺傳亞族群,基因亞族群	genodeme
遗传稳态	遺傳恆定	genetic homoeostasis

大　陆　名	台　湾　名	英　文　名
遗传相似系数	遺傳相似係數	coefficient of genetic similarity
遗传镶嵌	遺傳鑲嵌	genetic mosaic
遗传修饰生物体	基改生物	genetically modified organism, GMO
遗传湮没	遺傳淹沒	genetic swamping
遗传一致度	遺傳身份	genetic identity
遗传预先倾向性	遺傳預先[設]傾向性	genetic predisposition
遗传资源的获取与共享	遺傳資源的獲取與共享	access and benefit sharing of genetic resources, ABS of genetic resources
遗存固有种	遺存固有種	conservative endemism
遗迹化石	生痕化石,足跡化石	ichnofossil
蚁播	蟻媒種子播遷	myrmecochory
蚁布植物	蟻媒播遷的植物	myrmecochore
蚁盗	蟻巢惡客	synechthran
蚁客	蟻巢食客	symphile
蚁群气味	聚落氣味	colony odor
异地保育(=易地保护)		
异动态发育	異相動態發育	heterodynamic development
异发演替	異發演替,異發性消長	allogenic succession, allogenetic succession
异花受精	異花受粉	allogamy
异花授粉	異花授粉	cross pollination
异化[作用]	異化[作用]	dissimilation
异龄林	異齡林	uneven-aged forest
异生物质,外来化合物	異生物質,外源化合物	xenobiotics
异时种	異時種	allochronic species
异速生长	異速生長	allometry
异体受精	異體受精	allogamy
异位生物修复	域外生物修復,移地生物修復	*ex situ* bioremediation
异系交配(=异系配合)		
异系配合,异系交配	異系配合	exogamy
异养层	異養層,異營層	heterotrophic stratum
异养生物	異營性生物	heterotroph
异养型湖泊	異營型湖泊	heterotrophic lake, allotrophic lake
异养演替	異養演替,異營性消長,異營性演替	heterotrophic succession
异域分布	異域性	allopatry
异域物种形成	異域種化	allopatric speciation

大　陆　名	台　湾　名	英　文　名
异域种	異域種	allopatric species
异源多倍体	異源多倍體	allopolyploid
异源植物区系	殘存植物相	allogenous flora
异质性	異質性	heterogeneity
异质性系数	異質係數	coefficient of heterogeneity
异质性指数	異質性指數	heterogeneity index
异质种群(=集合种群)		
抑制	抑制作用	inhibition
抑制素	抑制素	inhibin
易地保护,异地保育	域外保育,移地保育	*ex situ* conservation
易火生态系统	易火生態系	fire-prone ecosystem
益生菌	益生菌	probiotics
益他素(=利他素)		
逸生植物	野化植物	feral plant
因变量	依變數	dependent variable
因果模型	因果模型	causal model
银勺效应,幼期优育效应	銀湯匙效應,幼期優育效應	silver spoon effect
引导信息素(=那氏信息素)		
引诱剂	誘引物質	attractant
隐存种,表型相似种	隱蔽種	cryptic species
隐花植物群落	隱花植物群落	cryptogamic community
隐匿色	隱匿色	concealing color
隐生生物	隱蔽生物	cryptobion
隐态	隱蔽	crypsis
隐芽山区干草原	隱芽山區乾草原	cryptophyte mountain steppe
隐芽植物,地下芽植物	隱芽植物,地下芽植物	cryptophyte, geophyte
隐影	消影,隱蔽	counter shading
隐域土	間域土	intrazonal soil
印痕(=印记)		
印记,印痕	印痕,銘印	imprinting
鹰–鸽–反击者模型	鷹–鴿–反擊者模式	Hawk-Dove-Retaliator model
鹰–鸽模型	鷹–鴿模式	Hawk-Dove model
鹰–鸽–应变者模型	鷹–鴿–應變者模式	Hawk-Dove-Bourgeois model
营巢地	巢位	nesting site
营巢领域	營巢領域	nesting territory
营巢植物密度	營巢植物密度	density of nest plant

大　陆　名	台　湾　名	英　文　名
营养不良湖	腐植營養湖	dystrophic lake
营养动态	營養動態	trophic dynamic
营养繁殖	營養繁殖	vegetative reproduction
营养分解层	營養分解層	tropholytic zone, tropholytic layer
营养级	營養階層,食物階層	trophic level
营养级联	營養瀑布,營養潟流	trophic cascade
营养结构	營養結構	trophic structure
营养卵	營養卵	trophic egg
营养生长期	營養生長期	vegetative period
营养生成层	營養生成層	trophogenic zone
营养突变区(=营养跃层)		
营养物(=养分)		
营养物循环(=养分循环)		
营养盐污染	營養鹽汙染	nutrient pollution
营养跃层,营养突变区	營養躍層	nutricline
营养周转率	營養周轉率	nutrient turnover rate
影响种	影響種	influent species
应激理论	壓力學說	stress theory
应压木,压缩木	壓縮材,偏心材	compression wood
应用生态学	應用生態學	applied ecology
硬草草本群落	硬葉草原	duriherbosa
硬垫群系	硬墊群系	hard-cushion formation
硬度	硬度,剛度,硬性	hardness
硬木森林(=内陆常绿阔叶林)		
硬释放	硬釋放,硬式野放	hard release
硬水	硬水	hard water
硬叶灌木群落	硬葉灌叢	durifruticeta
硬叶林	硬葉林	durisilvae
硬叶木本群落	硬葉林	durilignosa
硬叶植物	硬葉植物	sclerophyllous plant, sclerophyte
拥挤	擁擠	crowding
拥挤效应	擁擠效應	crowding effect
永久凋萎点(=永久萎蔫点)		
永[久]冻土,多年冻土	永凍層	permafrost

大　陆　名	台　湾　名	英　文　名
永久牧场(=稳定草场)		
永久生境	永久棲所	permanent habitat
永久萎蔫	永久凋萎	permanent wilting
永久萎蔫百分率	永久凋萎百分率	permanent wilting percentage
永久萎蔫点, 永久凋萎点	永久凋萎點	permanent wilting point, irreversible wilting point
永久性浮游生物(=终生浮游生物)		
永久样方	永久[性]樣方	permanent quadrat
永续农业(=可持续农业)		
永滞层,无循环层	滯流層(湖泊)	monimolimnion
涌泉	湧泉	rheocrene
优势等级	優勢階	dominance hierarchy
优势度	優勢度	dominance
优势度指数	優勢度指數	dominance index
优势木	優勢木	dominant tree
优势年龄级	優勢年級	dominant year class
优势树木层	優勢木層	dominant tree layer
优势序位	優勢序位,位序	dominance order, rank order
优势种	優勢種	dominant species
游泳底栖生物	游泳底棲生物	nektobenthos
游泳生物,自游生物	游泳生物,自游生物	nekton, necton
游泳水漂生物	游泳水漂生物	nektopleuston
游走动物	遊走動物	errantia
友善行为	友善行為	friendly behavior
有害生物	有害生物	pest
有害生物防治	有害生物防治	pest control
有害生物管理	有害生物管理	pest management
有害生物密度预测	有害生物密度預測	prediction of pest density
有害生物允许密度	有害生物容許密度	tolerable pest density
有害生物综合防治,病虫害综合防治	害蟲綜合防治	integrated control of insect pest
有害生物综合治理	有害生物綜合管理	integrated pest management
有机沉积物	有機沈積物	organic sediment
有机废物	有機廢物	organic refuse
有机负荷	有機負荷	organic loading
有机颗粒物	有機顆粒物,有機粒狀	organic particulate matter

大　陆　名	台　湾　名	英　文　名
	物	
有机磷杀虫剂	有機磷殺蟲劑	organophosphorus insecticide
有机氯杀虫剂	有機氯殺蟲劑	organochlorine insecticide
有机农业	有機農業	organic agriculture, organic farming
有机碎屑(=生物碎屑)		
有机碳库	有機碳庫	organic carbon pool
有机污染物	有機汙染物	organic pollutant
有孔虫软泥	有孔蟲軟泥	foraminiferan ooze
有树干性草原	有樹乾草原	tree steppe
有丝分裂	有絲分裂	mitosis
有限增长率,周限增长率	有限增長率	finite rate of increase
有限自然增长率	有限自然增長率	finite rate of natural increase
有效捕获区	有效捕獲區	effective trapping area
有效积温	有效積溫	effective accumulated temperature, effective accumulative temperature, total effective temperature
有效降水量比值	有效降水量比值	precipitation-effectiveness ratio
有效累积日照量	有效日照量	effective accumulative insolation, EAI
有效土壤深度	有效土壤深度	effective soil depth
有效温度	有效溫度	effective temperature
有效温度范围	有效溫度範圍	effective temperature range
有效因子	有效因子	effective factor
有效渔获量	有效漁獲量	effectiveness of fishing
有效种群大小	有效族群大小	effective population size
有效种数	有效種數	effective number of species
有性生殖	有性生殖	sexual reproduction
有氧呼吸	有氧呼吸[作用]	aerobic respiration
幼虫	幼蟲,幼生	larva
幼虫龄	幼蟲齡期	larval instar
幼后期	後幼蟲期	post-larva stage
幼龄林	幼齡林	young forest
幼龄林分	幼齡林分	young stand
幼龄期,未成熟期	幼齡期,未成熟期	immature stage, young stage
幼年个体	稚體,幼體	juvenile
幼期死亡率	幼期死亡率	infant mortality rate, infant mortality
幼期优育效应(=银勺效应)		

大　陆　名	台　湾　名	英　文　名
幼树	幼木	sapling
幼态延续	幼期性熟,幼體延續	neoteny
幼体发育	幼形遺留,幼體發育	paedomorphosis
幼体浮游生物	幼生浮游生物,浮游性幼生	larval plankton, planktonic larva
幼体期	幼生期,幼蟲期	larval stage
幼体生殖	幼體生殖,幼期成熟	paedogenesis
诱捕(=捕获)		
诱捕率	陷捕率	trappability
诱捕器	陷阱,捕捉器	trap
诱导防卫	誘發防衛	induced defense
诱导响应	可誘發反應	inducible response
鱼类体长组成	魚類體長組成	fish length-frequency composition
鱼苗	魚苗	fry
渔获率	漁獲率	rate of fishing
羽化	羽化(昆蟲)	emergence
羽化期捕捉器(=羽化诱器)		
羽化诱器,羽化期捕捉器	羽化期捕捉器,突出型陷阱	emergence trap
雨量温度图	雨量–溫度圖	rainfall-temperature diagram, rainfall-temperature graph
雨林	雨林	rain forest
雨绿灌木群落	雨綠灌木林	hiemefruticeta
雨绿林	雨綠林	rain-green forest
雨绿木本群落	季風林叢	hiemelignosa
雨绿植物	[多]雨綠植物	rain-green plant
雨水植物	嗜雨植物	ombrophyte
雨凇	雨凇	glaze
雨养农业	雨養農業	rainfed farming, rainfed agriculture
育雏数	育雛數	brood size
育嗣行为	照顧行為	epimeletic behavior
育种	育種	breeding
郁闭	鬱閉	crown closure
郁闭度	鬱閉度,葉層密度,林冠密度	crown density, canopy density
郁闭林分,密闭林分	鬱閉林分	closed stand
郁闭林冠	鬱閉冠層	closed canopy

大　陆　名	台　湾　名	英　文　名
郁闭群落,密闭群落	封閉群集	closed community
郁闭[森]林,密[闭森]林	鬱閉林	closed forest
郁闭植被	鬱閉植被	closed vegetation
预适应(=前适应)		
预向动作	意圖動作	intention movement
欲求行为	欲求行為	appetitive behavior
阈值	閾值,臨界,門檻	threshold
元素循环	元素循環	element cycle
原生动物	原生動物	protozoa
原生林(=原始林)		
原生群落	初級群集,原始群落	primary community
原生生物	原生生物	protist, protistan
原生水	原生水	connate water
原生污染物(=一次污染物)		
原生演替	初級演替	primary succession
原生演替系列,初级演替系列	原生演替系列	primary sere, prisere
原生植物群落	原生植物群落	primary phytocoenosium
原始顶极(=古顶极)		
原始林,原生林	原生林,處女林,原始林	primeval forest, primary forest, virgin forest
原始林地	原始林地	virgin woodland
原始植被	原始植被	original vegetation
原位密度	原位密度	*in situ* density
原位生物修复	現地生物修復,原地生物修復,就地生物修復	*in situ* bioremediation
原溞状幼体	原溞狀幼體,眼幼蟲	protozoea larva
SLOSS 原则(=一大或数小原则)		
原住民	原住民	indigenous people
源斑块	源區塊	source patch
源–汇模型	源–匯模型	source-sink model
源种群	源族群	source population
远海生物(=大洋生物)		
远交	遠交,異交	outbreeding, outcrossing

大　陆　名	台　湾　名	英　文　名
远洋浮游生物(=大洋浮游生物)		
远洋鱼类(=大洋鱼类)		
远因,终极导因,最终原因	遠因,終極原因	ultimate cause, ultimate causation
约翰逊诱捕器	強森昆蟲吸集器	Johnson trap
约束方程	約束方程式	constraint equation
月积温	月積溫	monthly cumulative temperature
月节律	月週律動	lunar rhythm
月生殖周期	月生殖週期	lunar reproductive cycle
月运周期	月週期	lunar cycle
越冬	越冬	overwintering
越冬场所	越冬棲所	hibernaculum
越冬洄游,冬季洄游	越冬洄游,越冬遷徙	overwintering migration
越冬一年生植物	越冬性一年生植物	hibernal annual plant
云带	雲霧帶	cloud band, cloud belt
云雾林	雲霧林	cloud forest, mist forest
云雾林带	雲霧林帶	cloud forest belt, cloud forest zone
允许日摄入量	容許日攝取量	acceptable daily intake

Z

大　陆　名	台　湾　名	英　文　名
杂草	雜草	weed
杂草干草原	雜草幹草原	forb steppe
杂合度	雜合性,異質接合性	heterozygosity
杂合基因型	雜合基因型	heterozygous genotype
杂合现象	雜合現象	heterozygosis
杂合优势	雜合優勢	heterozygote superiority, heterozygous advantage
杂交	雜交,雜合	hybridization
杂交界限群, 能配群	能配群	comparium
杂交衰退	雜種衰退	hybrid depression
杂交育种	雜交育種	cross breeding
杂食动物	雜食動物,雜食者	omnivore, omnivorous animal
杂食性	雜食性	omnivority, omnivory, pantophagy
杂种	雜合體,雜種	hybrid
杂种带	雜種帶,雜交地帶	hybrid zone

大　陆　名	台　湾　名	英　文　名
杂种群	雜種群[集]	hybrid swarm
杂种衰败	雜種衰敗	hybrid breakdown
杂种优势	雜交優勢,雜種優勢	hybrid vigor, heterosis
灾变	劇變,災變	catastrophe
灾变论(=灾变说)		
灾变说,灾变论	災變理論,災變說	catastrophe theory, catastrophism
载畜量	可放養量,載畜量	stocking capacity
再补充	再補充,補植	restocking
再利用	再利用	reuse
再迁入	遷回	remigration
再生生产力	再生生產力	regenerated productivity
再吸收	再吸收	resorption
再循环	再循環,回收	recycle
再引入	再引進	reintroduction
再造林	林地再造林,跡地造林	reafforestation, reforestation
暂时顶极(=过渡顶极)		
暂时寄生	暫時寄生	temporary parasitism
暂时萎蔫	暫時凋萎	temporary wilting
溞状幼体	溞狀幼體	zoea larva
藻被生态系统	藻被生態系	algal mat ecosystem
藻华,水华	浮游植物藻華,藻華	phytoplankton bloom, water bloom, algal bloom
造礁珊瑚	造礁珊瑚	hermatypic coral
造礁生物	造礁生物	hermatypic organism
造山作用	造山運動	orogenesis
噪声污染	噪音汙染,噪聲汙染	noise pollution
择伐	擇伐	selective cutting, selective felling
择机代价(=机会代价)		
增长型种群	擴張族群	expanding population
增殖率	增殖率	rate of reproduction
窄域分布	窄域分布	stenochory
沼气池(=消化池)		
沼生湿地	沼生濕地	palustrine wetland
沼泽草本群落	沼澤草本群落	emersiherbosa
沼泽地	丘陵沼澤,開闊沼澤地,輕度沼澤化低地,沼澤地(美國佛羅里達州的)	everglade

大　陆　名	台　湾　名	英　文　名
沼泽群落	沼澤群落,鹽沼植被	limnodium
沼泽植被	深泥沼植被	mire vegetation
照度	照度	illumination, intensity
照叶林(=常绿阔叶林)		
折棒分布,断棍分布	折棒分布	broken-stick distribution
折棒模型,断棍模型	折棒模型	broken-stick model
针叶材	針葉材	softwood
针叶灌木群落	針葉灌叢	conifruticeta
针叶林	針葉林	coniferous forest, needle-leaved forest, softwood forest
针叶木本群落	針葉林	conilignosa
针叶乔木群落	針葉喬木林	conisilvae
针叶树	針葉樹,松柏類	conifer, coniferous tree
真底栖生物	真底棲生物	eubenthos
真浮游生物	真浮游生物	euplankton
真光带(=透光带)		
真核生物	真核生物	eucaryote
真社会性	真社會制度,真社會性	eusociality
真沿岸带	真沿岸帶	eulittoral zone
振荡	振盪	oscillation
争夺竞争	混戰競爭	scramble competition
征召信息素	徵召費洛蒙	recruitment pheromone
蒸发	蒸發,汽化,蒸發作用	evaporation
蒸发计	蒸發計	evaporimeter, atmometer
蒸发散热临界温度	蒸發散熱臨界溫度	critical temperature for evaporative heat loss
蒸发蒸腾计	蒸發散計	evapotranspirometer
蒸散	蒸發散作用	evapotranspiration, ET
拯救效应	救援效應	rescue effect
整合分析	整合分析	meta-analysis
整群抽样	集體取樣	cluster sampling
整体概念	整體概念	holistic concept
整体管理	整體管理	holistic management
整体性模型	整體性模型	holistic model
正反馈	正反饋	positive feedback
正密度制约因子	正密度依變因子	positive density-dependent factor
正态分布	常態分布	normal distribution
正向河口	正性河口	positive estuary

大　陆　名	台　湾　名	英　文　名
正选型交配	正選型交配	positive assortative mating
政府间气候变化专门委员会	政府間氣候變化專門委員會	Intergovemmental Panel on Climate Change, IPCC
支序种	支序種	cladistic species
支柱根	支持根,支柱根	prop root
支柱气根	支柱氣根	prop aerial root
汁食性者,吸汁液者	汁食性者,吸汁液者	sap feeder, juice sucker
枝状地衣	枝狀地衣	fruticose lichen
直动态	直向驅動性	orthokinesis
直接成种	直接成種	directed speciation
直接法	直接法	direct method
直接计数	直接計數	direct count
直接原因(＝近因)		
直径分布	直徑分布	diameter distribution
植被	植被	vegetation
植被抽象单位	植被分類單位	nodum, noda(复)
植被带	植被带	vegetation belt, vegetation zone
植被地理学	植被地理學	vegetation geography
植被分类	植被分類	vegetation classification
植被覆盖百分率	植被覆蓋百分率	percentage of vegetation
植被格局	植被格局	vegetation pattern
植被连续体	植被連續體	vegetational continuum
植被连续体概念	植被連續觀,植被連續說	vegetational continuum concept, continuum concept of vegetation
植被连续体指数	植被連續指數	vegetational continuum index
植被剖面图	植被剖面圖	vegetation profile chart
植被区划	植被區劃	vegetation regionalization
植被圈	植被圈	circle of vegetation
植被图,植物群落分布图	植被圖	vegetation map
植被镶嵌	植被鑲嵌	vegetation mosaic
植被型	植被型	vegetation form, vegetation type
植被异质性	植被異質性	vegetation heterogeneity
植被制图	植被製圖	mapping of vegetation
C_3植物(＝碳–3 植物)		
C_4植物(＝碳–4 植物)		
CAM 植物(＝景天酸代谢植物)		

大　陆　名	台　湾　名	英　文　名
植物次生物质	植物次級代謝物	plant secondary substance
植物带	植物帶	plant zone
植物地理带	植物地理帶	phytogeographical zone
植物地理学	植物地理學	phytogeography
植物毒素	植物毒素	phytotoxin
植物毒性	植物毒性,藥害	phytotoxicity
植物酚类物质	植物酚類物質	plant phenolics
植物附生物	植物表面生物	epiphytic periophyton
植物覆盖	植物覆蓋[物]	plant cover
植物化学生态学	植物化學生態學	plant chemical ecology
植物挥发物	植物性揮發物	plant volatile
植物区	植物區	floral kingdom, floral region, floristic area
植物区系	植物相,植物區系	flora
植物区系成分	植物區系成分	floristic element, floral element
植物区系地理学	區系植物地理學	floristic plant geography
植物区系区划	植物區系區劃	floristic division
植物区系组成	植物相組成	floristic composition
植物圈	植物圈	phytosphere
植物群落	植物群落	phytocoenosis, phytocoenosium, phytoco-mmunity
植物群落分布图(=植被图)		
植物群落学,地植物学	地植物學	geobotany
植物群系	植物群系	plant formation
植物生活型	植物生活型	plant life form
植物生理生态学	植物生理生態學	plant physiological ecology, plant physio-ecology
植物生态学	植物生態學	plant ecology
植物生长调节剂	植物生長調節劑	plant growth regulator
植物生长型	植物生長型	plant growth form
植物稳定化	植物穩定	phytostabilization
植物行为生态学	植物行為生態學	plant behavioral ecology
植物性蜕皮素	植物性蛻皮激素	phytoecdysone
植物修复	植物修復	phytoremediation
植物志	植物誌	flora
指示群落	指標群聚,指標群落	indicator community
指示生物	生物指標	biological indicator, bioindicator, indica-tor organism

大　陆　名	台　湾　名	英　文　名
指示植物	指標植物	indicator plant, plant indicator
指示种	指標種	index species, indicator species
指数分布	指數性分布	exponential distribution
指数函数	指數函數	exponential function
指数扩散	指數性分散	exponential dispersal
指数律	指數律	exponential law
指数曲线	指數曲線	exponential curve
指数因子	指數因子	exponential factor
指数增长,马尔萨斯增长	指數型[族群]成長,馬爾薩斯成長	exponential growth, Malthusian growth
DNA 指纹	DNA 指紋	DNA fingerprint
DNA 指纹分析	DNA 指紋分析	DNA fingerprinting
指相化石	示相化石	facies fossil
指向植物	指向植物	compass plant
志留纪	志留紀	Silurian Period
制约	制約	conditioning
制约过程	制約過程	conditioning process
质量性状	質性特徵,質化特徵,定性特徵	qualitative character
质外体	質外體	apoplast
秩和检验	順位和測驗	rank-sum test
致癌作用	致癌作用	carcinogenesis
致畸剂	致畸劑,致畸因子	teratogen
致死高温	致死高溫	lethal high temperature, fatal high temperature
致死剂量	致死劑量	lethal dosage, LD
致死温度	致死溫度	lethal temperature
致死因子	死亡因子	mortality factor
滞后性	滯後性	hysteresis
滞留时间	滯留時間	residence time
滞留性信息素	阻礙性費洛蒙	arrestant sex pheromone
滞育	滯育	diapause
滞育卵(=休眠卵)		
稚期	稚期	juvenile stage
中部渐深海底带	中深海區	mesobathyal zone
中层带	中水層	mesopelagic zone
中潮区	中潮區	mid-tidal region
中度干扰假说	中度擾動假說	intermediate disturbance hypothesis

大　陆　名	台　湾　名	英　文　名
中间宿主	中間寄主	intermediate host
中深底栖生物	中型底棲生物	mesobenthos
中生代	中生代	Mesozoic Era
中生林	中生林	mesophytic forest
中生演替系列	中生演替系列,中濕演替系列	mesarch, mesarch sere, mesosere
中生植物	中生植物	mesophyte
中位数	中位數	median
中位种	中位種	intermediate species
中温生物	嗜中溫生物	mesophile, mesotherm
α中污带	α–中等汙染帶，α–中腐水帶	α-mesosaprobic zone
β中污带	β–中等汙染帶，β–中腐水帶	β-mesosaprobic zone, mildly polluted zone
中污生物	中腐水性生物,中汙生物	mesosaprobe
中新世	中新世	Miocene Epoch
中型底栖性	中型底棲性	mesobenthic
中型浮游生物	中型浮游生物	mesoplankton
中型生物群	中型生物相	mesobiota
中型实验生态系	中型生態池	mesocosm
中性等位基因	中性等位基因	neutral allele
中性共生	中性共生,中性演化模式	neutralism
终极导因(=远因)		
终结行为,完成行为	終結行為	consummatory behavior, consummatory act
终生浮游生物,永久性浮游生物	全浮游生物,終生浮游生物	holopelagic plankton, holoplankton, permanent plankton
终宿主	最終寄主	final host
种间关联	種間關聯	interspecific association
种间关系	種間關係	interspecific relationship
种间合作	種間合作	interspecific cooperation
种间交互作用	種間交互作用	interspecific interaction
种间竞争	種間競爭,種際競爭	interspecific competition
种老化	種老化	species senescence
种–面积假说	物種–面積假說	species-area hypothesis
种–面积曲线	物種–面積曲線	species-area curve
种–面积效应	物種–面積效應	species-area effect

大　陆　名	台　湾　名	英　文　名
种内变异	種內變異	intraspecific variation
种内攻击	種內敵對	intraspecific aggression
种内关系	種內關係	intraspecific relationship
种内合作	種內合作	intraspecific cooperation
种内竞争	種內競爭	intraspecific competition
种内拟态	種內擬態	automimicry
种内社会	種內社會	intraspecific society
种圈	種圈	circle of species
种群	族群	population
种群暴发	族群爆發,族群暴增	population explosion, population eruption
种群变动轨迹	族群軌跡	population trajectory
种群变化	族群變化	population change
种群波动	族群波動	population fluctuation
种群参数	族群介量,族群參數	population parameter
种群大小	族群大小	population size
种群调查	普查	census
种群动态	族群動態,族群動力學	dynamic of population, population dynamics
种群分析	族群分析	population analysis
种群过密（=过高[种群]密度）		
种群间相互作用	族群交互作用	population interaction
种群结构	族群結構	population structure
种群零增长	族群零成長	zero population growth
种群密度	族群密度	population density
种群灭绝	族群絕滅	population extinction
种群模型	族群模式	population model
种群平衡	族群平衡	population equilibrium, population balance
种群曲线	族群曲線	population curve
种群趋势指数	族群趨勢指數	index of population trend
种群生存力分析	族群生存力分析	population viability analysis
种群生态学	族群生態學	population ecology
种群生物学	族群生物學	population biology
种群衰老	系群衰老	phylogerontism
种群衰退	族群衰退	population depression
种群调节	族群調節,種群調節	population regulation
种群统计参数	族群統計參數	demographic parameter

大　陆　名	台　湾　名	英　文　名
种群统计学	族群統計學	demography
种群稳定性	族群穩定性	population stability
种群无限制增长	族群無法遏止增長	unchecked increase of population
种群形成	族群形成	population formation
种群循环	族群循環	population cycle
种群压力	族群壓力	population pressure
种群遗传学	族群遺傳學	population genetics
种群增长	族群成長	population growth
种群增长率	族群成長率	population growth rate
种群增长曲线	族群成長曲線	population growth curve
种数平衡	種數平衡	species equilibrium
种系渐变论	親緣漸變說	phyletic gradualism
种子库	種子庫	seed bank，seed pool
种子扩散	種子播遷,種子散佈	seed dispersal
种子生活力	種子活力	seed vigor
种子园	種子園	seed orchard
重力坝	重力壩	gravity dam
重力散布	重力散佈	clitochore
重力水	重力水	gravitational water
重水法	重水法	deuterium method
周年变化	年週期變動	annuation
周期变形	週期變形	cyclomorphosis
周期顶极群落	循環極相	cyclic climax
周期性	週期性［現象］	periodicity，periodism
周期性波动（＝规则波动）		
周期性浮游生物（＝阶段性浮游生物）		
周期性年增长量	週期性年增長量	periodic annual increment
周期性演替	週期性消長,週期性演替	periodic succession，cycle succession
周期性增长量	週期性增長量	periodic increment
周限增长率（＝有限增长率）		
周转	周轉	turnover
周转率	周轉率	turnover rate
周转期,周转时间	周轉時間	turnover time
周转时间（＝周转期）		

大　陆　名	台　湾　名	英　文　名
昼长	晝長	day length
昼长处理	晝長處理	day-length treatment
昼行性	晝行性,日行性	diurnality, diurnalism
昼夜变异	日變異	diurnal variation
昼夜垂直移动	晝夜垂直遷移	diurnal vertical migration
昼夜活动节律	日週活動律	daily activity rhythm
昼夜节律	日週性律動	circadian rhythm
昼夜迁徙	日週性遷移	diurnal migration
昼夜周期,日周期	日週期	daily periodicity
侏罗纪	侏羅紀	Jurassic Period
主成分分析	主成分分析	principal component analysis, PCA
主动适应	主動適應	active adaptation
主动衰退	主動衰退	active depression
主动吸收	主動吸收	active absorption
主动运输	主動運輸	active transport
主伐林,采伐林	伐採林	cutover forest
主根	主根	main root
主茎	主幹	main stem
助食素,激食物质	激食因子,激食物質	feeding stimulant
筑巢处	繁殖處	rookery
专性互利共生	專性互利共生	obligate mutualism
专性需氧菌	專性需氧菌,絕對需氧菌	obligate aerobe, obligate aerobic bacteria
专一性	專一性	specificity
砖红壤	磚紅壤	latosol, laterite
砖红土化[作用]	磚紅壤化[作用]	lateritization, latosolization
转基因生物	基因轉殖生物,轉基因生物	transgenic organism
转主寄主(=替代宿主)		
装死	假死,裝死,擬死	death-feigning, death mimicry
状态变量	狀態變數	state variable
准平原	準平原	peneplain
浊度,浑浊度	濁度	turbidity
啄食等级(=啄位)		
啄位,啄食等级	啄序,啄位	peck order
资源编目	資源清單,資源盤點	resource inventory
资源分配	資源分配	resource partitioning
资源管理	資源管理	resource management

大 陆 名	台 湾 名	英 文 名
资源竞争	資源競爭	resource competition
资源利用曲线	資源利用曲線	resource utilization curve
资源评估	資源評估	stock assessment
资源谱	資源譜	resource spectrum
资源限制	資源限制	resource limitation
资源占有潜力不对称	資源佔有潛力不對稱性	resource-holding potential asymmetry, RHP asymmetry
紫外线	紫外線	ultraviolet ray, UVR
自播	天然下種	natural seeding
自布植物	自動散佈種	autochore
自动散播	自動散佈	autochory
自发突变	自發[性]突變	spontaneous mutation
自发演替	自發性消長, 自發性演替	autogenetic succession, autogenic succession
自割(＝自切)		
自花传粉	自花傳粉	self-pollination
自花受精	自花受粉	autogamy
自给系统	自給自足系統	self-sustaining system
自交	自花授粉, 自交	selfing
自交不亲和性	自交不親和性	self-incompatibility
自交亲和性	自交親和性	self-compatibility
自净作用	自動淨化	self-purification
自切, 自割	自割, 自斷	autotomy
自然保护, 自然保育	自然保育	conservation of nature, nature conservation
自然保护区	自然保護區, 自然保留區	nature reserve, nature preserve, nature sanctuary
自然保育(＝自然保护)		
自然发生	自然發生	autogeny
自然发生说, 无生源说	無生源說, 自然發生	abiogenesis, archigenesis, archigony
自然防治(＝自然控制)		
自然服务	自然服務	nature's service
自然更新	天然更新	natural regeneration
自然公园(＝天然公园)		
自然化(＝归化)		
自然禁猎区	自然保護區	natural sanctuary
自然景观	自然景觀	natural landscape
自然控制, 自然防治	自然防治, 天然防治	natural control
自然农法	自然農法	natural farming

大　陆　名	台　湾　名	英　文　名
自然死亡率	自然死亡率	natural mortality
自然调节	自然調節	natural regulation
自然突变	自然突變	natural mutation
自然稀疏,自疏	自然疏伐,天然疏伐	natural thinning, self-thinning
自然选择	天擇	natural selection
自然选择说	天擇說	theory of natural selection
自然灾害	自然災害,天災	natural catastrophe
自然增长率	自然增加率	rate of natural increase
自然种群	自然族群	natural population
自然资本	自然資本	natural capital
自然资源	自然資源	natural resources
自溶[现象]	自溶,自解[作用]	autolysis
自疏(=自然稀疏)		
自体繁殖	自體繁殖	self-propagation
自体受精	自體受精	autogamy
自体吞噬[作用]	自噬[作用]	autophagy
自调节	自動調節	self-regulation
自相似	自相似	self-similarity
自驯化	自動馴化	self-domestication
自养生物	自養生物,自營生物	autotroph, self-feeder
自由大气二氧化碳浓度 　增加实验	自由大氣二氧化碳濃度 　增加實驗	free-air carbon dioxide enrichment experi- 　ment, FACE experiment
自由度	自由度	degree of freedom
自由飘浮水生植物	自由漂浮水生植物	free floating water plant
自由飘浮水生植物群落	流藻群落,自由飄浮水 　生植物群落	free floating hydrophyte community
自游浮游生物	游泳性浮游生物	nektoplankton
自游生物(=游泳生物)		
自运节律	自運節律	free-running rhythm
综合防治	綜合防治	integrated control
综合农业	綜合農業	integrated agriculture
棕壤	棕土	brown soil
踪迹信息素,示踪信息 　素	蹤跡費洛蒙	trail pheromone, trace pheromone
总产率	總生產率	gross production rate
总初级生产力,总第一 　性生产力	總初級生產力,總基礎 　生產力	gross primary productivity
总初级生产量,总第一	總初級生產量,總基礎	gross primary production, GPP

大　陆　名	台　湾　名	英　文　名
性生产量	生產量	
总次级生产量,总第二性生产量	總次級生產量	gross secondary production
总氮	總氮	total nitrogen, TN
总第二性生产量(=总次级生产量)		
总第一性生产力(=总初级生产力)		
总第一性生产量(=总初级生产量)		
总辐射量	總輻射量	total radiation
总光合作用	總光合作用	gross photosynthesis
总磷	總磷	total phosphorus, TP
总生产量	總生產量	gross production
总生产效率	總生產效率	efficiency of gross production, gross production efficiency
总生殖率	總生殖率	gross reproductive rate, total reproduction rate
总死亡率	總死亡率,全死亡率	total mortality
总需氧量	總需氧量	total oxygen demand, TOD
总有机碳	總有機碳	total organic carbon, TOC
总有机物	總有機物	total organic matter, TOM
阻碍素	阻礙劑	deterrent
组成酶	組成酵素	constitutive enzyme
祖征	祖徵	plesiomorphy
钻孔生物,钻蚀生物	鑽孔生物	boring organism
钻蚀生物(=钻孔生物)		
最大持水量	最大容水量	maximum water holding capacity
最大持续产量,最大持续收获量	最大持續生產量	maximum sustainable yield, MSY
最大持续收获量(=最大持续产量)		
最大出生率	最大出生率	maximum natality
最大经济产量,最大经济收获量	最大經濟產量	maximum economical yield, MEY
最大经济收获量(=最大经济产量)		
最大平衡渔获量	最大平衡漁獲量	maximum equilibrium catch

大 陆 名	台 湾 名	英 文 名
最大允许剂量	最大容許劑量	maximum permissible dose, MPD
最低生存温度	生存最低溫度	minimum survival temperature
最低死亡率	最低死亡率	minimum mortality
最低需光量,最小需光量	最小需光量	minimum light requirement
最低因子律,最小因子律	最少量定律,最低因子律	law of the minimum
最低有效积温	最低有效溫度	minimum effective temperature
最高有效积温	最高有效溫度	maximum effective temperature
最适产量	最適產量,最適漁獲量	optimal yield
最适度	最適度	optimum
最适化(=最优化)		
最适领域大小	最適領域大小	optimal territory size
最适密度	最適密度	optimum density
最适模型	最適模式,最適模型	optimality model
最适曲线	最適曲線	optimum curve
最适收获量学说	最適收穫量說	theory of the optimal yield
最适温度	最適溫度	optimum temperature
最适渔获量	最適捕獲量	optimum catch
最小存活种群(=最小可生存种群)		
最小风险原理	最小風險原理	conjugate principle of risk and opportunity
最小可生存种群,最小存活种群	最小可存活族群	minimum viable population, MVP
最小土壤容气量	最小容氣量(土壤)	minimum air capacity
最小需光量(=最低需光量)		
最小样方面积	最小樣區面積	minimum quadrat area
最小样方数	最少樣區數	minimum quadrat number
最小因子	最小因子	minimum factor
最小因子律(=最低因子律)		
最优化,最适化	最適化	optimization
最优觅食理论	最適覓食理論	optimal foraging theory, OFT
最终原因(=远因)		

副 篇

A

英 文 名	大 陆 名	台 湾 名
abandoned field	弃耕地	廢耕地
abaptation	后继适应	後繼適應
abiocoen	非生物生境成分	非生物成分棲地,非生物成分生境
abiogenesis	自然发生说,无生源说	無生源說,自然發生
abioseston	非生物悬浮物	非生物漂浮物,非生物懸浮物
abiotic factor	非生物因子	非生物因子
abrupt ecospecies	突发生态种	突發生態種
abrupt succession	急转演替	急轉演替
ABS of genetic resources(=access and benefit sharing of genetic resources)	遗传资源的获取与共享	遺傳資源的獲取與共享
absolute density	绝对密度	絕對密度
absolute humidity	绝对湿度	絕對濕度
absolute maximum fatal temperature	绝对最高致死温度	絕對最高致死溫度
absolute minimum fatal temperature	绝对最低致死温度	絕對最低致死溫度
absolute population estimate	绝对种群估值	絕對族群估值
absolute recruitment	绝对补充量	絕對補充量
absolute temperature	绝对温度	絕對溫度
absorbancy	吸光率	吸光率,吸收率
absorbing root	吸收根	吸收根
absorptiometry	吸光测定法	吸光測定法
absorption	吸收[作用]	吸收[作用]
absorption band	吸收[光谱]带	吸收[譜]帶
absorption coefficient	吸收系数	吸收係數
absorption loss	吸收损耗	吸收損耗
absorption spectrum	吸收光谱	吸收光譜
abundance	多度,丰度	豐度

英　文　名	大　陆　名	台　湾　名
abundance-biomass curve	多度–生物量曲线	豐度–生物量曲線
abundance/frequency ratio(A/F ratio)	多度频度比	豐度–頻度比
abyssal benthos	深海底栖生物	深海底棲生物
abyssal community	深海群落	深海群聚
abyssal fauna	深渊动物区系	深海動物相
abyssal hill	深渊山丘	深海山丘
abyssal plain	深渊平原	深海平原
abyssal zone	深渊[底]带	深海帶,深海區
abyssopelagic zone	深渊水层带,深渊层	深層洋帶區
AC(=association coefficient)	关联系数	關聯係數
acarophily	螨植共生	螨植共生
acarophytium(=acarophily)	螨植共生	螨植共生
acceptable daily intake	允许日摄入量	容許日攝取量
access and benefit sharing of genetic re- sources(ABS of genetic resources)	遗传资源的获取与共享	遺傳資源的獲取與共享
accessory species	次要种	次要種
accidental host	偶见寄主	偶見寄主
acclimation	[实验]驯化	[實驗]馴化
acclimatization	[风土]驯化,气候驯化	[自然]馴化
accommodation	顺应	順應
accompanying species	伴生种	伴生種
accumulated temperature	积温	積溫
accustomization	适应	適應,順應
acheb	短暂型植被	短暂型植被
acid deposition(=acidic precipitation)	酸沉降	酸[性]沈降
acidic precipitation	酸沉降	酸[性]沈降
acidic rock	酸性岩	酸性岩
acidity	酸度	酸度,酸性
acidophilous indicator plant	酸性指示植物	酸性地指標植物
acidophilous vegetation	嗜酸性植被	嗜酸性植被
acid plant	适酸植物	適酸植物
acid rain	酸雨	酸雨
acquired resistance	获得抗性	後天抗性
acrophyte	高山植物	高山植物
acrophytia	高山植物群落	高山植物群落
actinometer	光能测定仪	感光計
action threshold	防治阈值	防治閾值,防治低限
activated sludge	活性污泥	活性汙泥

英　文　名	大　陆　名	台　湾　名
activated sludge method	活性污泥法	活化汙泥法
activated sludge process(＝activated sludge method)	活性污泥法	活化汙泥法
active absorption	主动吸收	主動吸收
active acidity	活性酸度	活性酸度
active adaptation	主动适应	主動適應
active depression	主动衰退	主動衰退
active transport	主动运输	主動運輸
actual density	实测密度,现存密度	實測密度
actual evapotranspiration(AET)	实际蒸散	實際蒸散,實際蒸發散量
adaptability	适应性	適應力
adaptation(＝accustomization)	适应	適應,順應
adaptative regression	适应退化	適應退化
adaptedness	适应程度	適應程度
adaptive coloration	适应色	適應色
adaptive compensation	适应补偿	適應補償
adaptive convergence	适应趋同	適應趨同
adaptive ecosystem management(AEM)	可适应的生态系统管理	適應性生態系管理
adaptive enzyme	适应酶	適應酵素
adaptive radiation	适应辐射	適應輻射
adaptive selection	适应性选择	適應選擇
adaptive value	适应值	適應值
adhesive egg	黏性卵	黏著卵
adolecent(＝subadult)	亚成体,次成体	亞成體
adsere	附加演替系列	附加演替系列,附加消長系列
adsorption	吸附[作用]	吸附[作用]
adsorption process	吸附[作用]过程	吸附過程
adult	①成体 ②成虫	①成體 ②成蟲
adult emergence	成虫羽化	[成蟲]羽化
adult stage(＝mature stage)	成熟期,成体期	成熟期,成體期
advertising color(＝warning coloration)	警戒色	警戒色,宣告色
AE(＝assimilation efficiency)	同化效率	同化效率
AEM(＝adaptive ecosystem management)	可适应的生态系统管理	適應性生態系管理
aeolian deposit(＝eolian deposit)	①风成沉积 ②风积物	①風成沈積,風積作用 ②風積物,風蝕沈積物

英　文　名	大　陆　名	台　湾　名
aeolian landform(=eolian landform)	风成地貌	風蝕地形
aeration	通气	通氣,氣曝
aerenchyma	通气组织	通氣組織
aerial population	空中种群,气生种群	空中族群
aerial root	气生根	氣[生]根
aerobe	好氧生物	需氧性生物
aerobic respiration	有氧呼吸	有氧呼吸[作用]
aerobic treatment	好氧处理	好氧處理,氧化處理
aerobiosis	需氧生活	需氧生活
aerophyte	气生植物	氣生植物
aeroplankton	空中漂浮生物,大气浮游生物	空中漂浮生物,空中浮游生物
aeroplanktophyte	空中漂浮植物,大气浮游植物	空中浮游植物
aerotaxis	趋氧性	趨氣性
aerotolerant	耐氧性	耐氣性
aestatifruticeta	夏绿灌木群落	夏綠灌叢
aestatisilvae	夏绿乔木群落	夏綠喬木林
aestidurilignosa	夏绿硬叶林,夏绿硬叶木本群落	夏綠硬葉林
aestivation	夏眠,夏蛰	夏眠,夏蟄
AET(=actual evapotranspiration)	实际蒸散	實際蒸散,實際蒸發散量
AFLP(=amplified fragment length polymorphism)	扩增片段长度多态性	擴增片段長度多型性
A/F ratio(=abundance/frequency ratio)	多度频度比	豐度−頻度比
agamospecies	无性种	無性種,無配種
age and area hypothesis	年代面积假说,年代分布区假说	年代面積假說
age class	年龄组,龄级	齡級
age composition	年龄组成	年齡組成
age determination character	年龄鉴定特征	年齡鑑定形質
age distribution	年龄分布	年齡分布,齡期分布
age group	龄组	年齡組
age-length key	年龄体长换算表	年齡−體長換算表
age pyramid	年龄锥体,年龄金字塔	年齡[金字]塔
age ratio	年龄比	年齡比
age-specific fecundity	特定年龄生殖力	年齡別孕卵數,年齡別

英　文　名	大　陆　名	台　湾　名
		生殖力,齡別繁殖力
age-specific fertility (=age-specific fecundity)	特定年龄生殖力	年齡別孕卵數,年齡別生殖力,齡別繁殖力
age-specific life table	特定年龄生命表	年齡別生命表
age-specific mortality	特定年龄死亡率	年齡別死亡率
age-specific natality	特定年龄出生率	年齡別出生率
age-specific survival rate	特定年龄存活率	年齡別存活率
age structure	年龄结构	年齡結構,齡級結構
age-structured model	年龄结构模型	年齡結構模式
aggregated distribution	聚集分布	聚集分布,群聚分布,叢聚分布,超分布
aggregation	聚集	聚集,聚合,族聚,群聚
aggregation and attachment pheromone	聚附信息素	聚附費洛蒙
aggregation index	聚集指数,群聚指数	聚集指數
aggregation pheromone	聚集信息素	聚集費洛蒙
aggregative response	聚群反应	聚集反應
aggressive behavior	攻击行为,侵犯行为	攻擊行為
aggressive mimicry	攻击[性]拟态	攻擊[性]擬態
aging	老化	老化
agonistic behavior	对抗行为	敵對行為
agonistic display	对抗展示	敵對展示
agricultural indicator	农地指示生物	農地指標生物
agroforestry	复合农林业,农林复合系统	複合農林業
agrostological index	禾草类指数	禾草類指數
ahermatypic coral	非造礁珊瑚	非造礁珊瑚
air-borne	空中传播	空中傳播
air dry weight	风干重	風乾重
air permeability	透气性	透氣性
air plankton (=aeroplankton)	空中漂浮生物,大气浮游生物	空中漂浮生物,空中浮游生物
air pollution	空气污染	空氣汙染,大氣汙染
akineton	非运动性浮游生物	非運動性浮游生物
alarm call	报警鸣叫,告警声	警戒聲
alarm pheromone	警戒信息素,告警信息素	警戒費洛蒙,警戒傳訊素
albedo	反照率	反照率
albinism	白化[现象]	白化症,白化[现象]

英　文　名	大　陆　名	台　湾　名
albino	白化体	白化體,白化種
algal bloom(=phytoplankton bloom)	藻华,水华	浮游植物藻華,藻華
algal mat ecosystem	藻被生态系统	藻被生態系
algivore	食藻性动物	藻食性動物
alien invasive species	外来侵入种	外來入侵種
alien plant	外来植物	外來植物
alien species	外来种	外來種
alignment	比对,排比	排比,比對
alkaliotropism	向碱性	趨鹼性
alkaliplant	碱性植物	耐鹼植物
Allee's effect	阿利效应	阿利效應
Allee's law	阿利律	阿利定律
allele	等位基因	等位基因,對偶基因
allelochemicals(=allelochemics)	他感化学物质,他感素	種間交感物質
allelochemics	他感化学物质,他感素	種間交感物質
allelomimetic behavior	模仿行为	個體間模仿行為
allelopathy	他感作用,化感作用	[植物]相剋作用
Allen's curve	艾伦曲线	艾倫曲線
Allen's rule	艾伦律	艾倫定律
allergen	过敏原	過敏原
allergy	变态反应,过敏性反应	過敏,過敏性
alliance	群属	群團
allochronic species	异时种	異時種
allochthonous species(=alien species)	外来种	外來種
allogamy	①异花受精 ②异体受精	①異花受粉 ②異體受精
allogenetic succession(=allogenic succession)	异发演替	異發演替,異發性消長
allogenic succession	异发演替	異發演替,異發性消長
allogenous flora	异源植物区系	殘存植物相
allometry	异速生长	異速生長
allomone	利己素	利己傳訊素
allopatric speciation	异域物种形成	異域種化
allopatric species	异域种	異域種
allopatry	异域分布	異域性
allopolyploid	异源多倍体	異源多倍體
all or none law	全或无定律	全或無律
allotrophic lake(=heterotrophic lake)	异养型湖泊	異營型湖泊
allozyme	等位酶	異位酶

英　文　名	大　陆　名	台　湾　名
alluvium	冲积层	沖積層
alpha diversity	α 多样性	α-多樣性
alpha richness	α 丰富度	α-豐富度
alpine belt	高山带	高山帶
alpine zone(＝alpine belt)	高山带	高山帶
alternate bearing(＝alternate year bearing)	交替结实	隔年結實
alternate host(＝alternative host)	替代宿主,转主寄主	替代寄主,交替寄主
alternate year bearing	交替结实	隔年結實
alternation of generations	世代交替	世代交替
alternative host	替代宿主,转主寄主	替代寄主,交替寄主
altherbosa	高草群落	高莖草本植被
altimeter	高度计,测高仪	高度計,測高儀,海拔計
altitudinal belt(＝altitudinal zone)	垂直带	垂直帶
altitudinal vicariad	垂直分布替代种	垂直分布替代種
altitudinal zone	垂直带	垂直帶
altruism	利他主义	利他性,利他主義,利他現象
altruistic behavior	利他行为	利他行為
amensalism	偏害共生	片害共生,片害共棲,片害交感作用
amphi-boreal distribution	北方两洋分布	北方兩洋分布
amphi-Pacific distribution	太平洋两岸分布	太平洋兩岸分布
amphiphyte	两栖植物,假水生植物	兩棲植物
amplified fragment length polymorphism (AFLP)	扩增片段长度多态性	擴增片段長度多型性
anabolism	合成代谢	同化代謝,合成代謝
anadromous migration	溯河洄游,溯河繁殖	溯河洄游,溯河繁殖
anadromy(＝anadromous migration)	溯河洄游,溯河繁殖	溯河洄游,溯河繁殖
anaerobe	厌氧生物	厭氧生物
anagenesis	前进进化,累变发生	前進演化
analogy	同功	同功性
analysis of covariance	协方差分析	變積分析
analysis of variance(ANOVA)	方差分析	變方分析
anemochore	风媒植物	風媒植物
anemometer	风速计	風速計
anemophily	风媒	風媒
anemotaxis	趋风性	趨風性

英　文　名	大　陆　名	台　湾　名
angeosere(= cenosere)	新生代植物演替系列	新生代植物消长系列, 　新生代植物演替系列
angiosperm	被子植物	被子植物
angle method	分角法	分角法
animal ecology	动物生态学	動物生態學
annual budget	年收支	年收支
annual heat budget	年热能收支	年熱收支
annual ring	年轮	年輪
annuation	周年变化	年週期變動
ANOVA(= analysis of variance)	方差分析	變方分析
antagonism	拮抗作用	拮抗作用,拮抗現象
anthophyte	显花植物	顯花植物
anthropogenic succession	人为演替	人為消長,人為演替
anthropogenic vegetation	人为植被	人為植被
anthropomorphism	拟人主义	擬人主義,擬人觀
anthropophyte	无意人为引入植物	人為引進植物
antibiosis	抗生[作用]	抗生[作用],抗生現象
antibody	抗体	抗體
anti-feedant	拒食剂	抗食物質
antigen	抗原	抗原
aperiodicity	非周期性	非週期性
aphotic zone	无光带,无光层	無光帶
apical dominance	顶端优势	頂芽優勢
apneumone	偏利素	腐物激素
apomixis	无融合生殖	無融合生殖
apomorphy	衍征,离征	衍徵
apoplast	质外体	質外體
aposematic coloration(= warning coloration)	警戒色	警戒色,宣告色
aposematism	警戒作用	警戒作用
apparent competition	似然竞争,表观竞争	表觀競爭,外顯競爭
apparent density	表观密度,视密度	表觀密度
apparent photosynthesis	表观光合作用	表觀光合作用
apparent specific gravity	表观比重	表觀比重
appetitive behavior	欲求行为	欲求行為
applied ecology	应用生态学	應用生態學
apterous form	无翅型	無翅型
aquatic community	水生群落	水生群落

英　文　名	大　陆　名	台　湾　名
aquatic ecosystem	水域生态系统,水生生态系统	水域生態系
aquifer	含水层	含水層
aquifuge	不透水层	非透水層
aquiherbosa	水生草本群落	水生草本群落
aquiprata(＝aquiherbosa)	水生草本群落	水生草本群落
arbor	乔木	喬木
archigenesis(＝abiogenesis)	自然发生说,无生源说	無生源說,自然發生
archigony(＝abiogenesis)	自然发生说,无生源说	無生源說,自然發生
arctoalpine	极地高原	極地高原
Arctogaea	北界	北陸界
Arctogaeic Realm(＝Arctogaea)	北界	北陸界
Arcto-Tertiary flora	北极第三纪植物区系	北極地第三紀植物相
area effect	面积效应	面積效應
arid zone	干旱带	乾旱帶
aromorphosis	形态演进	形態演化
A/R ratio(＝assimilation/respiration ratio)	同化/呼吸量比	同化/呼吸量比
arrestant sex pheromone	滞留性信息素	阻礙性費洛蒙
artificial reef	人工礁	人工魚礁
artificial selection	人工选择	人擇
artificial stocking	人工放牧	人工放養
asexual reproduction	无性生殖	無性生殖
ash-free dry weight	无灰干重	無灰乾重
ash-free weight	无灰重量	無灰重量
aspect(＝seasonal aspect)	季相	季相,季相變遷
aspection(＝seasonal aspect)	季相	季相,季相變遷
asphyxy	假死	假死
assemblage(＝assembly)	集群	集合體,小群落
assembly	集群	集合體,小群落
assimilation	同化[作用]	同化[作用]
assimilation efficiency(AE)	同化效率	同化效率
assimilation/respiration ratio(A/R ratio)	同化/呼吸量比	同化/呼吸量比
assimilation system	同化系统	同化系統
association	群丛	群系,群屬
association analysis	关联分析	關聯分析
association coefficient(AC)	关联系数	關聯係數
assortative breeding	选型育种	同類育種
assortative mating	选型交配	選擇性交配,同類交配,

英　文　名	大　陆　名	台　湾　名
		選型交配
assortive breeding(=assortative breeding)	选型育种	同類育種
asympototic length	极限体长	極限體長
asympototic weight	极限体重	極限體重
asymptote	渐近线	漸近線
atavism	返祖[现象]	返祖[現象]
athalassic lake(=salt lake)	盐湖	鹽水湖
atmometer(=evaporimeter)	蒸发计	蒸發計
atmosphere	大气圈	大氣圈
atmosphere pollution	大气污染	大氣汙染
atmospheric circulation	大气环流	大氣環流
atoll	环礁	環礁
atrophy	萎缩	萎縮,減縮現象
attractant	引诱剂	誘引物質
Australasian	澳洲界	澳洲大陸區
Austro-Malayan region	澳洲马来区	澳洲馬來區
autecology	个体生态学	個體生態學
autochore	自布植物	自動散佈種
autochory	自动散播	自動散佈
autochthon(=indigenous species)	土著种,本地种,乡土种	本土種,原生種,本地種
autoecism	单主寄生	同主寄生
autoecology(=autecology)	个体生态学	個體生態學
autogamy	①自花受精 ②自体受精	①自花受粉 ②自體受精
autogenetic succession	自发演替	自發性消長,自發性演替
autogenic succession(=autogenetic suc-cession)	自发演替	自發性消長,自發性演替
autogeny	自然发生	自然發生
autolysis	自溶[现象]	自溶,自解[作用]
automimicry	种内拟态	種內擬態
autopelagic plankton	上层浮游生物	表層性浮游生物
autophagy	自体吞噬[作用]	自噬[作用]
autopolyploid	同源多倍体	同源多倍體
autotomy	自切,自割	自割,自斷
autotroph	自养生物	自養生物,自營生物
avifauna	鸟类区系	鳥類相
avoidance	避性	避性
azonal soil	泛域土	泛域土

B

英　文　名	大　陆　名	台　湾　名
backcross	回交	回交
back-crossing(=backcross)	回交	回交
back marsh	堤后草泽	堤後草澤
back shore	后滨	後灘,後濱
back swamp	堤后林泽	堤後林澤
Bailey's triple catch	贝利三次[标记]重捕法	貝利三次[標記]重捕法
balanced hypothesis	平衡假说	均衡假說
balanced polymorphism	平衡多态性,平衡多态现象	均衡多型性,平衡多態現象
balancing selection	平衡选择	平衡[型]天擇
balanus zone	藤壶区	藤壺區
banding	环志	腳環法
barchan dune	新月形沙丘	鎌狀沙丘,新月沙丘
bare fallow	绝对休闲地,无草休闲地	無草休耕區
bare land	裸地	不毛地,裸地
barograph	气压计	氣壓計
barometer	气压表	氣壓表
barophilic bacteria	嗜压细菌	嗜壓[性]細菌
barophobic	嫌压性	嫌壓性
barotolerant	耐压性	耐壓性
barrier effect	屏障效应	屏障效應
barrier lake(=imprisoned lake)	堰塞湖	堰塞湖
barrier reef	堡礁	堡礁
basal coverage	基盖度	基蓋度
basal metabolic rate(BMR)	基础代谢率	基礎代謝率
basal metabolism(BM)	基础代谢	基礎代謝
basal species	基位种	基位種
basal zone	基[植被]带	基帶
base level of erosion	侵蚀基准面	侵蝕基準面
base state(=ground state)	基[础]态	基態
basic metabolism(=basal metabolism)	基础代谢	基礎代謝

英　文　名	大　陆　名	台　湾　名
basic rock	基性岩	基性岩
basin	盆地	盆地
basophilous vegetation	嗜碱性植被	嗜鹼性植被,適鹼植被
Batesian mimicry	贝氏拟态	貝氏擬態
bathophilous	嗜深性	嗜深性
bathyal zone	深海[底]带	深層區
bathypelagic zone	深层带	深層洋帶
behavioral dimorphism	行为二态性,行为二态现象	行為雙型性
behavioral ecology	行为生态学	行為生態學
behavioral polymorphism	行为多态性,行为多态现象	行為多型性
behaviorism	行为主义	行為主義,行為學說
belt transect	样带,样条	樣帶,穿越線
benthophyte	底栖植物,水底植物	底棲植物
benthos	底栖生物	底棲生物
benthos feeder	食底栖生物者	攝食底棲生物者
Bergmann's rule	贝格曼律	貝格曼律
beta diversity	β 多样性	β-多樣性
beta richness	β 丰富度	β-豐富度
biapocrisis	环境反应	環境反應
big-bang reproduction	大爆炸式生殖	大爆發式生殖,一次產卵性
bimodal distribution	双峰分布	雙峰分布
binding genera	共存属	共存屬
binding species	结合种,联系种	共存種
binomial distribution	二项分布	二項分布
bioaccumulation(=biological accumulation)	生物积累,生物累积	生物性累積
bioaerosol	生物气溶胶	生物氣溶膠
bioassay(=biological assay)	生物测定	生物檢驗,生物檢定,生物分析法
bioavailability	生物有效性,生物可利用性	生物有效性
biochemical oxygen demand(BOD)	生化需氧量	生化需氧量
biochore	生物景带	生物景帶線
biocoenosis(=biotic community)	生物群落	生物群聚,生物群集,生物群落

英　文　名	大　陆　名	台　湾　名
biocommunity (=biotic community)	生物群落	生物群聚,生物群集,生物群落
bioconcentration (=biological concentration)	生物浓缩	生物濃縮[作用]
biocybernetics	生物控制论	生物控制論
biodegradability	生物可降解性	生物降解力
biodegradation	生物降解	生物降解[作用]
biodeterioration	生物退化	生物衰退
biodiversity	生物多样性	生物多樣性
biodiversity hotspot	生物多样性热点	生物多樣性熱點
biodiversity informatics	生物多样性信息学	生物多樣性資訊學
bioeconomics	生物经济学	生物經濟學
bioenergetics	生物能[量]学	生物能量學
bioenrichment	生物富集	生物富集
bioerosion	生物侵蚀	生物侵蝕
biofacies	生物相	化石相
biofacies map	生物相图	化石相圖
biofilm	生物膜	生物膜
biofilm process	生物膜法	生物膜法
biogenesis	生源说	生源[說]
biogeochemical cycle	生物地球化学循环	生地化循環
biogeochemistry	生物地球化学	生物地理化學
biogeocoenosis	生物地理群落	生物[地理]群集
biogeography (=chorology)	生物分布学,生物地理学	生物分布學,生物地理學
bioindicator (=biological indicator)	指示生物	生物指標
biological accumulation	生物积累,生物累积	生物性累積
biological adsorption	生物吸附	生物吸附作用
biological assay	生物测定	生物檢驗,生物檢定,生物分析法
biological clock	生物钟	生物時鐘
biological concentration	生物浓缩	生物濃縮[作用]
biological conditioning	生物调节	生物制約
biological contact oxidation reactor	生物接触氧化反应器	生物接觸氧化槽
biological control	生物防治	生物防治
biological disc	生物转盘	生物轉盤
biological filter	生物滤池	生物過濾器,生物濾池
biological half-life	生物半衰期	生物半衰期

英 文 名	大 陆 名	台 湾 名
biological indicator	指示生物	生物指標
biological integrity	生物整体性,生物完整性	生物完整性
biological magnification	生物放大	生物放大[效應]
biological monitoring	生物监测	生物監測
biological oxygen demand(BOD)	生物需氧量	生物需氧量
biological periodism	生物周期现象	生物週期性
biological purification	生物净化	生物淨化
biological race	生物宗	生物族
biological removal of nitrogen	生物脱氮	生物脱氮
biological rhythm	生物节律	生物律動
biological safety	生物安全	生物安全
biological spectrum	生物谱	生物譜
biological surfactant	生物表面活性剂,生物界面活性剂	生物表面活性劑,生物界面活性劑
biological system	生物系统	生物系統,生物體系
biological transformation	生物转化	生物轉化作用
bioluminescence	生物发光	生物發光
bioluminescent organism(=luminous organism)	发光生物	發光生物
biomagnification(=biological magnification)	生物放大	生物放大[效應]
biomarker	生物标记	生物標記
biomass	生物量	生物量,生質量
biomass increment	生物量增量	生物量增量
biomass pyramid(=pyramid of biomass)	生物量锥体,生物量金字塔	生物量[金字]塔
biomass/respiration ratio(B/R ratio)	生物量/呼吸量比	生物量/呼吸量比
biome	生物群系	生物群系,生物群區
biomineralization	生物矿化	生物礦化[作用]
biomonitoring(=biological monitoring)	生物监测	生物監測
bionomics(=ecology)	生态学	生態學
bionomic strategy	生态对策	生態對策
bio-oxidation	生物氧化	生物氧化[作用]
biophage	活食者	活食者
bio-reduction	生物还原作用	生物還原作用
bioregion(=biotic region)	生物区	生物區
bioremediation	生物修复	生物修復

英　文　名	大　陆　名	台　湾　名
bioseston	生物悬浮物	生物懸浮物
biosphere	生物圈	生物圈
Biosphere 2	生物圈 2 号	生物圈 2 號
biostatistics	生物统计学	生物統計學
biostratigraphy	生物地层学	生物化石層序學
biostratinomy	生物层积学	生物化石分布學
biostratonomy（＝biostratinomy）	生物层积学	生物化石分布學
biosystem（＝biological system）	生物系统	生物系統,生物體系
biota	生物区系	生物相,生物誌
biotelemetry	生物遥测	生物遙測［法］,生物追蹤
biotic balance	生物平衡	生物平衡
biotic climax	生物顶极群落	生物極盛相,生物巔峰相
biotic community	生物群落	生物群聚,生物群集,生物群落
biotic equilibrium（＝biotic balance）	生物平衡	生物平衡
biotic factor	生物因子	生物因子,生物因素
biotic formation（＝biome）	生物群系	生物群系,生物群區
biotic index	生物指数	生物指數
biotic potential	生物潜力,繁殖潜力	生物潛能
biotic pressure	生物压力,生物扩张力	生物壓力
biotic province	生物地理区	生物地理區
biotic region	生物区	生物區
biotic succession	生物演替	生物演替
biotope	群落生境	群聚生境
bioturbation	生物扰动	生物擾動
biotype	生物型	生物型
bioventing process	生物通气法	生物通氣法
biozone	生物带	生物地層,生物帶
bipolar distribution	两极分布	雙極分布
bipolarity	两极性,两极同源	雙極性,兩極性,兩極同源
bird banding	鸟环志	鳥類標誌法
birth control	生育控制	節育,生育控制
birth/death ratio	生死比率	出生/死亡比率
birth rate（＝natality）	出生率	出生率
bisect method	剖面法	斷面法

英 文 名	大 陆 名	台 湾 名
bisexual group	双性群	雙性群
bivoltinism	二化性	二化,一年二產
black box model	黑箱模型	黑箱模型
blank test	空白试验,对照试验	對照試驗,空白試驗
blank value	对照值	對照值,空白試驗值
blastochore	萌芽繁殖体	萌芽繁殖體
BM(=basal metabolism)	基础代谢	基礎代謝
BMR(=basal metabolic rate)	基础代谢率	基礎代謝率
BOD(=①biochemical oxygen demand ②biological oxygen demand)	①生化需氧量 ②生物需氧量	①生化需氧量 ②生物需氧量
bog	酸性泥炭沼泽,酸沼	酸沼,矮叢沼,雨養深泥沼
bolochory	推力传播	裂開散佈
Bonn Convention	波恩公约	波恩公約,波昂公約
border effect	边缘效应	邊緣效應
boring organism	钻孔生物,钻蚀生物	鑽孔生物
bottleneck effect	瓶颈效应	瓶頸效應
bottom fauna	底栖动物区系	底棲動物相
bottom-up control	上行控制	上行控制,由下而上的控制
bottom-up effect	上行效应	上行效應
bound water	束缚水,结合水	結合水
Bowen's ratio	鲍恩比	鮑文比,顯潛熱比
brachiation	臂行	擺盪行為
brackish water	半咸水	半淡鹹水,微鹹水
breathing root(=respiratory root)	呼吸根	呼吸根
breed (=②reproduction)	①品种 ②生殖,繁殖	①品種 ②繁殖,生殖
breeding(=②reproduction)	①育种 ②生殖,繁殖	①育種 ②繁殖,生殖
breeding migration(=spawning migration)	产卵洄游,生殖洄游	生殖洄游,產卵遷移,產卵迴游
breeding success rate	繁殖成功率	繁殖成功率
breeding system	繁育系统,繁殖系统	繁殖系統
brine water	卤水	富鹽水
broadleaf forest	阔叶林	闊葉林,硬木林
broad-leaved forest(=broadleaf forest)	阔叶林	闊葉林,硬木林
broken-stick distribution	折棒分布,断棍分布	折棒分布
broken-stick model	折棒模型,断棍模型	折棒模型
brood size	育雏数	育雛數

英 文 名	大 陆 名	台 湾 名
brotochore	人为分布	人為散佈
brown soil	棕壤	棕土
B/R ratio（=biomass/respiration ratio）	生物量/呼吸量比	生物量/呼吸量比
bryocoenology	苔藓群落学	蘚苔群落學
bryophyte	苔藓植物	蘚苔類,苔蘚植物
buffer species	缓冲种	緩衝種,替代[獵物]種
buffer zone	缓冲区	緩衝區,緩衝帶
bulk density	容重	總體密度,土塊密度,容積密度
bulk specific gravity	容积比重	容積比重
burrowing animal（=cavernicolous animal）	穴居动物,洞穴动物	穴棲動物
buttress（=buttress root）	板根	板根
buttress root	板根	板根

C

英 文 名	大 陆 名	台 湾 名
caatinga	卡廷加群落	卡廷加群落,多刺茂密灌叢(巴西的)
cage net（=net cage）	网箱	箱網
cage net culture（=net cage culture）	网箱养殖	箱網養殖
calcicole plant	钙土植物	嗜石灰植物,鈣土植物,嗜鈣植物
calcification	钙化[作用]	鈣化[作用]
calcifuge plant	嫌钙植物,避钙植物	嫌石灰植物,嫌鈣植物
calcipetrile	石灰岩性植物群落	石灰岩性植物群落
calciphile（=calciphilous plant）	适钙植物	嗜石灰植物,嗜鈣植物
calciphilous plant	适钙植物	嗜石灰植物,嗜鈣植物
calciphobe（=calcifuge plant）	嫌钙植物,避钙植物	嫌石灰植物,嫌鈣植物
calciphobous plant（=calcifuge plant）	嫌钙植物,避钙植物	嫌石灰植物,嫌鈣植物
calciphyte（=calcicole plant）	钙土植物	嗜石灰植物,鈣土植物,嗜鈣植物
call count	鸣叫计数	鳴叫計數
caloric value	卡价,热值	熱量,熱[卡]值
calorimeter	热量计	熱量計
calorimetry	热量测定	熱量測定法
Calvin cycle	卡尔文循环	卡爾文[氏]循環
CAM（=crassulacean acid metabolism）	景天酸代谢	景天酸代謝

英 文 名	大 陆 名	台 湾 名
cambium	形成层	形成層
Cambrian explosion	寒武纪大爆发	寒武紀大爆發
camouflage	伪装	偽裝,保護色
campestrian	北方偏干性草原地带	巴西旱生草原
CAM photosynthesis(=crassulacean acid metabolism photosynthesis)	景天酸代谢光合作用	景天酸代謝光合作用
CAM plant(=crassulacean acid metabolism plant)	景天酸代谢植物,CAM 植物	景天酸代謝植物,CAM 植物
campo	巴西草原	巴西乾草原
campo cerrado	巴西疏林草原	巴西稀樹草原
campo limpo	巴西稀树草原	巴西無樹草原
campo sujo	巴西疏木草原	坎波草原
canalized development	定向发育,渠限发育	限向發展,限向發育
cannibalism	同种相残,同类相食	同種相食,同類相殘
canonical correlation	典范相关	典型相關
canopy	林冠[层],冠层	林冠,冠層
canopy cover	冠盖度,林冠盖度	冠層覆蓋度
canopy density(=crown density)	郁闭度	鬱閉度,葉層密度,林冠密度
capillary potential	毛[细]管势	毛管勢能,毛細管位能
capillary water	毛[细]管水	毛細管水,微管水
capoeira	巴西热带雨林次生林	卡波埃拉林
capture-recapture method(=mark-recapture method)	标记重捕法,标志重捕法	標識再捕法,捕捉–再捕捉法
carbon acquisition	碳获取	碳獲取
carbon assimilation	碳同化作用	碳同化作用
carbon credit	碳信用	碳信用
carbon cycle	碳循环	碳循環
carbon-14 dating	碳–14 定年法	碳–14 定年[法]
carbon debt	碳债	碳債
carbon fixation	碳固定	固碳作用
carbonhydrate	糖类,碳水化合物	碳水化合物,醣
Carboniferous Period	石炭纪	石炭紀
carbon-nitrogen ratio(C/N ratio)	碳氮比	碳氮比
carbon pool	碳库	碳庫
carbon sequestration	碳固存	碳封存
carbon sink	碳汇	碳匯
carbon source	碳源	碳源

英　文　名	大　陆　名	台　湾　名
carbon stock(=carbon pool)	碳库	碳庫
carbon trade	碳贸易	碳交易
carcinogenesis	致癌作用	致癌作用
cardinal temperature	基本温度	基本溫度
carnivore	食肉动物	肉食動物
carnivorous plant	食虫植物	食蟲植物
carrying capacity	负载力,环境容纳量	負荷量,承載量
Cartegena Protocol on Biosafety	卡塔赫纳生物安全议定书	卡塔赫納生物安全議定書
cascade model	级联模型	瀑布模式
caste	等级	階級
caste differentiation	等级分化	階級分化
casual species(=occasional species)	偶见种	偶見種
catabolism	分解代谢	異化代謝
catadromy	降海洄游,降河繁殖	降海[河]洄游
catastrophe	灾变	劇變,災變
catastrophe theory	灾变说,灾变论	災變理論,災變說
catastrophism(=catastrophe theory)	灾变说,灾变论	災變理論,災變說
catch	捕获量	捕獲量
catchability	可捕量,可捕性	漁獲率,作業度
catchability coefficient	可捕系数	作業度係數
catch crop	填闲作物	間作作物,增益作物
catch curve	捕捞曲线	漁獲曲線
catchment	流域	流域,集水區
catch per unit effort(CPUE)	单位捕捞努力量渔获量,单位努力捕获量	單位努力漁獲量,單位努力捕獲量
catena	土链	土鏈
cation exchange capacity(CEC)	阳离子交换量	陽離子置換量
cauliflory	茎花现象	幹生花現象,莖花現象
causal model	因果模型	因果模型
caustobiolith	可燃有机岩	可燃性生物岩
cave community	洞穴生物群落	洞穴生物群聚
cavernicolous animal	穴居动物,洞穴动物	穴棲動物
cavitation	气穴现象	穴蝕現象
CBD(=Convention on Biological Diversity)	生物多样性公约	生物多樣性公約
C-D effect(=competition-density effect)	竞争密度效应	競爭密度效應
CE(=consumption efficiency)	消费效率	消費效率

英　文　名	大　陆　名	台　湾　名
CEC(=cation exchange capacity)	阳离子交换量	陽離子置換量
cellular automata	网格自动机,细胞自动机	細胞自動機,元胞自動機
cenogenesis	新性发生	新生型發生
cenosere	新生代植物演替系列	新生代植物消長系列,新生代植物演替系列
Cenozoic Era	新生代	新生代
census	种群调查	普查
center of origin	起源中心	起源中心
CF(=concentration factor)	浓缩系数,富集系数	濃縮係數
CFC(=chlorofluorocarbon)	氯氟烃	氟氯碳化物
chaetoplankton	角刺浮游生物	角刺浮游生物
chamaephyte	地上芽植物	地上芽植物
chaos	混沌	混沌
chapadas	高地草原	查帕達高原(巴西南部的),高地草原(南非的)
chaparral	查帕拉尔群落	達帕拉爾硬葉灌叢
character	性状	特徵,性状,形質
character displacement	性状替换	性狀置換,形質置換
characteristic animal	特征动物	示徵動物
characteristic species	特征种	特徵種
character release	性状释放	性狀釋放
chart quadrat	图解样方	圖示樣方
chasmophyte	石隙植物,岩隙植物	岩隙植物
check dam	谷坊	攔砂壩
chemical communication	化学通信	化學通信
chemical control	化学防治	化學防治
chemical defense	化学防御,化学防卫	化學防禦,化學防衛
chemical oxygen demand(COD)	化学需氧量	化學需氧量
chemical remediation	化学修复	化學修復
chemoautotroph	化能自养生物	化學[性]自營生物,化合自營生物
chemosterilant	化学不育剂	化學不育劑
chemosynthesis	化能合成	化學合成,化合作用
chemotaxis	趋化性	趨化作用,趨化性
chernozem	黑钙土	黑鈣土
chersophyte	干荒地植物	乾荒地植物

英 文 名	大 陆 名	台 湾 名
chestnut soil	栗钙土	栗鈣土
chianophile	嗜雪植物	嗜雪植物
chianophobe	嫌雪植物	嫌雪植物
chinook	干燥热风	乾燥熱風
chlorinity	氯度,氯含量	氯度,氯量
chlorofluorocarbon(CFC)	氯氟烃	氟氯碳化物
chlorophyll	叶绿素	葉綠素
chlorosis	缺绿症	黄化
chlorosity(=chlorinity)	氯度,氯含量	氯度,氯量
chorology	生物分布学,生物地理学	生物分布學,生物地理學
chromatic adaptation	色素适应	色彩適應
chronological species	年代种	年代種,時序種
CI(=coldness index)	寒冷指数	寒冷係數,冷度指數
circadian rhythm	昼夜节律	日週性律動
circalittoral zone	环岸带	環岸帶
circle of species	种圈	種圈
circle of vegetation	植被圈	植被圈
circular economy	循环经济	循環經濟
circulation cell	环流圈	環流圈
circulation of closed system	密闭系统循环	閉鎖系循環
circulation of open system	开放系统循环	開放系循環
circulation period	循环期	循環期
CITES(=Convention on International Trade in Endangered Species of Wild Fauna and Flora)	濒危野生动植物种国际贸易公约	瀕危野生動植物種國際貿易公約
cladistic species	支序种	支序種
cladogenesis	分支发生,分支进化	支系發生
cladogenic adaptation	趋异适应	支系內適應,趨異適應
clan	单种植物小群	單種植物小群
clay	黏土	黏土,黏粒
claypan	黏盘	黏盤
clean energy	清洁能源	清潔能源
cleaning	透光伐	除伐(林業)
cleaning cutting(=cleaning)	透光伐	除伐(林業)
cleaning symbiosis	清除共生,清洁共生	清除共生
clear cutting	皆伐	皆伐(林業)
clear felling(=clear cutting)	皆伐	皆伐(林業)

英　文　名	大　陆　名	台　湾　名
climate diagram	生态气候图解	氣候特性圖
climate zone	气候带	氣候帶
climatic change	气候变化	氣候變遷
climatic chart(=climatograph)	气候图	氣候圖
climatic climax	气候顶极群落	氣候極盛相
climatic cycle	气候循环,气候周期	氣候週期
climatic factor	气候因子	氣候因子
climatic race	气候宗	氣候性品種
climatic snowline	气候雪线	氣候雪線
climatic stability	气候稳定性	氣候穩定性
climatic stability theory	气候稳定学说	氣候穩定學說
climatic succession	气候性演替	氣候性演替
climatic zone(=climate zone)	气候带	氣候帶
climatograph	气候图	氣候圖
climax	顶极	[演替]極相,巔峰[群落]
climax adaptation number	顶极适应数	極盛相適應序數
climax community	顶极群落	極相群集
climax complex	顶极群落复合体	極盛相複合體
climax formation	顶极群系	極相群系
climax pattern theory	顶极格局学说	極相樣式學說,極相格局學說
climax species	顶极种	極相種
climber	攀缘植物	攀緣植物
climbing plant(=climber)	攀缘植物	攀緣植物
climograph(=climatograph)	气候图	氣候圖
cline	梯度变异,渐变群	漸變群
clinodeme	渐变混交群	漸變亞族群
clinograde(=oxycline)	氧跃层	氧躍層
clinometer	倾斜仪	斜度計
clisere	气候演替系列	氣候演替系列
clitochore	重力散布	重力散佈
clonal growth	克隆生长	株系生長,複製生長
clonal population	无性系种群	無性繁殖族群
clone plant	克隆植物	殖株植物
closed canopy	郁闭林冠	鬱閉冠層
closed circulation	封闭循环	封閉循環
closed community	郁闭群落,密闭群落	封閉群集

英　文　名	大　陆　名	台　湾　名
closed ecosystem	封闭生态系统	封閉生態系統
closed forest	郁闭[森]林,密[闭森]林	鬱閉林
closed stand	郁闭林分,密闭林分	鬱閉林分
closed system	封闭系统	封閉系統
closed vegetation	郁闭植被	鬱閉植被
close planting	密植	密植
cloud band	云带	雲霧帶
cloud belt(=cloud band)	云带	雲霧帶
cloud forest	云雾林	雲霧林
cloud forest belt	云雾林带	雲霧林帶
cloud forest zone(=cloud forest belt)	云雾林带	雲霧林帶
clumped distribution(=aggregated distribution)	聚集分布	聚集分布,群聚分布,叢聚分布,超分布
clumping index	丛生指标	叢聚指標
cluster analysis	聚类分析	聚類分析
clustered distribution	集群分布	叢狀分布,塊狀分布
cluster sampling	整群抽样	集體取樣
clutch size	窝卵数	窩卵數,產卵數
CMS(=Convention on the Conservation of Migratory Species of Wild Animals)	保护野生动物迁徙物种公约	保護野生動物遷移物種公約
C/N ratio(=carbon-nitrogen ratio)	碳氮比	碳氮比
coactee	受动者	受動者
coaction	相互作用	相輔作用
coactor	相互作用者	相輔者
coadaptation	共适应,互适应	共適應
coagulating sedimentation	凝聚沉淀法	凝聚沈澱法
coarctate pupa	围蛹	圍蛹
coarse-grained environment	粗粒环境	粗粒環境
coarse-grained landscape	粗粒景观	粗粒地景
coarse particulate organic matter(CPOM)	粗颗粒有机物	粗粒有機物
coastal community	海岸群落	沿岸群集
coastal desert	沿海沙漠	沿岸沙漠
coastal fishery	沿海渔业	沿岸漁業
coastal forest	海岸林	海岸林
coastal plankton	沿海浮游生物	沿岸浮游生物
coastal swamp	沿海沼泽	沿岸林澤
coastal wetland(=marine wetland)	海洋湿地,海岸湿地	海洋濕地,海岸濕地

英 文 名	大 陆 名	台 湾 名
CO_2 compensation point	二氧化碳补偿点	二氧化碳補償點
coconut palm grove	椰子林	椰子林
COD（=chemical oxygen demand）	化学需氧量	化學需氧量
coefficient of association（=association coefficient）	关联系数	關聯係數
coefficient of community	群落系数	群集係數
coefficient of community similarity	群落相似系数	群集相似係數
coefficient of competition（=competitive coefficient）	竞争系数	競爭係數
coefficient of condition	肥满度	肥滿度
coefficient of correlation	相关系数	相關係數
coefficient of determination	决定系数	決定係數
coefficient of difference	相异系数	差異係數
coefficient of differentiation	分化系数	分化係數
coefficient of fatness	肥满度系数	肥滿度係數
coefficient of fitness	适合度系数	適合度係數,適應度係數
coefficient of genetic distance	遗传距离系数	遺傳距離係數
coefficient of genetic similarity	遗传相似系数	遺傳相似係數
coefficient of growth	生长系数	生長係數
coefficient of heterogeneity	异质性系数	異質係數
coefficient of homogeneity	同质性系数	均質係數
coefficient of maturity	性腺成熟系数	成熟度係數
coefficient of relatedness（=coefficient of relationship）	亲缘系数	親緣係數
coefficient of relationship	亲缘系数	親緣係數
coefficient of similarity	相似系数	相似係數
coefficient of variability	变异系数	變異度,變異係數
coefficient of variation（=coefficient of variability）	变异系数	變異度,變異係數
coenobiology	生物社会学	生物社會學
coenobiosis	群落生活	群集生活
coenobium	定形群体	定型群體
coenocline	群落生态群,群落渐变群	群集漸變群
coenology	群落学	群集學
coenosium（=community）	群落	群集,群落,群聚
coenospecies	近群种	近群種

英　文　名	大　陆　名	台　湾　名
coevolution	协同进化	共同演化
coexistence	共存	共存
CO_2 fertilization	二氧化碳施肥效应	二氧化碳施肥
cohesion theory	内聚力学说	內聚力學說
cohort	同生群,同龄群	同齡群
cohort analysis	同生群分析	年級群分析
cohort generation time	同生群世代时间	同齡群世代期間
cohort life table	同生群生命表,同龄群生命表	同齡群生命表
cold adaptation	冷适应	冷適應
cold current	寒流	寒流
cold desert	寒漠	寒漠
cold hardiness	耐寒性	耐寒性
cold-induced thermogenesis	冷诱导产热	冷誘導產熱
cold injury	冷害	寒害
coldness index(CI)	寒冷指数	寒冷係數,冷度指數
cold pole	寒极	寒極
cold resistance	抗寒性	抗寒性,抗寒能力,耐寒性
cold water cosmopolitan	冷水性世界种	冷水性世界種
colonial breeding	群体繁殖	群體繁殖
colonial insect	群居性昆虫	聚落昆蟲
colonization	拓殖	拓殖
colonization curve	拓殖曲线	拓殖曲線
colonization rate	拓殖率	拓殖率
colonizing species	开拓种,侵殖种	拓殖種
colony odor	蚁群气味	聚落氣味
combined water(=bound water)	束缚水,结合水	結合水
cometabolism process	共代谢过程	共代謝過程
CO_2 missing sink	二氧化碳失汇	二氧化碳失匯
commensalism	偏利共生	片利共生
common feeding ground	共同摄食地	共同攝食地
communal courtship	集体求偶	集體求偶
communal forest	集群林	社區林,村落林
community	群落	群集,群落,群聚
community complex	群落复合体	群落複合體
community composition	群落组成	群集組成
community continuum	群落连续体	群集連續

英 文 名	大 陆 名	台 湾 名
community dynamics	群落动态	群集動態[學]
community ecology	群落生态学	群集生態學
community energetics	群落能量学	群集能量論
community equilibrium	群落平衡	群集平衡
community function	群落功能	群集功能
community gross production rate	群落总生产率	群集總生產率
community integration	群落整体性,群落整合性	群集整合性
community metabolism	群落代谢	群集代謝
community mosaic	群落镶嵌	嵌鑲型群集
community organization	群落组织	群集組織
community regulation	群落调节	群集調節
community respiration	群落呼吸	群集呼吸
community ring	群落环	群集環
community stability	群落稳定性	群集穩定性
community structure	群落结构	群集結構,群聚結構
community succession	群落演替	群集消長,群集演替
community surface	群落表面	群集面
community table	群落表	群集表
community type	群落类型	群集型
comospore	具冠毛种子	具冠毛種子
compactness	密实度	密實度
companion animal	伴生动物	伴生動物
companion cropping	伴作	伴作
companion planting	伴植	伴植
companion sowing	伴植播种	伴植播種
companion species(=accompanying species)	伴生种	伴生種
comparative ordination technique	比较序列法	比較排序法
comparium	杂交界限群,能配群	能配群
compartment	林班	林班
compartmentalization	分室化[作用]	分室化,單位化
compartmental system approach	分室系统方法	分室系統方法,單位系統方法
compartmentation(=compartmentalization)	分室化[作用]	分室化,單位化
compartment model	分室模型	分室模型,單位模型
compartment model of ecosystem	生态系统分室模型	生態系分室模型,生態

英　文　名	大　陆　名	台　湾　名
		系單位模型
compass plant	指向植物	指向植物
compensation	补偿作用	補償
compensation depth	补偿深度	補償深度
compensation factor	补偿因子	補償因子
compensation intensity	补偿[光照]强度	補償光度,平準強度,補償光照強度
compensation level	补偿层	補償水準
compensation light intensity(=compensation intensity)	补偿[光照]强度	補償光度,平準強度,補償光照強度
compensation point	补偿点	平準點,補償點
compensatory growth	补偿性生长	補償性生長
compensatory mortality factor	补偿性致死因子	補償性致死因子
competition	竞争	競爭
competition curve	竞争曲线	競爭曲線
competition-density effect(C-D effect)	竞争密度效应	競爭密度效應
competition equilibrium	竞争平衡	競爭平衡
competition exclusion principle	竞争排斥原理	競爭排斥原理,競爭互斥原理
competition hypothesis	竞争假说	競爭假說
competition order	竞争序	競爭序
competition pressure	竞争压力	競爭壓力
competition theory	竞争学说	競爭學說
competitive ability	竞争[能]力	競爭能力
competitive advantage(=competitive dominance)	竞争优势	競爭優勢,有利競爭
competitive association	竞争性结合	競爭性結合
competitive capacity(=competitive ability)	竞争[能]力	競爭能力
competitive coefficient	竞争系数	競爭係數
competitive coexistence	竞争共存	競爭共存
competitive displacement	竞争替代	競爭置換
competitive displacement principle	竞争替代原理	競爭置換原理
competitive dominance	竞争优势	競爭優勢,有利競爭
competitive exclusion	竞争排斥	競爭互斥
competitive interaction	竞争相互作用	競爭交互作用
competitive release	竞争释放	競爭釋放
competitor	竞争者	競爭者

英　文　名	大　陆　名	台　湾　名
complementary chromatic adaptation	互补色适应	互補色適應
complexity theory	复杂性理论	複雜理論
complex loop	复合环	複合環
components of ecosystem	生态系统组分	生態系組成因子
composite volcano	复式火山	複式火山
compression hypothesis	压缩假说	壓縮假說
compression of niche	生态位压缩	生態席位壓縮
compression wood	应压木,压缩木	壓縮材,偏心材
concealing color	隐匿色	隱匿色
concentration factor(CF)	浓缩系数,富集系数	濃縮係數
conceptual model	概念模型	概念模式
conditional reflex	条件反射	條件反射
conditional response	条件反应	條件反應
conditioning	制约	制約
conditioning process	制约过程	制約過程
confronting	对立	對立
congeneric species	同属种	同屬種
conifer	针叶树	針葉樹,松柏類
coniferous forest	针叶林	針葉林
coniferous tree(=conifer)	针叶树	針葉樹,松柏類
conifruticeta	针叶灌木群落	針葉灌叢
conilignosa	针叶木本群落	針葉林
conisilvae	针叶乔木群落	針葉喬木林
conjugate ecological planning	共轭生态规划	共軛生態規則
conjugate principle of risk and opportunity	最小风险原理	最小風險原理
connate water	原生水	原生水
connectedness	连通性	連接度,連通性
connectedness food web	连通性食物网	連通性食物網
connectivity	连接度	連接度,連通性
connectivity index	连接度指数	連接度指數
conservation	保护,保育	保育
conservation ecology	保护生态学	保育生態學
conservation of nature	自然保护,自然保育	自然保育
conservative endemism	遗存固有种	遺存固有種
consociation	单优种群丛	單叢
consocies	演替系列单优种群丛	演替系列單優種
consociule	演替系列单优种[微生物]群落,小单优种	演替系列單優微生物

英　文　名	大　陆　名	台　湾　名
	群丛	
consort relationship	陪伴关系	伴侶關係
constance	恒有度	恆存度
constancy	恒定性	穩定性
constant	常数	常數
constant species	恒有种	恆存種,恆有種,常存種
constitutive enzyme	组成酶	組成酵素
constraint equation	约束方程	約束方程式
constructed wetland system	构造湿地系统	構造濕地系統
constructive species	建群种	建群種
consumer	消费者	消費者
consumer chain	消费链	消費鏈
consumer-resource interaction	消费者–资源相互作用	消費者–資源相互作用
consummatory act(=consummatory beha-vior)	终结行为,完成行为	終結行為
consummatory behavior	终结行为,完成行为	終結行為
consumption	消耗量	消耗量
consumption efficiency(CE)	消费效率	消費效率
consumptive loop	损耗环	損耗環
contact chemicals	接触性化学物质	接觸性化學物質
contact insecticide	接触性杀虫剂,触杀剂	接觸性殺蟲劑
contact poison	接触性毒剂	接觸毒
contact sex pheromone	接触性信息素	接觸性性費洛蒙
contagion	蔓延度	蔓延單位,傳染
contagious distribution	核心分布,蔓延分布	蔓延分布,叢生分布
contagious population	集群[分布]种群	蔓延族群
contagious process	蔓延过程	蔓延過程
contaminant(=pollutant)	污染物	汙染物
contamination(=pollution)	污染	汙染,沾染
contest competition(=contest-type compe-tition)	对抗竞争	競賽競爭,對抗競爭
contest-type competition	对抗竞争	競賽競爭,對抗競爭
continental bridge hypothesis	陆桥假说	陸橋假說
continental drift	大陆漂移	大陸漂移
continental drift hypothesis	大陆漂移假说	大陸漂移假說
continental glacier	大陆性冰川	大陸性冰川
continental island	大陆岛	大陸性島嶼
continentality	大陆度	陸性率

英 文 名	大 陆 名	台 湾 名
continental margin	大陆边缘	大陸邊緣
continental rise	大陆隆	大陸隆起
continental shelf	大陆架	大陸棚
continental slope	大陆坡	大陸坡,大陸斜坡
continent-island model	大陆-岛屿模型	大陸-島嶼模型
contingency table	列联表	關連表
continuous community	连续群落	連續性群集
continuous cropping	连作	連作
continuous culture	连续培养	連續培養
continuous grazing	连续放牧,常年放牧	連續放牧,連續啃食
continuously stable community	连续稳定性群落	持續穩定性群集
continuous quadrat	连续样方	連續樣區
continuous random variable	连续随机变量	連續性隨機變數
continuous variation	连续变异	連續變異
continuum	连续体,连续统	[群集]連續體
continuum concept of vegetation(=vegetational continuum concept)	植被连续体概念	植被連續觀,植被連續說
continuum index	连续体指数	群集連續指數
contour cultivation	等高耕作	等高耕種
contour line	等高线	等高線
contour plowing(=contour cultivation)	等高耕作	等高耕種
contour strip cropping	等高带状种植	等高條作
contrast	对比度	對比
controlled burning	控制火烧	控制焚燒
control point	对照点	對照點,控制點,三角點
control threshold(=action threshold)	防治阈值	防治閾值,防治低限
control threshold density	防治阈值密度	防治閾值密度
convection	对流	對流
convectional current	对流性气流	對流性氣流,對流性水流
conventional competition	通常竞争	慣例性競爭
Convention on Biological Diversity(CBD)	生物多样性公约	生物多樣性公約
Convention on International Trade in Endangered Species of Wild Fauna and Flora(CITES)	濒危野生动植物种国际贸易公约	瀕危野生動植物種國際貿易公約
Convention on the Conservation of Migratory Species of Wild Animals(CMS)	保护野生动物迁徙物种公约	保護野生動物遷移物種公約
Convention on Wetlands of International	关于特别是水禽栖息地	國際重要水鳥棲地保護

英　文　名	大　陆　名	台　湾　名
Importance Especially as Waterfowl Habitat	的国际重要湿地公约	公約
convergence	趋同	趨同
convergent evolution	趋同进化	趨同演化
cooperation	合作,协作	互助,協同
cooperative hunting	合作狩猎	協同狩獵
cooperative interaction	协同相互作用	協同交互作用
Cope's rule	科普法则	柯普法則
coppice forest	矮林	矮林
coppice regeneration	萌芽更新	萌芽更新
coprolite	粪化石	糞化石
coprometer	粪量测定器	糞量測定器
coprophagy	食粪性	食糞性
coprophilous vegetation	粪生植被	糞生植被
copse(=coppice forest)	矮林	矮林
copse regeneration(=coppice regeneration)	萌芽更新	萌芽更新
copulation	交尾	交尾,交合
copulatory behavior(=mating behavior)	交配行为	交尾行為,交配行為,交合行為
coral	珊瑚	珊瑚
coral reef	珊瑚礁	珊瑚礁
coral reef ecosystem	珊瑚生态系统	珊瑚生態系
core area	核域	核心區
core habitat	核心生境	核心棲地
core temperature	体核温度	體核溫度
corm	球茎	球莖
cormlet	小球茎	小球莖
correlation coefficient(=coefficient of correlation)	相关系数	相關係數
correlogram analysis	相关图分析,序列相关分析	自相關圖分析
corridor	廊道	廊道
corticolous bryophyte	树皮苔藓	樹皮苔蘚
cosere	同生演替系列,同地演替系列	同生演替系列,同生消長系列
cosmopolitan plant	世界性植物	全球性植物
cosmopolitan species	世界种,广布种	全球種,泛適應種

英　文　名	大　陆　名	台　湾　名
cosmopolite(=cosmopolitan species)	世界种,广布种	全球種,泛適應種
countercurrent circulation	逆流循环	對流循環
counter shading	隐影	消影,隱蔽
counter-urbanization	逆城市化	逆都市化
count quadrat method	计数样方法	計數樣區法
coupling	耦合	耦合
courtship	求偶	求偶
courtship behavior	求偶行为	求偶行為
courtship coloration	求偶色	求偶色
courtship display	示爱,求偶展示	求偶展示
courtship feeding	求偶喂食	求偶餵食
coverage(=cover degree)	盖度	覆蓋度
cover class	盖度级	覆蓋級
cover crop	覆盖作物	覆蓋作物
cover degree	盖度	覆蓋度
covering	覆盖	覆蓋
cover vegetation	覆盖植被	覆蓋植被
C_3 photosynthesis	碳-3 光合作用	三碳光合作用
C_4 photosynthesis	碳-4 光合作用	四碳光合作用
C_3 plant	碳-3 植物,C_3 植物	三碳植物,C_3 型植物
C_4 plant	碳-4 植物,C_4 植物	四碳植物,C_4 型植物
CPOM(=coarse particulate organic matter)	粗颗粒有机物	粗粒有機物
CPUE(=catch per unit effort)	单位捕捞努力量渔获量,单位努力捕获量	單位努力漁獲量,單位努力捕獲量
crassulacean acid metabolism(CAM)	景天酸代谢	景天酸代謝
crassulacean acid metabolism photosynthesis(CAM photosynthesis)	景天酸代谢光合作用	景天酸代謝光合作用
crassulacean acid metabolism plant(CAM plant)	景天酸代谢植物,CAM 植物	景天酸代謝植物,CAM 植物
creche	离巢幼龄动物群	離巢小動物
creeping hemicryptophyte	匍匐地面芽植物	匍匐地面芽植物
creeping plant	匍匐植物	匍匐植物,蔓生植物
crenium	水泉群落	泉水群落
creosote bush desert	灌丛沙漠	灌叢沙漠
crepuscular period	晨昏期	晨昏期
crepuscular type	晨昏活动型	晨昏活動型
Cretaceous Period	白垩纪	白堊紀

英 文 名	大 陆 名	台 湾 名
criteria for endangered species	濒危物种等级标准	瀕危物種等級標準
critical concentration	临界浓度	臨界濃度
critical day length	临界昼长	臨界日長,臨界日照
critical depth	临界深度	臨界深度
critical dissolved oxygen	临界氧	臨界溶氧
critical period(=critical phase)	临界期	臨界期
critical phase	临界期	臨界期
critical photoperiod	临界光周期	臨界光週期
critical size	临界体长	臨界體長
critical temperature for evaporative heat loss	蒸发散热临界温度	蒸發散熱臨界溫度
critical temperature for heat production	产热临界温度	產熱臨界溫度
critical thermal increment	临界热增量	臨界熱增量
cropping system	耕作制度	耕作制度
cross breeding	杂交育种	雜交育種
cross pollination	异花授粉	異花授粉
cross resistance	交互抗性	交互抗性
crowding	拥挤	擁擠
crowding effect	拥挤效应	擁擠效應
crown	树冠	樹冠
crown canopy	树冠层	樹冠層
crown class	树冠级	樹冠級
crown closure	郁闭	鬱閉
crown cover(=crown canopy)	树冠层	樹冠層
crown density	郁闭度	鬱閉度,葉層密度,林冠密度
crown depth	树冠厚度	樹冠厚度
crown fire	树冠火	樹冠火
crown projection diagram	树冠投影图	樹冠投影圖
crown ratio	树冠率	樹冠比
crown surface	树冠面	樹冠面
crown thinning	上层疏伐	冠層疏伐
crude birth rate	粗出生率	粗出生率
crude death rate	粗死亡率	粗死亡率
crude density	粗密度	粗密度
crustacean plankton	甲壳类浮游生物	甲殼類浮游生物
crustal movement	地壳运动	地殼運動
cryophyta(=cryophyte)	冰雪植物	冰雪植物

英　文　名	大　陆　名	台　湾　名
cryophyte	冰雪植物	冰雪植物
cryoplankton	冰雪浮游生物	冰雪浮游生物
cryotropism	向冷性,向低温性	趨冷性
crypsis	隐态	隱蔽
cryptic species	隐存种,表型相似种	隱蔽種
cryptobion	隐生生物	隱蔽生物
cryptogamic community	隐花植物群落	隱花植物群落
cryptophyte	隐芽植物,地下芽植物	隱芽植物,地下芽植物
cryptophyte mountain steppe	隐芽山区干草原	隱芽山區乾草原
cultural eutrophic lake	人为富营养湖	人為優養湖
cumulative effect	累积效应	累積效應
cumulative toxicity	累积毒性	累積性毒性
current annual uptake	当年吸收量	當年吸收量
cushion moss	垫藓	墊狀蘚苔
cuticular transpiration	角质膜蒸腾	角質層蒸散
cutover forest	主伐林,采伐林	伐採林
cybernetics	控制论	控制論,控制學
cybernetic system	控制论系统	控制論系統
cycle of erosion	侵蚀周期	侵蝕週期
cycle succession(=periodic succession)	周期性演替	週期性消長,週期性演替
cyclic climax	周期顶极群落	循環極相
cyclic fluctuation(=regular fluctuation)	规则波动,周期性波动	規則波動,規律性波動,週期性變動
cycling pool	循环库	循環庫
cyclomorphosis	周期变形	週期變形
cypress swamp	柏木沼泽	柏澤

D

英　文　名	大　陆　名	台　湾　名
daily activity rhythm	昼夜活动节律	日週活動律
daily compensation point	日补偿点	日補償點
daily cumulative temperature	日积温	日積溫
daily periodicity	昼夜周期,日周期	日週期
daily rhythm	日节律	日週律
daily succession	日演替	日演替,日消長
daisy world model	雏菊世界模型	雛菊世界模型,雛菊世

英　文　名	大　陆　名	台　湾　名
		界模式
dammed basin	堰塞盆地	堰塞盆地
dammed lake(=imprisoned lake)	堰塞湖	堰塞湖
damped oscillation	减幅振荡	减幅振盪
dance language	舞蹈语言	舞蹈語言
dark adaption	暗适应	暗適應
dark germination	暗性发芽	暗性發芽
dark reaction	暗反应	暗反應
dark respiration	暗呼吸	暗呼吸
Darwinian fitness	达尔文适合度	達爾文適合度
Darwinism	达尔文学说	達爾文主義,達爾文學說
day length	昼长	晝長
day-length treatment	昼长处理	晝長處理
day-neutral plant	日[照]中性植物	日照中性植物,中性日照植物
DBH(=diameter at breast height)	胸高直径	胸高直徑
dead stage	枯熟期	枯熟期
deamination	脱氨作用	去胺[作用]
death-feigning	装死	假死,装死,擬死
death mimicry(=death-feigning)	装死	假死,装死,擬死
death rate(=mortality)	死亡率	死亡率
debris flow(=mud and rock flow)	泥石流	泥石流
decarboxylation	脱羧作用	去羧基作用
deceiving coloration	欺骗色	矇騙色
deciduilignosa	落叶木本群落	落葉木本群落
decidulignosa(=deciduilignosa)	落叶木本群落	落葉木本群落
deciduous broad-leaved forest	落叶阔叶林,夏绿林	落葉闊葉林,夏綠林
deciduous broad-leaved forest zone	落叶阔叶林带	落葉闊葉林帶
deciduous coniferous forest	落叶针叶林	落葉針葉林
deciduous forest	落叶林	落葉林
decomposer	分解者,还原者	分解者
decomposition	分解[作用]	分解[作用]
decomposition rate	分解速率	分解速率
decreaser	减少者	减少者
decreasing consumption loop	减耗环	减耗環
deep scattering layer(DSL)	深海散射层,深水散射层	深海散射層,深海散亂層

英　文　名	大　陆　名	台　湾　名
deep-sea bacteria	深海细菌	深海細菌
deep-sea fishery	深海渔业	深海漁業
defense behavior	防御行为	防禦行為,保護行為
defensive mutualism	防御性互利共生	防禦性互利共生
defensive substance	防御物质	防禦物質
deficiency symptom	缺乏症	缺乏症
defoliant	落叶剂	落葉劑
defoliation	脱叶	剪葉,落葉,採葉
degeneration	退化	迴歸,退行,退化
deglaciation	冰川消退	冰消
degraded ecosystem	退化生态系统	退化生態系
degraded forest	退化林	衰退林
degree-day	日度	日度[數]
degree-hour	时度	時度[數]
degree of freedom	自由度	自由度
degree of overlap	重叠度	重疊度
degree of succession(DS)	演替度	演替度,消長度
delayed density-dependent factor	延迟性密度制约因子	延遲性密度依變因子
delivery season	分娩季	分娩季
delta	三角洲	三角洲
de Martonne's index of aridity	戴马通尼干燥指数	戴馬通尼乾燥指數
deme	繁殖群,同类群	族群,同族群,繁殖亞族群,同群種
demersal egg	沉性卵	沈性卵,底層卵
demersal fish	底层鱼类,底栖鱼类	底層魚類,底棲魚
demineralized water	去离子水,脱矿质水	去礦質水
demographic parameter	种群统计参数	族群統計參數
demography	种群统计学	族群統計學
dendrochronology	树木年代学	年輪學,樹齡學
denitrification	反硝化作用	脫氮作用,去硝化[作用],反硝化作用
denitrifying bacteria	反硝化细菌	脫氮細菌
dense pasture	集约放牧	集約放牧地
dense planting(=close planting)	密植	密植
density	密度	密度
density-contagiousness coefficient	密度-聚集度系数	密度-集合度係數
density dependent	密度制约	密度依變,密度依存
density-dependent control	密度制约控制	密度依變控制

英　文　名	大　陆　名	台　湾　名
density-dependent factor	密度制约因子	密度依變因子
density-dependent theory	密度制约学说,密度依赖学说	密度依變說
density-disturbing factor	密度干扰因子	密度擾動因子
density effect	密度效应	密度效應
density-governing factor	密度控制因子	密度管制因子
density-governing reaction	密度控制反应	密度管制反應
density independent	非密度制约	非密度依存
density-independent control	非密度制约控制	密度無關控制
density-independent factor	非密度制约因子	密度無關因子
density of canopy	林冠密度	林冠密度
density of nest plant	营巢植物密度	營巢植物密度
density-proportional factor	密度比例因子	密度比例因子,密度相關因子
density ratio	密度比	密度比率
density-related process	密度关联过程	密度關聯過程
denuded land(=bare land)	裸地	不毛地,裸地
denuded landscape	裸地景观	剝蝕地景
denuded quadrat	芟除样方	裸地樣方
dependent community	依赖群落	依賴群落
dependent variable	因变量	依變數
depletion effect	衰减效应	衰減效應
deposit feeder	食底泥动物	沈積物攝食動物,泥食動物
deposit feeding	沉积物摄食	沈積物攝食
depth contour	等深线	等深線,海洋等深線
derived property right of biogenetic resources	生物遗传资源的衍生所有权	生物遺傳資源的衍生所有權
desert climate	沙漠气候	沙漠氣候
desert community	沙漠群落	沙漠群集
desert deposit	沙漠沉积	沙漠堆積
desert ecosystem	荒漠生态系统	沙漠生態系
desertification	荒漠化	沙漠化
desert scrub	荒漠灌丛	沙漠灌叢
desert soil	荒漠土壤	沙漠土
desiccation resistance	抗干燥性	抗旱性
desiccation tolerance	耐干燥性	耐旱性
desmoplankton	蓝绿藻类浮游生物	藍綠藻類浮游生物

英　文　名	大　陆　名	台　湾　名
destructive lumbering	破坏性砍伐	破壞性砍伐
desulfidation	脱硫作用	去硫作用,脱硫作用
deterministic model	确定性模型	確定性模式,確定性模型
deterministic system	确定性系统	確定性系統
deterrent	阻碍素	阻礙劑
detrital pathway	碎屑食物途径	碎屑途徑
detritivore	食碎屑动物	食碎屑者
detritus	碎屑	碎屑,腐屑
detritus feeder(=detritivore)	食碎屑动物	食碎屑者
detritus feeding	碎屑食性摄食	碎屑攝食
detritus food chain	碎屑食物链,腐食食物链	碎屑食物鏈
deuterium method	重水法	重水法
deuterotoky	产两性单性生殖,产两性孤雌生殖	產兩性孤雌生殖
developmental rate	发育[速]率	發育率
developmental response	发育反应	發育反應
developmental stage	发育阶段	發育期
developmental threshold	发育临界	發育閾值,發育低限
developmental threshold temperature	发育起点温度	發育低限溫度
developmental unit	发育单位	發育單位
developmental zero	发育零点	發育零點
development of humus	腐殖质形成	腐植質形成
Devonian Period	泥盆纪	泥盆紀
dew point	露点	露點
diadromy	海淡水洄游	河海洄游
dialects in birds	鸟类方言	鳥類方言
diameter at breast height(DBH)	胸高直径	胸高直徑
diameter band	测径带	直徑帶
diameter distribution	直径分布	直徑分布
diameter measurement	树径测量	樹徑測量
diapause	滞育	滯育
diapause egg(=resting egg)	休眠卵,滞育卵	休眠卵,滯育卵
diaspore(=disseminule)	传播体	傳播體,播散體,散佈繁殖體
diatomaceous ooze	硅藻软泥	矽藻軟泥,硅藻軟泥
diazotroph	固氮生物	固氮生物,固氮菌

英　文　名	大　陆　名	台　湾　名
diazotrophic organism(=diazotroph)	固氮生物	固氮生物,固氮菌
dichotomy method	二分法	二分法
diet vertical migration(DVM)	摄食垂直移动	攝食垂直移動
differential species	区别种	分化種
differentiation	分化	分化
diffuse coevolution	扩展协同进化	發散共同演化
digester	消化池,沼气池	消化池
digestion	消化	消化[作用]
digestive efficiency	消化效率	消化效率
dike-pond system	基塘系统	基塘系統
dike-pond system landscape	基塘系统景观	基塘系統地景
dilution count	稀释计数	稀釋計數
dilution effect	稀释效应	稀釋效應
dilution method	稀释法	稀釋法
dilution rate	稀释率	稀釋率
diluvial upland	洪积台地	洪積台地
dimictic lake	二次循环湖	二次循環湖
dimorphism	二态性,二态现象	二型性
dioecy	①雌雄异体 ②雌雄异株	①雌雄異體 ②雌雄異株
diploid	二倍体	二倍體,倍體
diploparasitism	二重寄生	雙重寄生
direct count	直接计数	直接計數
directed evolution(=orthogenesis)	定向进化	定向演化
directed speciation	直接成种	直接成種
directional selection	定向选择	定向天擇,定向選汰
direct method	直接法	直接法
disassortative mating	非选型交配	選徵交配
disaster prevention forest	防灾林	防災林,防護林
disclimax	偏途演替顶极	干擾性極峰相
discomfort index	不[舒]适指数	不[舒]適指數
discontinuity	不连续性	不連續性
discontinuity layer	间断层	間斷層,不連續層
discontinuous distribution	间断分布	間斷分布,不連續分布
discontinuous ring	间断年轮	不連續年輪
discontinuous variation	不连续变异	不連續變異
discrete model	离散型模型	離散模型
discrete of generation	世代离散	分立世代

英　文　名	大　陆　名	台　湾　名
discrete random variable	离散随机变数	分立隨機變數
discrete variation(=discontinuous varia- tion)	不连续变异	不連續變異
discrimination learning	辨别学习	辨別學習
discriminatory analysis	判别分析	判別分析
disharmonic biota	不调和生物区系	非調和生物相
disharmonic lake type	不调和湖泊型	非調和性湖沼
disjunctive distribution(=discontinuous distribution)	间断分布	間斷分布,不連續分布
disoperation	侵害	相害作用
disoperative competition	相害性竞争	相害性競爭
disorder	无序	無序
disparlure	舞毒蛾性诱剂	舞毒蛾性誘劑
dispersal	扩散	散佈,播遷
dispersal pheromone	扩散信息素	擴散費洛蒙
dispersal polymorphism	散布多态性,散布多态 现象	散播多型性
dispersion	分布	分布,分散
disphotic zone(=dysphotic zone)	弱光带,弱光层	弱光帶,弱光層,貧光帶
displacement behavior	取代行为	取代行為
display	炫耀	展示
disruptive selection	分裂选择,歧化选择	分裂[型]天擇
dissemination	传播,散布	播散
disseminule	传播体	傳播體,播散體,散佈繁 殖體
disseminule form	传播体类型	播散體類型
dissimilation	异化[作用]	異化[作用]
dissipative structure	耗散结构	耗散結構
dissipative theory	耗散[结构]理论	耗散結構理論
dissolved oxygen(DO)	溶解氧	溶氧,溶氧量
distance effect	距离效应	間距效應
distance index	距离指数	距離指數
distance method	距离法,间隔法	距離法
distributed parameter system	分布参数系统	分布參數系統
distribution	分布边缘区	分布周緣地域,分布邊 緣地域
distributional barrier	分布障碍	分布屏障
distribution function	分布函数	分布函數

英 文 名	大 陆 名	台 湾 名
distribution pattern	分布型,分布格局	分布型,分布樣式
disturbance	干扰	擾動,干擾
disturbance patch	干扰斑块	擾動嵌塊
diurnalism(=diurnality)	昼行性	晝行性,日行性
diurnality	昼行性	晝行性,日行性
diurnal migration	昼夜迁徙	日週性遷移
diurnal tide	全日潮	全日潮
diurnal type	日活动型	晝活動型
diurnal variation	昼夜变异	日變異
diurnal vertical migration	昼夜垂直移动	晝夜垂直遷移
divergence	趋异	趨異
divergent evolution	趋异进化	趨異演化
DIVERSITAS	国际生物多样性科学研 　究规划	國際生物多樣性科學研 　究計畫
diversity	多样性	多樣性,歧異度
diversity center	多样性中心	多樣性中心
diversity gradient	多样性梯度	多樣性梯度
diversity index(=index of diversity)	多样性指数	多樣性指數,歧異度指 　數
diversity indices(=index of diversity)	多样性指数	多樣性指數,歧異度指 　數
diversity of species	物种多样性	物種多樣性
diversity ratio	多样性比	多樣性比
diversity-stability hypothesis	多样性–稳定性假说	多樣性–穩定性假說
divide	分水岭	分水嶺
DNA fingerprint	DNA 指纹	DNA 指紋
DNA fingerprinting	DNA 指纹分析	DNA 指紋分析
DNA microarray	DNA 微阵列	DNA 微陣列
DO(=dissolved oxygen)	溶解氧	溶氧,溶氧量
doldrums	赤道无风带	赤道無風帶
dominance	①显性 ②优势度	①顯性[現象] ②優勢 　度
dominance hierarchy	优势等级	優勢階
dominance index	优势度指数	優勢度指數
dominance order	优势序位	優勢序位,位序
dominance subordiance	从属关系	從屬關係
dominant marker	显性标记	顯性標記
dominant species	优势种	優勢種

英 文 名	大 陆 名	台 湾 名
dominant tree	优势木	優勢木
dominant tree layer	优势树木层	優勢木層
dominant year class	优势年龄级	優勢年級
dormancy	休眠	休眠
dormancy form	休眠型	休眠型
dormant egg(=resting egg)	休眠卵,滞育卵	休眠卵,滯育卵
dose-response relationship	剂量-反应关系	劑量-反應關係
double Poisson distribution	双重泊松分布	雙重卜瓦松分布
double sampling	双重抽样	雙重取樣
doubling time	倍增时间	倍增時間
down-up control(=bottom-up control)	上行控制	上行控制,由下而上的控制
downwelling	下降流	沈降流,下降流
drifting egg	漂流卵	漂流卵
drifting organism	漂流生物	漂流[性]生物,流動生物
drought dormancy	旱期休眠	旱期休眠
drought resistance	抗旱性	抗旱性
drought tolerance	耐旱性	耐旱性
dry fallout	干沉降	乾沈降
dry heat loss	干燥散热	乾燥散熱
dry matter production	干物质生产量	乾物產量
dry meadow	干性草甸	乾性草甸
dry pole	干极	乾極
dry season	干季	乾季
dry valley	干谷	乾谷
dry weight	干重	乾重
DS(=degree of succession)	演替度	演替度,消長度
DSL(=deep scattering layer)	深海散射层,深水散射层	深海散射層,深海散亂層
duff horizon	粗腐殖质层	酸性腐植層
duff layer(=duff horizon)	粗腐殖质层	酸性腐植層
dulosis	奴役[现象]	奴役現象
dune	沙丘	沙丘
dune fixation	沙丘固定	沙丘固定[作用]
dune plant	沙丘植物	沙丘植物
duration of life(=longevity)	寿命	壽命
durifruticeta	硬叶灌木群落	硬葉灌叢

英　文　名	大　陆　名	台　湾　名
duriherbosa	硬草草本群落	硬葉草原
durilignosa	硬叶木本群落	硬葉林
durisilvae	硬叶林	硬葉林
dust	浮尘	粉塵,粉劑
dustfall	降尘	降塵
dust-haze	灰霾	灰霾
DVM(=diet vertical migration)	摄食垂直移动	攝食垂直移動
dwarf	矮化	矮生體,矮化,倭體
dwarf forest(=coppice forest)	矮林	矮林
dwarf palm garrige	矮生椰子群落	矮生椰子群落
dwarf shrub	矮灌木,小灌木	矮生灌木
dwarf shrub bog	矮灌木沼泽	矮生灌木沼澤
dwarf shrub heath	矮石南灌丛	矮生石楠叢
dynamic community	动态群落	動態群集
dynamic ecology	动态生态学	動態生態學
dynamic equilibrium	动态平衡	動態平衡
dynamic model	动态模型	動態模型,動態模式
dynamic of population	种群动态	族群動態,族群動力學
dynamic pooled model	动态库模型,补充群体 　　模型	動態庫模型,動態組合 　　模型
dynamic programming	动态规划	動態規劃
dysphotic zone	弱光带,弱光层	弱光帶,弱光層,貧光帶
dystrophic lake	营养不良湖	腐植營養湖
dystrophic water	腐殖营养水	腐植營養水

E

英　文　名	大　陆　名	台　湾　名
EAG(=electroantennogram)	触角电位图	觸角電位圖
EAI(=effective accumulative insolation)	有效累积日照量	有效日照量
earth resources technology satellite 　　(ERTS)	地球资源[技术]卫星	地球资源衛星
easterlies	东风带	偏東風,東風[帶]
ecad	适应型	適應型
ecdysis	蜕皮	蜕皮
ecdysone	蜕皮激素	蜕皮激素
echolocation	回声定位	回音定位
ECM(=ectomycorrhiza)	外生菌根	外生菌根

英 文 名	大 陆 名	台 湾 名
eco-	生态	生態
ecobiogeography	生物生态地理学	生態生物地理學
eco-chemicals	生态化学物质	生態化學品,生態化合物
ecoclimate	生态气候	生態氣候
ecocline	生态梯度,生态渐变群	生態漸變群,生態梯度變異
ecocycling	生态循环	生態循環
ecodeme	生态繁殖群	生態繁殖亞族群
ecoenergetics（=ecological energetics）	生态能量学	生態能量論
ecogenesis	生态[种]发生	生態發生
eco-landscape	生态景观	生態地景
ecological age	生态年龄	生態年齡
ecological amplitude	生态幅[度]	生態幅度
ecological backlash	生态冲击,生态反冲	生態反衝
ecological balance sheet	生态平衡表	生態平衡表
ecological bonitation	生态多度计算	生態數目估計
ecological boomerang	生态报复	生態報復
ecological climax	生态顶极	生態極峰相
ecological complex	生态综合体,生态复合体	生態複合體
ecological conservation	生态保护	生態保育
ecological consistence	生态一致性	生態一致性
ecological constant	生态常数	生態常數
ecological crisis	生态危机	生態危機
ecological density	生态密度	生態密度
ecological distribution	生态分布	生態分布
ecological efficiency	生态效率	生態效率
ecological energetics	生态能量学	生態能量論
ecological engineering	生态工程	生態工程
ecological equilibrium	生态平衡	生態平衡
ecological equivalence	生态等价	生態等位
ecological equivalent	生态等值种	生態等位種
ecological factor	生态因子	生態因子
ecological farm	生态农场	生態農場
ecological field	生态场	生態場
ecological flow	生态流	生態流
ecological footprint	生态足迹,生态占用	生態足跡

英　文　名	大　陆　名	台　湾　名
ecological genetics	生态遗传学	生態遺傳學
ecological genomics	生态基因组学	生態基因體學
ecological geography	生态地理学	生態地理學
ecological gradient(=ecocline)	生态梯度,生态渐变群	生態漸變群,生態梯度變異
ecological group	生态群	生態類群
ecological homologue	生态同源	生態同源
ecological indicator	生态指示种	生態指標
ecological island	生态岛	生態島
ecological isolation	生态隔离	生態隔離
ecological longevity	生态寿命	生態壽命
ecological management	生态管理	生態管理
ecological mortality	生态死亡率,实际死亡率	實際死亡率,生態死亡率
ecological natality	生态出生率,实际出生率	實際出生率,生態出生率
ecological niche(=niche)	生态位	生態[區]位,[生態]棲位
ecological optimum	生态最适度	最適生態條件
ecological overlap	生态重叠	生態重疊
ecological physiology	生态生理学	生態生理學
ecological plant geography	生态植物地理学	生態植物地理學
ecological pyramid	生态锥体,生态金字塔	生態塔
ecological race	生态宗	生態品種
ecological release	生态释放	生態釋放
ecological restoration	生态恢复	生態復育
ecological strategy(=bionomic strategy)	生态对策	生態對策
ecological succession	生态演替	生態消長,生態演替
ecological threshold	生态阈值	生態閾值,生態低限
ecological time	生态时间	生態時間
ecological tourism	生态旅游	生態旅遊
ecological valence	生态价,生态值	生態價
ecological valency(=ecological valence)	生态价,生态值	生態價
ecological variation	生态变异	生態變異
ecological vicariad	生态替代种	生態同宗對應種
ecological zero	生态零值	生態零點
ecological zoogeography	生态动物地理学	生態動物地理學
ecology	生态学	生態學

英　文　名	大　陆　名	台　湾　名
economic extinction	经济灭绝	經濟性滅絕
economic injury level(EIL)	经济危害水平	經濟為害水平
economic threshold(ET)	经济阈值	經濟限界
ecopath model	生态通道模型	生態途徑模式
ecophene	生态表型	生態變種反應
ecophysiology(=ecological physiology)	生态生理学	生態生理學
ecoregulation	生态调节	生態調節
ecoscape(=eco-landscape)	生态景观	生態地景
ecospecies	生态种	生態種
ecosphere	生态圈	生態圈
ecosystem	生态系统	生態系
ecosystem carrying capacity	生态系统承载力	生態系承載力
ecosystem development	生态系统发育	生態系發展
ecosystem diversity	生态系统多样性	生態系多樣性
ecosystem ecology	生态系统生态学	生態系生態學
ecosystem efficiency	生态系统效率	生態系效率
ecosystem energetics	生态系统能量学	生態系力能學
ecosystem function	生态系统功能	生態系功能
ecosystem service	生态系统服务	生態系服務
ecosystem stability	生态系统稳定性	生態系統穩定性
ecotechnology(=ecological engineering)	生态工程	生態工程
ecotone	生态过渡带,群落交错区	生態交會區,生態過渡區
ecotope	生态立地	生態區
ecotourism(=ecological tourism)	生态旅游	生態旅遊
ecotype	生态型	生態型
ecozoogeography(=ecological zoogeography)	生态动物地理学	生態動物地理學
ectodynamic succession	外动性演替	外動性消長,外動性演替
ectodynamorphic soil	外动性土壤	外動性土壤
ecto-endotrophic mycorrhiza	外内生菌根	外內生菌根
ectology	特殊环境学	特殊環境學
ectomycorrhiza(ECM)	外生菌根	外生菌根
ectoparasite	外寄生物	外寄生物
ectoparasitism	外寄生	外寄生
ectotherm	外温动物	外溫動物
ectothermy	外温性	外溫性

英　文　名	大　陆　名	台　湾　名
ectotroph	外养生物	外[營]養生物
edaphic climax	土壤演替顶极	土壤性極峰相
edaphic climax community	土壤顶极群落	土壤性極峰相群集
edaphic community	土壤群落	土壤性群集
edaphic factor	土壤因子	土壤因子
edaphogenic succession	土壤发生演替	土壤發生演替,成土演替
eddy correlation method	涡流相关法	渦流性相關法
edge community(=marginal community)	边缘群落	邊緣群聚,邊緣群落
edge effect(=border effect)	边缘效应	邊緣效應
edificato(=constructive species)	建群种	建群種
effective accumulated temperature	有效积温	有效積溫
effective accumulative insolation(EAI)	有效累积日照量	有效日照量
effective accumulative temperature(=effective accumulated temperature)	有效积温	有效積溫
effective factor	有效因子	有效因子
effectiveness of fishing	有效渔获量	有效漁獲量
effective number of species	有效种数	有效種數
effective population size	有效种群大小	有效族群大小
effective soil depth	有效土壤深度	有效土壤深度
effective temperature	有效温度	有效溫度
effective temperature range	有效温度范围	有效溫度範圍
effective trapping area	有效捕获区	有效捕獲區
efficiency of assimilation(=assimilation efficiency)	同化效率	同化效率
efficiency of biological system	生物系统效率	生物系效率
efficiency of gross production	总生产效率	總生產效率
efficiency of net production(=net production efficiency)	净生产效率	淨生產效率
efficient factor	效率因子	效率因子
egesta	排泄物	排泄物
egestion(=excretion)	排泄	排泄[作用]
egg batch(=egg mass)	卵块	卵塊,卵團
egg deposition(=oviposition)	产卵	產卵
egg mass	卵块	卵塊,卵團
Egota flora	江古田植物区系	江古田植物相
EIA(=environmental impact assessment)	环境影响评估	環境影響評估
EIL(=economic injury level)	经济危害水平	經濟為害水平

英 文 名	大 陆 名	台 湾 名
electric conductivity	电导率	導電度
electroantennogram（EAG）	触角电位图	觸角電位圖
elementary species	基本种	基本種,原始種
element cycle	元素循环	元素循環
elfin forest	热带高山矮曲林,高山矮曲林	矮林
elfin woodland（=elfin forest）	热带高山矮曲林,高山矮曲林	矮林
El Niño	厄尔尼诺	聖嬰,聖嬰現象,聖嬰流
El Niño and southern oscillation（ENSO）	恩索	聖嬰南方震盪
eluvial horizon	淋溶层	洗出層
eluvial layer（=eluvial horizon）	淋溶层	洗出層
eluviation	淋溶作用	洗出作用
eluvium	残积物	洗出物
emerged plant	挺水植物	挺水植物
emergence	羽化	羽化(昆蟲)
emergence trap	羽化诱器,羽化期捕捉器	羽化期捕捉器,突出型陷阱
emergency-only hypothesis	紧急学说	緊急假說
emergent evolution	突生进化	突生演化
emergent property	新质,新生特性	突現性質
emergy	能值	能值
emergy/$ ratio	能值/货币比率	能值/貨幣比
emersiherbosa	沼泽草本群落	沼澤草本群落
emersion zone	浸水带	浸水帶
Emery's rule	埃梅里原则	愛墨瑞定則
emigrant	迁出者	遷出者
emigration	迁出	遷出
empower	能值功率	能值功率
enclosure ecosystem	围隔生态系统	圈隔式生態系
endangered species	濒危种	瀕危[物]種
endemic density	特有性密度,地方性密度	特有性密度,地方性密度
endemic pest	特有有害生物	特有有害生物
endemic species	特有种	特有種,地方種,固有種
endemism	特有现象	特有性
endobenthos	内层底栖生物	底内底棲生物,内生底棲生物

英　文　名	大　陆　名	台　湾　名
endobiont	内栖生物,内生生物	底内生物,内生生物
endobiose	内生生物群集	底内生物群集,内生生物群集
endodynamic succession	内因动态演替	内動性消長,内動性演替
endodynamorphic soil	内动力土[壤]	内動力土[壤]
endoecism	寄栖互利共生	棲所共利共生
endogamy	同系交配	同系[近親]交配
endogenetic succession	内因[性]演替	内因演替
endogenous rhythm	内源节律	内生律動
endolithon	岩隙生物区系	岩隙生物相
endolithophyte(=chasmophyte)	石隙植物,岩隙植物	岩隙植物
endomycorrhiza(=endotrophic mycorrhiza)	内生菌根	内生菌根
endoparasite	内寄生物	内寄生物
endoparasitism	内寄生	内寄生
endophyte	内生植物	内生植物,内生菌
endopsammon	沙内生物	砂棲性動物
endosmosis	内渗	内滲透
endotherm	内温动物	内溫動物,恆溫動物
endothermy	内温性	内溫性
endotrophic mycorrhiza	内生菌根	内生菌根
endozoochore	动物体内散布	動物内散佈
energy budget	能量收支[表],能量预算	能量收支[表],能量预算
energy conservation	能量守恒	能量守恆
energy dissipation	能量耗散	能量耗散
energy drain	能量枯竭	能量枯竭
energy efficiency	能量效率	能量效率
energy flow	能量流动,能流	能量流通,能流
energy flow diagram	能量流程图	能量流程圖
energy flow food web	能流食物网	能量流食物網
energy flux(=energy flow)	能量流动,能流	能量流通,能流
energy pyramid(=pyramid of energy)	能量锥体,能量金字塔	能量[金字]塔
energy sink	能汇	能匯
energy subsidy	辅加能量,能量补助	能量補助
energy transfer	能量传递	能量傳遞
energy transformer	能量转化者,能量转换器	能量轉換者,能量轉換器

英　文　名	大　陆　名	台　湾　名
ENSO(=El Niño and southern oscillation)	恩索	聖嬰南方震盪
entoekie	体内共生	體內共生
entomophagy	食虫性	食蟲性
entropy	熵	熵,能趨疲
environmental biology	环境生物学	環境生物學
environmental capacity	环境容量	環境容量
environmental complex	环境综合体	環境複合體
environmental conservation	环境保护	環境保護,環境保育
environmental degradation	环境退化	環境退化
environmental engineering	环境工程	環境工程
environmental factor	环境因子	環境因子
environmental gradient	环境梯度	環境梯度
environmental heterogeneity hypothesis	环境异质性假说	環境異質性假說
environmental impact assessment(EIA)	环境影响评估	環境影響評估
environmental indicator	环境指标	環境指標
environmentalism	环境论	環境論
environmental performance index(EPI)	环境绩效指标	環境績效指標
environmental physiology	环境生理学	環境生理學
environmental preference	环境取向	環境取向
environmental quality	环境质量	環境質量,環境素質,環境品質
environmental quality standard	环境质量标准	環境素質標準,環境品質標準
environmental resistance	环境阻力	環境阻力
environmental selection	环境选择	環境淘汰,環境選擇
Eocene Epoch	始新世	始新世
eoclimax	古顶极,原始顶极	極峰相植物群落(第三紀始新世的)
eolian clastic rock	风成碎屑岩	風積碎屑岩
eolian deposit	①风成沉积 ②风积物	①風成沈積,風積作用 ②風積物,風蝕沈積物
eolian landform	风成地貌	風蝕地形
eosere	古演替系列	古代變遷植物相,古演替系列
EPC(=extra-pair copulation)	配偶外交配	配偶外交配
ephemeral plant	短命植物	短命植物
ephippium	卵鞍	卵鞍,蝶鞍

英　文　名	大　陆　名	台　湾　名
EPI(=environmental performance index)	环境绩效指标	環境績效指標
epibenthic organism	附表底栖生物	底上底棲生物,底表棲息生物群
epibenthic plankton	底表浮游生物	底表性浮游生物
epibenthos(=epibenthic organism)	附表底栖生物	底上底棲生物,底表棲息生物群
epibiont	附生生物,表生生物	附著[動物上的]生物,表生生物
epibiose	表生生物群集	表生生物群集
epibiotic endemic species	古老特有种	古老特有種
epibiotic endemism	古老特有性	古老特有性
epibiotic plant	古老植物	古老植物
epibiotics(=relict species)	孑遗种,残遗种	孑遺種,古老種
epibiotic species(=relict species)	孑遗种,残遗种	孑遺種,古老種
epidermal transpiration	表皮蒸腾	表皮蒸散
epifauna	底表动物,表生动物	底表動物,附著動物,表生動物相
epiflora	表生植物区系	底表植物,附著植物,表生植物相
epilimnile	湖上层	表水層
epilimnion(=epilimnile)	湖上层	表水層
epilithic organism	石面生物	岩石附生生物相,石面生物
epilithion(=epilithic organism)	石面生物	岩石附生生物相,石面生物
epimeletic behavior	育嗣行为	照顧行為
epineuston	水表上漂浮生物	表層漂浮生物
epiparasitism	重寄生	重複寄生,外表寄生
epipelagic zone	上层带,海面带,大洋表层带	表層洋帶
epiphyllous community	叶附生植物群落	葉[表]附生植物群落
epiphyta arboricosa	树上附生植物	樹木附生植物
epiphyte	附生植物	附生植物,附生藻類
epiphyte-quotient(EP-Q)	附生植物商数	附生植物商數
epiphytic algae	附生藻	附生藻
epiphytic periophyton	植物附生物	植物表面生物
epiphyton	附生植物群落	臨水面生物群
epiplankton	表层浮游生物	附生浮游生物,表層浮

英 文 名	大 陆 名	台 湾 名
		游生物
epipsammon	沙面生物	砂表性生物
epizoan	附着动物	附生動物
epizoite(=epibiont)	附生生物,表生生物	附著[動物上的]生物,表生生物
epizoochore	动物体外散布	靠動物散佈之繁殖體
epoekie	体表共生	體表共生
EP-Q(=epiphyte-quotient)	附生植物商数	附生植物商數
equilibrium density	平衡密度	平衡密度
equilibrium isoline	平衡等值线	平衡等值線
equilibrium theory	平衡理论	平衡理論
equivalent species	等值种,等位种	等位種,等值種
eremophyte	荒漠植物	沙漠植物
eremus	荒漠群落	沙漠群落
ergatogyne	无翅雌蚁	無翅雌蟻
ergonomy	功能分化	功能分化
erosion	侵蚀[作用]	侵蝕,腐蝕,沖刷,沖蝕
erosion cycle	侵蚀循环	侵蝕循環
errantia	游走动物	遊走動物
ERTS(=earth resources technology satellite)	地球资源[技术]卫星	地球資源衛星
eruptive evolution(=explosive evolution)	爆发式进化	爆發性演化,突發性演化
escape mechanism	逃避机制	逃避機能
ESS(=evolutionary stable strategy)	稳定进化对策	穩定演化策略
established population	建成种群	立足族群
establishment	定居	立足,定居
establishment mortality	定居期死亡率	立足期死亡率
estatifruticeta(=aestatifruticeta)	夏绿灌木群落	夏綠灌叢
estatilignosa(=deciduous broad-leaved forest)	落叶阔叶林,夏绿林	落葉闊葉林,夏綠林
estatisilvae(=aestatisilvae)	夏绿乔木群落	夏綠喬木林
estidurilignosa(=aestidurilignosa)	夏绿硬叶林,夏绿硬叶木本群落	夏綠硬葉林
estivation(=aestivation)	夏眠,夏蛰	夏眠,夏蟄
estuarine ecosystem	河口生态系统	河口生態系
estuarine plankton	河口浮游生物	河口浮游生物
estuary	河口[湾]	河口

英　文　名	大　陆　名	台　湾　名
ET(=①economic threshold ②evapotranspiration)	①经济阈值 ②蒸散	①經濟限界 ②蒸發散作用
Ethiopian region	热带区,埃塞俄比亚区	衣索匹亞區
ethnobotany	民族植物学	民族植物學
ethological isolation	行为隔离	行為隔離
ethology	行为学	[動物]行為學
etiolation	黄化	白化,黄化(植物)
eubenthos	真底栖生物	真底棲生物
eucaryote	真核生物	真核生物
eucaval animal	适洞动物	真洞棲動物
eueimnoplankton	湖水浮游生物	湖水浮游生物
eulittoral zone	真沿岸带	真沿岸帶
euphotic stratum(=photic zone)	透光带,真光带,透光层	透光帶,透光層
euphotic zone(=photic zone)	透光带,真光带,透光层	透光帶,透光層
euplankton	真浮游生物	真浮游生物
euryhaline	广盐性	廣鹽性
euryoxybiotic	广氧性	廣氧性
eurythermal	广温性	廣溫性[的]
eurythermal organism	广温性生物	廣溫性生物
euryvalent	广幅植物	廣適性植物
eusociality	真社会性	真社會制度,真社會性
eustatic movement	海平面变化	海水面運動
eutrophication	富营养化	優養化
eutrophy	富营养	營養豐富,營養佳良,富營養
evaporation	蒸发	蒸發,汽化,蒸發作用
evaporimeter	蒸发计	蒸發計
evapotranspiration(ET)	蒸散	蒸發散作用
evapotranspirometer	蒸发蒸腾计	蒸發散計
even-aged stand	同龄林分	同齡林分
evenness	均匀度	均匀度,均等性
everglade	沼泽地	丘陵沼澤,開闊沼澤地,輕度沼澤化低地,沼澤地(美國佛羅里達州的)
evergreen broadleaf forest	常绿阔叶林,照叶林	常綠闊葉林
evergreen community	常绿群落	常綠群落
evergreen coniferous forest	常绿针叶林	常綠針葉林

英　文　名	大　陆　名	台　湾　名
evergreen coniferous forest zone	常绿针叶林带	常綠針葉林帶
evergreen needle-leaved forest(＝evergreen coniferous forest)	常绿针叶林	常綠針葉林
evergreen seasonal forest	常绿季节林	常綠季節林
evolution	进化,演化	演化
evolutionary arms race	进化军备竞赛	進化軍備競賽
evolutionary biology	进化生物学	演化生物學
evolutionary ecology	进化生态学,演化生态学	演化生態學,進化生態學
evolutionary retardation	进化迟滞,进化延滞	演化遲滯現象
evolutionary reversion	进化逆行	演化逆行現象
evolutionary stable strategy(ESS)	稳定进化对策	穩定演化策略
evolutionary time	进化时间	演化時間
excess sludge(＝surplus sludge)	剩余污泥	剩餘汙泥
excess symptom	过量征候	過量徵候
exchangeable base	交换性盐基	可置換鹽基
exchangeable cation	交换性阳离子	可換置陽離子
exchange acidity	交换性酸度	置換酸度
exchange capacity	交换量	置換容量
exclosure	禁牧区,限外区	限外區
exclusiveness	确限度	獨佔度,[棲地]忠誠度,群落確限度
exclusive species	确限种	獨佔種
exclusive territory	独占领域	獨佔領域
excretion	排泄	排泄[作用]
exoadaptation	外源适应	外源適應
exocrine gland	外分泌腺	外分泌腺
exogamy	异系配合,异系交配	異系配合
exogenetic succession	外因[性]演替	外因動力演替
exosmosis	外渗	外滲透
exotic species(＝alien species)	外来种	外來種
expanding population	增长型种群	擴張族群
experimental ecology	实验生态学	實驗生態學
experimental error	试验误差	試驗機差
experimental population	试验种群	試驗族群
experimental vegetation	试验植被	試驗植被
exploitation competition	利用性竞争	利用性競爭
exploitation rate	利用比率	開發率

英　文　名	大　陆　名	台　湾　名
explosive evolution	爆发式进化	爆發性演化,突發性演化
exponential curve	指数曲线	指數曲線
exponential dispersal	指数扩散	指數性分散
exponential distribution	指数分布	指數性分布
exponential factor	指数因子	指數因子
exponential function	指数函数	指數函數
exponential growth	指数增长,马尔萨斯增长	指數型[族群]成長,馬爾薩斯成長
exponential law	指数律	指數律
ex situ bioremediation	异位生物修复	域外生物修復,移地生物修復
ex situ conservation	易地保护,异地保育	域外保育,移地保育
extensive pasture	粗放放牧地	粗放放牧地
external parasitism(=ectoparasitism)	外寄生	外寄生
extinction	灭绝	滅絕
extinction coefficient	消光系数	消光係數,吸光係數
extinction curve	灭绝曲线	絕滅曲線
extinction rate	灭绝率	滅絕率,遞減率
extrametabolite	外代谢产物	體外代謝產物
extra-pair copulation(EPC)	配偶外交配	配偶外交配
extrinsic cycle	外因周期	外發性週期
extrinsic factor	外因	外因
eye spot	眼斑	眼斑
eyrie	捕食性鸟类巢	捕食性鳥類之巢

F

英　文　名	大　陆　名	台　湾　名
FACE experiment(=free-air carbon dioxide enrichment experiment)	自由大气二氧化碳浓度增加实验	自由大氣二氧化碳濃度增加實驗
faciation	群相,变[植物]群丛	群相,亞植物群落區
facies	相	次亞植物群落區,外形
facies fossil	指相化石	示相化石
facilitation	促进作用	促進作用
facultative anaerobe(=facultative anaerobic bacteria)	兼性厌氧菌	兼性厭氧菌,兼性厭氧性細菌
facultative anaerobic bacteria	兼性厌氧菌	兼性厭氧菌,兼性厭氧

英　文　名	大　陆　名	台　湾　名
		性細菌
facultative factor	兼性因子	兼性因子,偶發因子
facultative mutualism	兼性互利共生,兼性互惠共生	兼性互利共生
fallout	落尘	落塵
fall overturn	秋季环流	秋季翻流
fallowing	休耕	休耕
false annual ring	假年轮	偽年輪
FAP(=fixed action pattern)	固定行为型	固定行為模式
farmyard manure	农家肥	堆肥
fatal high temperature(=lethal high temperature)	致死高温	致死高溫
fault	断层	斷層
fauna	①动物区系 ②动物志	①動物區系,動物相 ②動物誌
faunal barrier	动物区系屏障	動物阻礙,動物相屏障
faunal region(=zoogeographical region)	动物地理区	動物地理區
faunal succession	动物区系演替	動物區系演替
faunation	动物群	動物群
faunistic relation factor	动物区系相关因子	動物相相關因素
faunula	动物小区系	動物社區系
favorableness hypothesis	合适性假说	合適性假說
fecundity	①生殖力 ②产卵力	①生殖力 ②孕卵數
feedback	反馈	回饋
feedback loop	反馈环	回饋環
feedback mechanism	反馈机制	回饋機制
feeding behavior	摄食行为	攝食行為
feeding current	摄食水流	取食水流
feeding deterrent(=feeding suppressant)	取食抑制剂	抑食因子,抑食物質,阻食物
feeding ground	索饵场	索餌場
feeding habit	食性,摄食习性	食性,攝食習性
feeding incitant	取食诱发剂	促食因子,促食物質
feeding migration	索饵洄游	索餌洄游,覓食遷移
feeding niche	摄食生态位	取食生態席位,攝食生態位
feeding place	摄食地点	取食場所
feeding site	摄食部位	取食部位,取食地點

英　文　名	大　陆　名	台　湾　名
feeding stimulant	助食素,激食物质	激食因子,激食物質
feeding suppressant	取食抑制剂	抑食因子,抑食物質,阻食物
femtoplankton	超微微型浮游生物	超微微浮游生物
fen	矿质泥炭沼泽,碱沼	鹹沼,礦質泥炭沼澤
fen peat	低位沼泽泥炭	低位沼澤泥炭
feral plant	逸生植物	野化植物
feral population	野化种群,野生种群	野化族群
fertile meadow	肥沃草甸	肥沃草甸
fertility	生育力	生育力,肥力
fertility table	生育力表	生育力表
fertilization	①受精 ②施肥	①受精 ②施肥
fertilizer application(=fertilization)	施肥	施肥
fibrous root system	须根系	鬚根系
fidelity(=exclusiveness)	确限度	獨佔度,[棲地]忠誠度,群落確限度
field capacity	田间持水量	田間持水量
field experiment	田间试验	田間試驗
field layer	地面植被层	草本層,地面植被層
field moisture capacity(=field capacity)	田间持水量	田間持水量
field stratum(=field layer)	地面植被层	草本層,地面植被層
field water capacity(=field capacity)	田间持水量	田間持水量
filter feeder	滤食动物,悬食动物	濾食者,濾食生物,懸浮物攝食者
filter feeding	滤食	濾食
final host	终宿主	最終寄主
final phase	末期相	末期相
fine-grained environment	细粒环境	細粒環境
fine-grained landscape	细粒景观	細粒地景
finite rate of increase	有限增长率,周限增长率	有限增長率
finite rate of natural increase	有限自然增长率	有限自然增長率
fire climax	火烧顶极	火成極盛相,火燒極相
fire climax community	火烧顶极群落	火成極盛相群集
fire-enhancing grasses	火促草类	促火禾草類
fire-generated factor	火成因子	火成因子
fireplace fungus	嗜火性菌类	火燒地菌類
fire prevention tree	防火树	防火樹

英　文　名	大　陆　名	台　湾　名
fire-prone ecosystem	易火生态系统	易火生態系
fire regime	火使用制度,火状况	火災範式,火場範式
Fisher's logarithm series	费希尔对数级数	費雪對數級數
fishing effort	捕捞努力量	漁獲努力,漁獲努力量
fishing intensity	捕捞强度	漁獲強度
fish length-frequency composition	鱼类体长组成	魚類體長組成
fitness	适合度	適合度,適應性
fixation index	固定指数	固定指數(遺傳距離)
fixed action pattern(FAP)	固定行为型	固定行為模式
fjeld	冰蚀高原	冰蝕高原
fledgling	离巢幼鸟	離巢雛鳥
floating-leaved plant	浮叶植物	浮葉植物
floating-leaved plant formation	浮叶植物群系	浮葉植物群系
floating-leaved vegetation	浮叶植被	浮葉植被
floating meadow	漂浮草甸	漂浮草甸
floating plant	漂浮植物	漂浮植物,浮葉植物
floating plant community	漂浮植物群落	漂浮性植物群落
flood irrigation	淹水灌溉	淹水灌溉
flood plain	泛滥平原	洪泛平原
flood wetland	洪涝湿地	洪泛濕地
flora	①植物区系 ②植物志	①植物相,植物區系　②植物誌
floral element(=floristic element)	植物区系成分	植物區系成分
floral kingdom	植物区	植物區
floral region(=floral kingdom)	植物区	植物區
floristic area(=floral kingdom)	植物区	植物區
floristic composition	植物区系组成	植物相組成
floristic division	植物区系区划	植物區系區劃
floristic element	植物区系成分	植物區系成分
floristic plant geography	植物区系地理学	區系植物地理學
flux	通量	通量
fly ash	飞灰	飛灰
flyway	迁飞路线	遷飛路線
F/M ratio(=food-to-microorganism ratio)	食料微生物比	食微比(環工)
fodder crop(=forage crop)	饲料作物	飼料作物
fog drip	雾雨,树雨	樹雨,霧滴
foliage density(=leaf area density)	叶面积密度	葉面積密度

英　文　名	大　陆　名	台　湾　名
foliage height	叶面高度	枝葉層高度
foliar absorption	叶面吸收	葉面吸收
foliar bud	叶芽	葉芽
food attractant	食物引诱物	食物誘引劑
food availability hypothesis	食物可利用性假说	食物可利用性假說
food chain	食物链	食物鏈
food chain efficiency	食物链效率	食物鏈效率
food consumption	食物消费量	攝食量
food conversion efficiency	食物转化效率	食物轉換效率
food cycle	食物环	食物環
food habit(=feeding habit)	食性,摄食习性	食性,攝食習性
food intake	进食量,摄食量	進食[量]
food link	食物环节	食物環節
food niche(=feeding niche)	摄食生态位	取食生態席位,攝食生態位
food plant	食用植物	食用植物
food relationship	食物关系	攝食關係
food-seeking behavior(=foraging behavior)	觅食行为	覓食行為
food selection	食物选择	食物選擇
food-to-microorganism ratio(F/M ratio)	食料微生物比	食微比(環工)
food web	食物网	食物網
forage	饲草	糧草,飼草
forage crop	饲料作物	飼料作物
forage factor	饲草系数	糧草係數
foraging	觅食	覓食
foraging behavior	觅食行为	覓食行為
foraminiferan ooze	有孔虫软泥	有孔蟲軟泥
forb steppe	杂草干草原	雜草幹草原
foredune community	水边低沙丘群落	岸前沙丘群落
foreshore	前滨	前濱(潮間帶)
forest canopy(=canopy)	林冠[层],冠层	林冠,冠層
forest ecology	森林生态学	森林生態學
forest ecosystem	森林生态系统	森林生態系
forest edge(=forest margin)	林缘	林緣
forest fertilization	林地施肥	林地施肥作業
forest fire	林火	林火

英　文　名	大　陆　名	台　湾　名
forest floor	林地表层	地表有機層,枯枝落葉層,林床
forest grazing	林内放牧	林內放牧
forest indicator	森林指示植物	森林指標植物
forest influence	森林影响	森林影響
forest limit	森林界限	森林限界
forest margin	林缘	林緣
forest meteorology	森林气象学	森林氣象學
forest recreation	森林游憩	森林遊樂
forest road	林道	林道
forestry	林业	林業
forest site type	森林立地型	森林立地型
forest stand(=stand)	林分	林分
forest type	林型	林型
forest zone	森林带	森林帶
formation	群系	群系
form-function relationship	形态-功能关系	形態-功能關係
fossil biocoenosis	化石生物群落	化石群聚
fossil fuel	化石燃料	化石燃料
fossilization	化石化作用	化石化作用
fossil species	化石种	化石種
fouling community	污着群落	汙損生物群落
fouling organism	污着生物	汙損生物,附著生物
founder effect	奠基者效应,建立者效应	創始者效應,奠基者效應
founder event	奠基者事件	奠基者事件
founder population	奠基者种群,建立者种群	奠基者族群
founder principle	建立者原则	奠基者原理
fractal	分形	碎形,分形,殘形
fractal dimension	分数维	碎形維度
fragmentation index	破碎化指数	破碎化指數
free-air carbon dioxide enrichment experiment(FACE experiment)	自由大气二氧化碳浓度增加实验	自由大氣二氧化碳濃度增加實驗
free floating hydrophyte community	自由飘浮水生植物群落	流藻群落,自由飄浮水生植物群落
free floating water plant	自由飘浮水生植物	自由漂浮水生植物
free-running rhythm	自运节律	自運節律

英　文　名	大　陆　名	台　湾　名
freezing injury	冻害	凍害,凍傷,霜害
freezing resistance	抗冻性	抗凍性
freezing-sensitive plant	冻敏感植物	凍敏感植物
freezing tolerance	耐冻性	耐凍性
freezing-tolerant plant	耐冻植物	耐凍植物
frequence(=frequency)	频度	頻率,頻度
frequency	频度	頻率,頻度
frequency dependent	频率制约	頻率依存
frequency-dependent selection	频率依赖选择	頻率依存[型]天擇
frequency distribution	频率分布	頻率分布
frequency law	频度定律	頻率[定]律
frequency percentage	频率百分比	頻率百分比
frequency spectrum	频谱	頻率圖譜
frequency table	频率表	頻率表
freshwater ecology	淡水生态学	淡水生態學
freshwater ecosystem	淡水生态系统	淡水生態系
fresh weight	鲜重	鮮重
friendly behavior	友善行为	友善行為
frigid zone	寒带	寒帶
frigorideserta	寒荒漠群落	寒漠群落
fringe area(=distribution)	分布边缘区	分布周緣地域,分布邊緣地域
fringe population	边缘种群	邊緣族群
fringe wetland	水边湿地	邊緣濕地
fringing forest	边缘林	邊緣林
fringing reef	岸礁	裙礁,緣礁
frost damage(=freezing injury)	冻害	凍害,凍傷,霜害
frost erosion	冻蚀,霜蚀	霜蝕
frost hardiness(=cold hardiness)	耐寒性	耐寒性
frost heaving	冻拔	霜拔
frost injury	霜害	霜害
frostless belt	无霜带	無霜帶
frostless season	无霜季	無霜期
frost line	霜线	霜線
frost resistance	抗霜性	抗霜性,抗寒性
frugivorous	食果性	果食性
frugivorous animal	食果动物	果食性動物
frutescence(=shrub)	灌木	灌木

英　文　名	大　陆　名	台　湾　名
fruticose lichen	枝状地衣	枝狀地衣
fry	鱼苗	魚苗
fugitive coexistence	逃命共存	逃命共存
fugitive species(=opportunist species)	机会种	機會種,避難種
functional convergence hypothesis	功能收敛假说	功能收斂假說
functional food web	功能食物网	功能性食物網
functional group	功能群	功能群,同功群
functional niche	功能生态位	功能生態位
functional response	功能反应	機能反應,功能反應
fundamental niche	基础生态位	基本生態位
fungicide	杀菌剂	殺真菌劑
fungivore	食菌性	菌食性

G

英　文　名	大　陆　名	台　湾　名
Gaia hypothesis	盖娅假说	蓋婭假說
game animal	狩猎动物	狩獵動物,狩獵用鳥獸
game management	狩猎管理,狩猎经营	狩獵管理,狩獵經營
game pasture	狩猎牧场,供猎牧场	狩獵牧場,供獵牧場
gamete	配子	配子
game theory	博弈论,对策论	博弈理論,賽局理論
gamma diversity	γ 多样性	γ-多樣性
gamma richness	γ 丰富度	γ-豐富度
gamodeme	交配同类群	交配亞族群
gamogenetic egg(=winter egg)	冬卵	冬卵
GAP analysis(=geographical approach process analysis)	空隙分析	GAP 分析,地理取向過程分析
gap model	林窗模型	間隙模型,間隙模式
garigue	加里格群落	加里格灌叢
garrigue(=garigue)	加里格群落	加里格灌叢
gaseous type cycle	气态物循环,气体型循环	氣態型循環
gas permeability(=air permeability)	透气性	透氣性
Gause's hypothesis	高斯假说	高斯假說
Gause's rule	高斯法则	高斯法則
GBIF(=Global Biodiversity Information Facility)	全球生物多样性信息机构	全球生物多樣性資訊機構

英　文　名	大　陆　名	台　湾　名
GCM(=general circulation model)	大气环流模型	大氣環流模型,大氣環流模式
gene	基因	基因
genecology(=genetic ecology)	遗传生态学,基因生态学	基因生態學,遺傳生態學
gene dispersal	基因扩散	基因擴散
gene diversity index	基因多样性指数	基因多樣性指數
gene drift	基因漂变	基因漂變
gene flow	基因流	基因流,基因流動
gene frequency	基因频率	基因頻率
gene pool	基因库	基因池
general circulation model(GCM)	大气环流模型	大氣環流模型,大氣環流模式
generalist	泛化种,广幅种	廣適者
generation	世代	世代
generation time	世代时间	世代時間
genet	基株	基株
genetically modified organism(GMO)	遗传修饰生物体	基改生物
genetic code	遗传密码	遺傳密碼,基因密碼
genetic control	遗传防治	遺傳控制
genetic differentiation coefficient	遗传分化系数	遺傳分化係數
genetic dimorphism	遗传二态性	遺傳雙型
genetic distance	遗传距离	遺傳距離
genetic diversity	遗传多样性,基因多样性	遺傳多樣性,基因多樣性
genetic diversity index	遗传多样性指数	遺傳多樣性指數
genetic drift	遗传漂变	基因漂變,遺傳漂變
genetic ecology	遗传生态学,基因生态学	基因生態學,遺傳生態學
genetic erosion	遗传冲刷,遗传侵蚀	遺傳侵蝕
genetic feedback mechanism	遗传反馈机制	遺傳回饋機制
genetic homoeostasis	遗传稳态	遺傳恆定
genetic identity	遗传一致度	遺傳身份
genetic load	遗传负荷	遺傳負載
genetic marker	遗传标记	遺傳標記
genetic mosaic	遗传镶嵌	遺傳鑲嵌
genetic polymorphism	遗传多态性	遺傳多態型
genetic predisposition	遗传预先倾向性	遺傳預先[設]傾向性

英　文　名	大　陆　名	台　湾　名
genetic structure	遗传结构	遺傳結構
genetic swamping	遗传湮没	遺傳淹沒
genetic transmission	遗传传递	遺傳傳遞
genetic variation	遗传变异	遺傳變異
genodeme	遗传同类群	遺傳亞族群,基因亞族群
genoecodeme	基因生态同类群	基因生態同類群
genotoxicity	生殖毒性,遗传毒性	遺傳毒性
genotype	基因型	基因型
genotypic adaptation	基因型适应	基因型適應
geobiont	土壤生物	土壤生物
geobotanical zone	地植物学带	地植物學帶
geobotany	植物群落学,地植物学	地植物學
geochemical cycle	地球化学循环	地球化學循環
geochronology	地质年代学	地質年代學
geoecotype	地理生态型	地理生態型
geographical approach process analysis（GAP analysis）	空隙分析	GAP 分析,地理取向過程分析
geographical distribution	地理分布	地理分布
geographical variant of association	群丛地理变异	群叢地理變異
geographical variation	地理变异	地理性變異
geographic area	地理区域	地理區域
geographic ecology	地理生态学	地理生態學
geographic information system（GIS）	地理信息系统	地理資訊系統
geographic isolation	地理隔离	地理隔離
geographic race	地理宗	地理[種]族
geographic range	地理分布区	地理分布範圍
geographic succession	地理演替	地理性演替,地理性消長
geological cycle	地质循环	地質循環
geological process	地质过程	地質過程
geological succession	地质性演替	岩層演育(地質學),地質演替(達爾文)
geometric distribution	几何分布	幾何分布
geometric growth	几何级数增长	幾何級數增長
geometric mean	几何平均	幾何平均
geometric population growth	几何种群增长	幾何型族群增長,幾何族群成長

英　文　名	大　陆　名	台　湾　名
geometric rate of increase	几何增长率	幾何增加率,幾何增長率
geopark	地质公园	地質公園
geophyta bulbosa	鳞茎地下芽植物	鱗莖地下芽植物
geophyta rhyzomatosa	根茎地下芽植物	根莖地下芽植物
geophyte(=cryptophyte)	隐芽植物,地下芽植物	隱芽植物,地下芽植物
germination	萌发,发芽	萌芽,萌發,發芽
GHG(=greenhouse gas)	温室气体	溫室氣體
girdling	环割	環剝
GIS(=geographic information system)	地理信息系统	地理資訊系統
glacial deposit	冰川沉积物	冰磧物
glacial erosion	冰蚀作用	冰河侵蝕
glacial flora	冰川植物区系	冰河植物相
glacial lake	冰川湖	冰蝕湖
glacial landform	冰川地貌	冰河地貌
glacial period	冰期	冰期
glacial relic flora	冰期孑遗植物区系	冰期孑遗植物相
glaciation	冰川作用	冰河作用
glacier	冰川	冰河
glaze	雨凇	雨凇
gleization	潜育作用	灰黏化作用,潛育作用
Global Biodiversity Information Facility (GBIF)	全球生物多样性信息机构	全球生物多樣性資訊機構
global ecology	全球生态学	全球生態學
global positioning system(GPS)	全球定位系统	全球定位系統
global stability	全域稳定性	全球穩定性
global warming	全球变暖	全球暖化
Gloger's rule	格洛格尔律	格婁傑定則,哥勞傑規則
GMO(=genetically modified organism)	遗传修饰生物体	基改生物
Gompertz curve	冈珀茨曲线	岡波茨曲線
gonad	生殖腺	生殖腺
gonadosomatic index(GSI)	生殖腺指数	性腺體重指數,生殖腺指標
Gondwana	冈瓦纳古[大]陆	岡瓦納古陸
GPP(=gross primary production)	总初级生产量,总第一性生产量	總初級生產量,總基礎生產量
GPS(=global positioning system)	全球定位系统	全球定位系統

英 文 名	大 陆 名	台 湾 名
gradient	梯度	梯度
gradient analysis	梯度分析	梯度分析
grain	粒度	粒度,顆粒,粒
graminivorous	食禾草性	食禾草性
grandlure	棉象甲性诱剂	棉象甲性誘劑
granivore	食谷动物	食種子動物
grass fen	湿草原	濕草原,非酸沼,蘆葦沼
grass heath	干草原	乾草原
grassland	①草地 ②草原	①草地 ②草原,矮莖乾草原
grassland climate	草原气候	草原氣候
grassland ecology	草地生态学	草原生態學
grassland ecosystem	草原生态系统	草原生態系
grassland improvement	草原改良	草原改良
grassland indicator	草原指示植物	草原指標植物
grassland management	草原管理	草原管理,草原經營
grasslike plant	似禾草植物	似禾草植物
grass moor	禾草沼泽	禾草沼
grass savanna	禾草稀树草原	疏林草原,禾草草原
grass tundra	禾草冻原	禾草凍原
gravel	砾石	礫石
gravitational water	重力水	重力水
gravity dam	重力坝	重力壩
gray-brown podzolic soil	灰棕色灰化土	灰棕[灰]壤
grazing	食草	啃食,刮食(海洋),放牧
grazing animal(=herbivore)	食草动物	草食動物,草食者,植食者
grazing capacity	放牧容量	牧養量,啃養量
grazing ecology	放牧生态学	放牧生態學(畜牧學)
grazing facilitation	放牧促进	啃食促進
grazing food chain	牧食食物链	刮食食物鏈,啃食食物鏈
grazing forest	放牧林	放牧林(畜牧學)
grazing height	摄食高度	啃食高度
grazing herbivore	放牧食草动物	啃食性草食動物
grazing indicator	放牧地指示生物	放牧地指標生物
grazing preference	草食偏好性	啃食偏好性

英 文 名	大 陆 名	台 湾 名
grazing rate	摄食率	啃食率
grazing system	放牧系统	啃食系统,放牧系统（畜牧學）
great ice age	大冰河期	大冰河期
green beard effect	绿胡须效应	綠鬍鬚效應
green chemical industry	绿色化工	綠色化工產業
green civilization	绿色文明	綠色文明
green energy	绿色能源	綠色能源
green fodder	青饲料	青秣料
green food	绿色食品	綠色食品
green GDP(=green gross domestic product)	绿色国内生产总值,绿色 GDP	綠色國內生產毛額,綠色 GDP
green gross domestic product(green GDP)	绿色国内生产总值,绿色 GDP	綠色國內生產毛額,綠色 GDP
greenhouse ecosystem	温室生态系统	溫室生態系
greenhouse effect	温室效应	溫室效應
greenhouse gas(GHG)	温室气体	溫室氣體
Greenland ice core	格陵兰冰芯	格陵蘭冰芯
green manure	绿肥	綠肥
green manure crop	绿肥作物	綠肥作物
green revolution	绿色革命	綠色革命
gregaria phase	群居相	群居相
gregarious parasitism	群居寄生	群聚寄生,社會寄生
grid cell	栅格像元	網格單元,網格單位
grid sampling	方格取样	圖點取樣,方格取樣
grid system	网格系统	網格[圖]系統
grooming(=preening)	梳理	梳理,自我梳理
gross photosynthesis	总光合作用	總光合作用
gross primary production(GPP)	总初级生产量,总第一性生产量	總初級生產量,總基礎生產量
gross primary productivity	总初级生产力,总第一性生产力	總初級生產力,總基礎生產力
gross production	总生产量	總生產量
gross production efficiency(=efficiency of gross production)	总生产效率	總生產效率
gross production rate	总产率	總生產率
gross reproductive rate	总生殖率	總生殖率
gross secondary production	总次级生产量,总第二	總次級生產量

英　文　名	大　陆　名	台　湾　名
	性生产量	
ground cover	地被物	地被植物
ground state	基[础]态	基態
ground vegetation	地表植被,活地被物层	地表植被
ground water	地下水	地下水
ground water podzol soil	潜水灰壤	潛水灰壤
ground water pollution	地下水污染	地下水汙染
ground water runoff	地下水径流	地下逕流
ground water table	地下水位	地下水位
group defense	集体防御,结群防卫	集體防禦
group hunting	群体狩猎	團體狩獵
group recruitment	群体征召	群體補充
group selection	群[体]选择	群擇,群體選擇
growing period(=growth period)	生长期	生長期
growing season	生长季	生長季
growth analysis	生长分析	生長分析
growth chamber	人工生长箱	人工生長箱
growth curve	生长曲线	生長曲線,成長曲線
growth efficiency	生长效率	生長效率
growth factor	生长因子	生長因子
growth form	生长型	生長型
growth habit	生长习性	生長習性
growth period	生长期	生長期
growth rate	生长率	生長率,成長率
growth ring	生长轮	生長輪,年輪
GSI(=gonadosomatic index)	生殖腺指数	性腺體重指數,生殖腺 指標
guano	鸟粪	鳥糞
guild	同资源种团	同功群
gully erosion	切沟侵蚀	溝蝕
guttation	吐水[现象]	泌溢[現象]
gyre	流涡	環流,渦流,大洋環流
gyttja	腐殖泥	骸泥

H

英　文　名	大　陆　名	台　湾　名
habit	习性	習性
habitat	栖息地,生境	棲地
habitat diversity	栖息地多样性,生境多样性	棲地多樣性,生境多樣性
habitat fragmentation	生境破碎	棲地碎裂
habitat island	栖息地岛屿,生境岛屿	孤立棲地,棲地島
habitat isolation	栖息地隔离,生境隔离	棲地隔離
habitat matrix	栖息地基质	棲地基質,棲地基底
habitat niche	生境生态位	棲地生態[區]位
habitat patch	栖息地斑块	棲地嵌塊,棲地區塊
habitat preference	生境偏爱,生境适应性	棲地偏好
habitat segregation	生境分离	棲地分離
habitat selection	栖息地选择,生境选择	棲地選擇
habitat suitability index(HSI)	生境适宜度指数	棲地適宜性指數
habituation	习惯化	習慣化
hadal fauna	超深渊动物区系	超深淵動物相
hadal zone	超深渊带	超深淵區
hadopelagic zone	超深渊水层带	超深淵水層帶
half-desert	半沙漠	半沙漠
half-shrub	半灌木	半灌木
haloarchaea	嗜盐细菌	嗜鹽細菌,鹽生性細菌
halobacteria(=haloarchaea)	嗜盐细菌	嗜鹽細菌,鹽生性細菌
halobiont(=halobios)	盐生生物	鹽生生物
halobios	盐生生物	鹽生生物
halocline layer	盐跃层,盐变层	鹽躍層
haloplankton	盐水浮游生物	鹹水浮游生物,鹽水浮游生物
halosere	盐生演替系列	鹽生演替系列,鹽生消長系列
Hamilton's rule	汉密尔顿法则	漢彌頓[氏]法則
hammock forest	内陆常绿阔叶林,硬木森林	哈莫克林,中生森林(北美东南部)
handicap principle	缺陷原则	缺陷原則

英　文　名	大　陆　名	台　湾　名
handling time	处理时间	處理時間
haplodiploidy	单倍二倍性	單倍兩倍性
haploid	单倍体	單倍體
haplotype	单倍型	單倍型
hard-cushion formation	硬垫群系	硬墊群系
hardening	锻炼	[抗性]鍛鍊
hardness	硬度	硬度,剛度,硬性
hard release	硬释放	硬釋放,硬式野放
hard water	硬水	硬水
hardwood	阔叶材	硬木
hardwood forest(=broadleaf forest)	阔叶林	闊葉林,硬木林
Hardy-Weinberg's equilibrium model	哈迪–温伯格平衡模型	哈溫平衡模式
Hardy-Weinberg's law	哈迪–温伯格定律	哈溫定律
Hardy-Weinberg's principle	哈迪–温伯格原则	哈溫原則
harem	眷群,妻妾群	妻妾群
harmonic analysis	谐波分析	調和分析
harmonic biota	调和型生物区系	調和型生物相
harmonic lake type	调和湖泊型	調和湖沼型
harvest method	收获法	收穫法,收割法
Hawk-Dove-Bourgeois model	鹰–鸽–应变者模型	鷹–鴿–應變者模式
Hawk-Dove model	鹰–鸽模型	鷹–鴿模式
Hawk-Dove-Retaliator model	鹰–鸽–反击者模型	鷹–鴿–反擊者模式
heat balance	热[量]平衡	熱平衡
heat budget	热量收支	熱收支
heat flux	热流	熱通量
heat island	热岛	熱島
heat pollution(=thermal pollution)	热污染	熱汙染
heat resistance	抗热性	抗熱性
heat sink	热汇	熱匯
heat source	热源	熱源
heat tolerance	耐热性	耐熱性
hedgerow	树篱	樹籬
height curve	树高曲线	樹高曲線
hekistoplankton	寒带浮游生物	寒帶浮游生物
hekistotherm	适寒植物	適寒植物
heliophyte	阳生植物	陽性植物,陽生植物
heliotropism	向日性	向日性
helper	帮手	幫手

英 文 名	大 陆 名	台 湾 名
hemicryptophyte	地面芽植物	半地下植物,地面芽植物
hemi-endobenthos	半内底生生物	半内底生生物
hemi-epiphyte	半附生植物	半附生植物
hemimetabola	半变态类	半變態(昆蟲)
hemiplankton	半浮游生物	半浮游生物
hemisaprophyte	半腐生植物	半腐生植物
herb	草本	草本
herbaceous vegetation	草本植被	草本植被
herbivore	食草动物	草食動物,草食者,植食者
herb layer	草本层	草本層
heritability	遗传率,遗传力	遺傳力,可遺傳性
hermaphrodite	①雌雄同体 ②雌雄同株	①雌雄同體 ②雌雄同株
hermatypic coral	造礁珊瑚	造礁珊瑚
hermatypic organism	造礁生物	造礁生物
heterodynamic development	异动态发育	異相動態發育
heterogeneity	异质性	異質性
heterogeneity index	异质性指数	異質性指數
heteroplanobios	河流漂浮生物	河流漂浮生物
heterosis(=hybrid vigor)	杂种优势	雜交優勢,雜種優勢
heterotroph	异养生物	異營性生物
heterotrophic lake	异养型湖泊	異營型湖泊
heterotrophic stratum	异养层	異養層,異營層
heterotrophic succession	异养演替	異養演替,異營性消長,異營性演替
heterozygosis	杂合现象	雜合現象
heterozygosity	杂合度	雜合性,異質接合性
heterozygote superiority	杂合优势	雜合優勢
heterozygous advantage(=heterozygote superiority)	杂合优势	雜合優勢
heterozygous genotype	杂合基因型	雜合基因型
hexalure	己诱剂,海克诱剂	己誘劑,海克誘劑
hibernaculum	越冬场所	越冬棲所
hibernal annual plant	越冬一年生植物	越冬性一年生植物
hibernation	冬眠	冬眠
hidicolocity(=nidicolocity)	留巢性	留巢性
hiemefruticeta	雨绿灌木群落	雨綠灌木林

英　文　名	大　陆　名	台　湾　名
hiemelignosa	雨绿木本群落	季風林叢
hierarchical organization	等级组织	層系[級]組織
hierarchical system	等级系统,层级系统	層系[級]系統
hierarchy	序位	層系[級],位階
highgrass savanna	热带高草草原,高草稀树草原	熱帶高草草原,高草稀樹草原
high-level radioactive waste	高放射性废物	高放射性廢物
high-moor	高位沼泽	高位沼,高塹沼澤
high-moor soil	高位沼泽土	高位沼土
high tidal mark	高潮线	高潮線,滿潮線
high veld(=chapadas)	高地草原	查帕達高原(巴西南部的),高地草原(南非的)
high water line(=high tidal mark)	高潮线	高潮線,滿潮線
hill belt	丘陵地带,山麓地带	丘陵地帶
historical plant geography	历史植物地理学	歷史植物地理學
hoarding	储藏	储藏,储食
holarctic floral kingdom	泛北极植物界	全北極區植物系界
Holarctic Realm	全北界	全北極區
holdfast	固着器,附着器	固著器,附著根
Holdridge's life zone	霍尔德里奇生命地带	霍爾德里奇生命地帶
holistic concept	整体概念	整體概念
holistic management	整体管理	整體管理
holistic model	整体性模型	整體性模型
Holling's disc equation	霍林圆盘方程	霍林圓盤方程式
hollow	高位沼泽盆地	高地濕原盆地
Holocene Epoch	全新世	全新世
holometabola	全变态类	完全變態類
holomietic lake	全循环湖	全循環湖
holoparasite	全寄生物	全寄生物
holopelagic plankton	终生浮游生物,永久性浮游生物	全浮游生物,終生浮游生物
holoplankton(=holopelagic plankton)	终生浮游生物,永久性浮游生物	全浮游生物,終生浮游生物
homeostasis	稳态	[體內]恆定,恆定狀態,穩態
homeotherm	恒温动物	恆溫動物
homeothermal animal(=homeotherm)	恒温动物	恆溫動物

英　文　名	大　陆　名	台　湾　名
homeothermia	恒温性	恆溫性
homeothermy（＝homeothermia）	恒温性	恆溫性
home range	巢域,活动范围	活動範圍
home stream theory	家河理论,双亲河理论	家河理論,親河理論
homing	归巢	歸航,歸巢
homogamy	同配生殖	同型配子結合
homogeneity	同质性	均質性,同質性
homoiohydric plant	恒水性植物	恆水性植物
homoiosmotic animal	恒渗透压动物	恆滲透壓動物
homoiotherm（＝homeotherm）	恒温动物	恆溫動物
homoiothermy（＝homeothermia）	恒温性	恆溫性
homologous character	同源性状	同源性狀
homology	同源性	同源性
homoplasy	同塑性	同塑性
homosexual competition	性内竞争	同性競爭
homosexual copulation	性内交配	同性交配
homozygosity	纯合度	純合性,同質接合性
Hopf's bifurcation	霍普夫分岔,霍普夫分支	霍普夫分岔
Hopkins' bioclimatic law	霍普金斯生物气候律	霍浦金生物氣候律
Hopkins' coefficient of aggregation	霍普金斯分布集中度系数	霍浦金分布集中度係數
Hopkins' host selection principle	霍普金斯寄主选择原理	霍浦金寄主選擇原理
horizontal distribution	水平分布	水平分布
horizontal gene transfer	水平基因转移	水平基因傳遞
horizontal life table	水平生命表	水平生命表
Hosokawa's line	细川线	細川氏線
host	①寄主 ②宿主	①寄主 ②宿主
hostility	敌对行为	敵對作用,敵意
host-parasite interaction	寄主–寄生物相互作用	寄主–寄生物交互作用
host plant	寄主植物	寄主植物
host selection	寄主选择性	寄主選擇
host specificity	寄主专一性	寄主專一性
host suitability	寄主适合性	寄主適合性
hot spot	热点	熱點
hot spring	热泉	熱泉
HSI（＝habitat suitability index）	生境适宜度指数	棲地適宜性指數
human disturbance	人为干扰	人為干擾

英　文　名	大　陆　名	台　湾　名
human ecology	人类生态学	人類生態學
humic acid	腐殖酸	腐植酸,腐植質酸
humic gley soil	腐殖质灰黏土	腐植質灰黏土
humic substance(=humus)	腐殖质	腐植質
humidity	湿度	濕度
humification	腐殖化作用	腐植化作用
humivore	腐殖质分解者	腐植食者,腐植質分解者
humus	腐殖质	腐植質
humus horizon	腐殖质层	腐植質層
humus lake	腐殖质湖	腐植質湖
humus layer(=humus horizon)	腐殖质层	腐植質層
hurricane	飓风	颶風
hybrid	杂种	雜合體,雜種
hybrid breakdown	杂种衰败	雜種衰敗
hybrid depression	杂交衰退	雜種衰退
hybridization	杂交	雜交,雜合
hybrid swarm	杂种群	雜種群[集]
hybrid vigor	杂种优势	雜交優勢,雜種優勢
hybrid zone	杂种带	雜種帶,雜交地帶
hydrarch succession	水生演替	水生演替
hydroarch sere	水生演替系列	水生演替系列,水生消長系列
hydroarch succession(=hydrarch succession)	水生演替	水生演替
hydrobiology	水生生物学	水生生物學
hydrobiont	水生生物	水生生物
hydrobios(=hydrobiont)	水生生物	水生生物
hydrochore	水布植物	水媒植物
hydrocole	水生动物	水生動物
hydrologic cycle	水循环	水文循環
hydrolysis	水解[作用]	水解[作用]
hydrophyte	水生植物	水生植物
hydroponics	水培	水耕[法]
hydrosere(=hydroarch sere)	水生演替系列	水生演替系列,水生消長系列
hydrosphere	水圈	水圈
hydrotaxis	趋水性	趨水性

英　文　名	大　陆　名	台　湾　名
hydrothermal vent	海底热泉	海底熱泉
hydrothermal vent ecosystem	海底热泉生态系统	海底熱泉生態系
hydrotherm figure(=temperature-moisture graph)	温湿图	溫度雨量圖,溫濕圖
hydrotropism	向水性	趨水性,向水性
hygrograph	湿度计	濕度計
hygrometer	湿度表	濕度計
hygrophorbium	低地沼泽群落	低沼濕原
hygrophyte	湿生植物	濕生植物
hygroscopic coefficient	吸湿系数	吸濕係數
hyperdispersion(=aggregated distribution)	聚集分布	聚集分布,群聚分布,叢聚分布,超分布
hyperhaline water(=ultrahaline water)	超盐水,高盐水	超鹽水,高鹽水
hypermetamorphosis	复变态	複變態
hyperparasite	超寄生物,重寄生物	重覆寄生者,重寄生物
hyperparasitism(=epiparasitism)	重寄生	重複寄生,外表寄生
hyperspace	多维空间,超空间	多維空間
hyperthermia	体温过高,过热	體溫過高,過熱
hypertrophic lake	超富营养湖	超優養湖
hypolimnion	湖下层	深水層,底水層
hyponeuston(=infraneuston)	水表下漂浮生物	水表下漂浮生物,水表下生物
hypoplankton	下层浮游生物,底层浮游生物	下層浮游生物
hyporheic zone	河底生物带	低流區,低流帶
hypothermia	低体温	溫度過低,失溫
hypothesis	假说	假說
hysteresis	滞后性	滯後性
hythergraph(=temperature-moisture graph)	温湿图	溫度雨量圖,溫濕圖

I

英　文　名	大　陆　名	台　湾　名
IBI(=index of biological integrity)	生物整体性指数,生物完整性指数	生物整合性指數
IBP(=International Biological Programme)	国际生物学计划	國際生物學計畫
ice cap	冰帽	冰帽
ice core	冰芯	冰芯

英　文　名	大　陆　名	台　湾　名
ice field	冰原	冰原
ichnofossil	遗迹化石	生痕化石,足跡化石
ichthyovorous animal	食鱼动物	食魚動物
ideal free distribution	理想自由分布	理想自由分布
idiosyncratic response hypothesis	特异反应假说	特異反應假說
IGBP(=International Geosphere-Bio-sphere Programme)	国际地圈–生物圈计划	國際地圈–生物圈計畫
IHD(=International Hydrologic Decade)	国际水文发展十年计划	國際水文發展十年計畫
IHDP(=International Human Dimension Programme on Global Environmental Change)	全球环境变化的人文因素计划,HDP 计划	全球變遷人文面向科學計畫
illumination	照度	照度
ILTER(= International Long-Term Ecological Research)	国际长期生态研究	國際長期生態研究
ilyotrophe	食泥者	泥食者
IMA(= industrial metabolism assessment)	产业代谢评估	產業代謝評估,工業代謝評估
imago(=adult)	成虫	成蟲
immature stage	幼龄期,未成熟期	幼齡期,未成熟期
immersed aquatic plant(=submerged hy-drophyte)	沉水植物	沈水植物
immigrant	迁入者	遷入者
immigration	迁入	遷入
imprinting	印记,印痕	印痕,銘印
imprisoned lake	堰塞湖	堰塞湖
inbreed(=inbreeding)	近交	近親繁殖,近親交配
inbreeding	近交	近親繁殖,近親交配
inbreeding depression	近交衰退	近交衰退
inbreeding species	近交种	近親交配種
incidental species(=occasional species)	偶见种	偶見種
incipient species	端始种,雏形种	起始種
inclusive fitness	广义适合度	總適合度
increment borer	生长锥	生長錐
incubation	孵化	培養,孵卵,育成
indefinite bud	不定芽	不定芽
indeterminate growth	无限增长	無限生長
index of abundance	多度指数,丰度指数	資源量指數
index of biological integrity(IBI)	生物整体性指数,生物	生物整合性指數

英　文　名	大　陆　名	台　湾　名
	完整性指数	
index of biotic integrity (= index of biological integrity)	生物整体性指数,生物完整性指数	生物整合性指數
index of dispersion	分散度指数	分散度指數
index of diversity	多样性指数	多樣性指數,歧異度指數
index of frequency	频率指数	頻率指數
index of network ascendancy	网络支配指数	網路支配指數
index of population trend	种群趋势指数	族群趨勢指數
index of similarity	相似性指数	相似度指數
index of species diversity	物种多样性指数	物種多樣性指數,[物]種歧異度指數
index species	指示种	指標種
indicator community	指示群落	指標群聚,指標群落
indicator organism (= biological indicator)	指示生物	生物指標
indicator plant	指示植物	指標植物
indicator species (= index species)	指示种	指標種
indifferent species	随遇种	廣適種
indigenous flora	土著区系	原生植物相
indigenous people	原住民	原住民
indigenous pest	当地原有害虫	當地原生有害生物
indigenous species	土著种,本地种,乡土种	本土種,原生種,本地種
individual density	个体密度	個體密度
individual ecology (= autecology)	个体生态学	個體生態學
individual growth rate	个体生长率	個體生長率
individual identification method	个体辨认法	個體辨識法
individualistic concept	个体论概念	個體論概念
individualistic school	个体论学派	個體論學派
individual variation	个体变异	個體變異
induced defense	诱导防卫	誘發防衛
inducible response	诱导响应	可誘發反應
industrial ecology	产业生态学	產業生態學,工業生態學
industrial ecosystem	产业生态系统	產業生態系,工業生態系
industrial melanism	工业黑化现象	工業黑化[現象]
industrial metabolism assessment (IMA)	产业代谢评估	產業代謝評估,工業代謝評估

英　文　名	大　陆　名	台　湾　名
infant mortality（=infant mortality rate）	幼期死亡率	幼期死亡率
infant mortality rate	幼期死亡率	幼期死亡率
infauna	底内动物	底内動物[相]
infiltration	入渗	入滲作用
infiltration capacity	入渗量	入滲量
infinite population	无限种群	無限族群
influent species	影响种	影響種
infochemicals	信息化学物质	訊息化合物
information content	信息量	資訊量
infraneuston	水表下漂浮生物	水表下漂浮生物,水表下生物
infrared	红外线	紅外線
infrared light	红外光	紅外線光
inhibin	抑制素	抑制素
inhibition	抑制	抑制作用
inland water	内陆水域	內陸水域,內陸水
innate behavior	先天行为	先天行為,天生行為,本能行為
innate capacity for increase（=intrinsic rate of increase）	内禀增长率,内禀增长力	內在增殖率,內在增長率,內禀增長力
inquiline	寄居生物	客居生物
inquilinism	巢寄生[现象]	客居現象
insect aggregation pheromone	昆虫聚集信息素	昆蟲聚集費洛蒙
insect-borne disease	虫媒传播疾病	蟲媒疾病
insecticide	杀虫剂	殺蟲劑
insecticide resistance	抗药性	殺蟲劑抗性,抗藥性
insectivore	食虫动物	食蟲動物,蟲食動物
insect pest	虫害	害蟲
insect pollination	虫媒授粉	蟲媒授粉
insect resistance	抗虫性	抗蟲性
insect vector	昆虫媒介	媒介昆蟲
in situ bioremediation	原位生物修复	現地生物修復,原地生物修復,就地生物修復
in situ conservation	就地保护,就地保育	就地保育
in situ density	原位密度	原位密度
instantaneous birth rate	瞬时出生率	瞬間出生率,瞬時出生率

英　文　名	大　陆　名	台　湾　名
instantaneous death rate	瞬时死亡率	瞬間死亡率,瞬時死亡率
instantaneous growth rate(=instantaneous rate of increase)	瞬时增长率	瞬間成長率,瞬時生長速率,瞬間增加率
instantaneous mortality rate(=instantaneous death rate)	瞬时死亡率	瞬間死亡率,瞬時死亡率
instantaneous rate of fishing mortality	瞬时渔获死亡率	瞬間漁獲死亡率
instantaneous rate of increase	瞬时增长率	瞬間成長率,瞬時生長速率,瞬間增加率
instantaneous rate of natural mortality	瞬时自然死亡率	瞬間自然死亡率
instantaneous rate of recruitment	瞬时补充率	瞬間補充率,瞬時補充率
instantaneous rate of surplus production	瞬时剩余生产率	瞬間剩餘生產率
instantaneous rate of total mortality	瞬时全死亡率	瞬間全死亡率
instar	龄	龄(蟲)
instinct	本能	本能
instinctive behavior	本能行为	本能行為
instrumental value	使用价值	工具性價值
insular species	隔离种,岛屿种	島嶼種,隔離種
integrated agriculture	综合农业	綜合農業
integrated control	综合防治	綜合防治
integrated control of insect pest	有害生物综合防治,病虫害综合防治	害蟲綜合防治
integrated pest management	有害生物综合治理	有害生物綜合管理
intensity(=illumination)	照度	照度
intensive agriculture	集约农业	集約農業
intention movement	预向动作	意圖動作
interaction	交互作用	交互作用,交感作用
intercropping	间作	間作
interface	界面,接触面	界面
interference(=disturbance)	干扰	擾動,干擾
interference competition	干扰竞争	干擾性競爭
interglacial period	间冰期	間冰期
interglacial stage(=interglacial period)	间冰期	間冰期
Intergovemmental Panel on Climate Change(IPCC)	政府间气候变化专门委员会	政府間氣候變遷專門委員會
Intergovernmental Science-Policy Platform on Biodiversity and Ecosystem Services	生物多样性和生态系统服务政府间科学政策	生物多樣性及生態系服務政府間科學及政策

英　文　名	大　陆　名	台　湾　名
（IPBES）	平台	平台
intermediate disturbance hypothesis	中度干扰假说	中度擾動假說
intermediate host	中间宿主	中間寄主
intermediate species	中位种	中位種
intermittent estuary	间歇性河口	間歇性河口
intermittent stream	间歇河[流]，季节河[流]	間歇性河流
internal environment	内环境	内環境
internal parasitism	内寄生性	内寄生性
International Biological Programme（IBP）	国际生物学计划	國際生物學計畫
International Geosphere-Biosphere Programme（IGBP）	国际地圈-生物圈计划	國際地圈-生物圈計畫
International Human Dimension Programme on Global Environmental Change（IHDP）	全球环境变化的人文因素计划，HDP 计划	全球變遷人文面向科學計畫
International Hydrologic Decade（IHD）	国际水文发展十年计划	國際水文發展十年計畫
International Long-Term Ecological Research（ILTER）	国际长期生态研究	國際長期生態研究
intersexual selection	性别间选择	異性間選擇
interspecific association	种间关联	種間關聯
interspecific competition	种间竞争	種間競爭，種際競爭
interspecific cooperation	种间合作	種間合作
interspecific interaction	种间交互作用	種間交互作用
interspecific relationship	种间关系	種間關係
interstitial water	间隙水	間隙水
intertidal ecology	潮间带生态学	潮間帶生態學
intertidal zone	潮间带	潮間帶，海潮間帶
interzonal fauna	带间动物	區間動物相，帶間動物相
intrasexual selection	性内选择	同性間選擇
intraspecific aggression	种内攻击	種内敵對
intraspecific competition	种内竞争	種内競爭
intraspecific cooperation	种内合作	種内合作
intraspecific relationship	种内关系	種内關係
intraspecific society	种内社会	種内社會
intraspecific variation	种内变异	種内變異
intrazonal soil	隐域土	間域土
intrinsic rate of increase	内禀增长率，内禀增长	内在增殖率，内在增長

英　文　名	大　陆　名	台　湾　名
	力	率,内禀增長力
intrinsic rate of natural increase	内禀自然增长率	内在自然增殖率
introgression hybridization	渐渗杂交	漸滲雜交
introgressive hybridization(=introgression hybridization)	渐渗杂交	漸滲雜交
invasion	入侵,侵入	侵入,入侵
invasive species	入侵种	入侵種
inventory	普查	普查,清點,盤點
inversion layer	逆温层	逆溫層
inversion of altitudinal zone	垂直带逆转	垂直[植生]帶逆轉
investigative behavior	探索行为	探索行為,搜尋行為
in vitro	体外	體外
in vivo	体内	體內
IPBES(=Intergovernmental Science-Poli-cy Platform on Biodiversity and Ecosy-stem Services)	生物多样性和生态系统服务政府间科学政策平台	生物多樣性及生態系服務政府間科學及政策平台
IPCC(=Intergovemmental Panel on Cli-mate Change)	政府间气候变化专门委员会	政府間氣候變化專門委員會
irradiance	辐照度	輻照度
irreversible wilting point(=permanent wil-ting point)	永久萎蔫点,永久凋萎点	永久凋萎點
irrigation	灌溉	灌溉
island biogeography	岛屿生物地理学	島嶼生物地理學
island biota	岛屿生物区系	島嶼生物相,島嶼生物區系
isobar	等压线	等壓線
isobaric map	等压线图	等壓線圖
isobath(=depth contour)	等深线	等深線,海洋等深線
isobathyic line(=depth contour)	等深线	等深線,海洋等深線
isocies	类似群落	同型同境群落
isogram	等值线图	等值線圖
isohaline	等盐线	等鹽線
isolating mechanism	隔离机制	隔離機制
isolation	隔离	隔離,分離
isolation-by-distance model	距离隔离模型	距離隔離模型
isolation theory	隔离学说	隔離學說
isoline(=isopleth)	等值线	等值線
isopleth	等值线	等值線

英　文　名	大　陆　名	台　湾　名
isotherm	等温线	等溫線
isothermal line(=isotherm)	等温线	等溫線
isotope	同位素	同位素
isozyme	同工酶	同功[異構]酶,同質異構酶
itai-itai diseae	骨痛病	痛痛症
iteroparity	多次生殖	多次繁殖
IUCN Red Data Book	世界自然保护联盟红皮书	世界自然保育聯盟紅皮書
IUCN Red List	世界自然保护联盟红色名录	世界自然保育聯盟紅色名錄

J

英　文　名	大　陆　名	台　湾　名
JH(=juvenile hormone)	保幼激素	保幼激素
JHA(=juvenile hormone analogue)	保幼激素类似物	保幼激素類似物
Johnson trap	约翰逊诱捕器	強森昆蟲吸集器
Jolly-Seber method	乔利-塞贝尔法	喬利-塞貝爾法
Jordan's rule	乔丹律	喬丹律,約旦氏法則
juice sucker(=sap feeder)	汁食性者,吸汁液者	汁食性者,吸汁液者
Jurassic Period	侏罗纪	侏羅紀
juvenile	幼年个体	稚體,幼體
juvenile hormone	保幼激素	保幼激素
juvenile hormone analogue	保幼激素类似物	保幼激素類似物
juvenile stage	稚期	稚期
juvenoid(=juvenile hormone analogue)	保幼激素类似物	保幼激素類似物

K

英　文　名	大　陆　名	台　湾　名
kairomone	利他素,益他素	利他素,益他素
kalloplankton	胶质浮游生物	膠質浮游生物
K-Ar dating	钾-氩测年,钾-氩计时	鉀氩定年,鉀-氩定年法
karroo	南非干燥[台地]高原	[南非的]乾燥台地
kelp bed	海藻床	巨藻床
key factor	关键因子	關鍵因子
key factor analysis	关键因子分析	關鍵因子分析

英　文　名	大　陆　名	台　湾　名
key species	关键种	關鍵種,基石種
keystone species(=key species)	关键种	關鍵種,基石種
kin discrimination	亲缘辨别	親緣辨別
kinesis	动态	觸動
kinetophilous species	好动种类	好動種類
kin group	家族群	親族
kin recognition	亲缘识别	親緣辨別
kin selection	亲缘选择,亲属选择	親屬選擇
kinship	亲缘关系	親族關係
kleptoparasitism	偷窃寄生现象	偷竊寄生現象
klinokinesis	调转动态	轉動趨動性
klinotaxis	调转趋性	調轉趨性
Koch's postulate	郭霍法则	柯霍[氏]假說
kollaplankton(=kalloplankton)	胶质浮游生物	膠質浮游生物
K-selection	K 选择	K-選擇
K-strategist	K 对策者	K-策略種
K-strategy	K 对策	K-策略
Kuroshio	黑潮	黑潮
Kyoto Protocol	京都议定书	京都議定書

L

英　文　名	大　陆　名	台　湾　名
lacustrine deposit	湖相沉积,湖泊沉积	湖泊沈積
lacustrine wetland	湖沼湿地	湖泊濕地,湖積濕地
lagoon	潟湖	潟湖
LAI(=leaf area index)	叶面积指数	葉面積指數
Lamarckism	拉马克学说	拉馬克主義
land amelioration	土地改良	土地改良
land capability class	地力级	地力級
land cover	土地覆盖	地表覆蓋
landform	地貌	地貌
land improvement(=land amelioration)	土地改良	土地改良
land-locked species	陆封种	陸封種
land reclamation	土地复垦	土地再造
Landsat	陆地卫星	大地衛星
landscape	景观	地景,景觀
landscape design	景观设计	景觀設計

英　文　名	大　陆　名	台　湾　名
landscape diversity	景观多样性	景觀多樣性
landscape ecology	景观生态学	地景生態學
landscape fractal dimension	景观分维数	景觀碎形維度
landscape index	景观指数	景觀指數
landscape metrics(=landscape index)	景观指数	景觀指數
landscape mosaic	景观镶嵌体	景觀鑲嵌體
landscape pattern	景观格局	景觀格局
landscape planning	景观规划	景觀規劃
landscape process	景观过程	地景過程,景觀過程
landscape shape index	景观形状指数	景觀形狀指數
landslide	滑坡	坍方,地滑,山崩
Land Use and Land Cover Change(LUCC)	土地利用与土地覆盖变化	土地利用與地表覆蓋變遷[計畫]
land use planning	土地利用规划	土地使用規劃
La Niña	拉尼娜	反聖嬰,拉尼娜
LAR(=leaf area ratio)	叶面积比	葉面積比
large marine ecosystem(LME)	大[海]洋生态系统	大海洋生態系
larva	幼虫	幼蟲,幼生
larval instar	幼虫龄	幼蟲齡期
larval plankton	幼体浮游生物	幼生浮游生物,浮游性幼生
larval stage	幼体期	幼生期,幼蟲期
larviparity	产幼生殖	產幼生殖
larviposition	产幼虫	產幼蟲
latent heat	潜热	潛熱
lateral bud	侧芽	側芽
lateral root	侧根	側根
laterite(=latosol)	砖红壤	磚紅壤
lateritic soil	红土	磚紅[化]土
lateritization	砖红土化[作用]	磚紅壤化[作用]
latitudinal zonation	纬度地带性	緯度分帶
latosol	砖红壤	磚紅壤
latosolization(=lateritization)	砖红土化[作用]	磚紅壤化[作用]
Laurasia	劳亚古[大]陆	勞亞古陸
laurel forest(=evergreen broadleaf forest)	常绿阔叶林,照叶林	常綠闊葉林
laurel forest zone	常绿阔叶林带	常綠闊葉林帶
laurifruticeta	阔叶常绿灌木群落	常綠淵葉灌叢
laurilignosa	阔叶常绿木本群落	常綠闊葉林群落

英　文　名	大　陆　名	台　湾　名
law of recaptulation	重演律	重演律
law of the minimum	最低因子律,最小因子律	最少量定律,最低因子律
law of tolerance	耐受性定律	耐受律
laws of inheritance	遗传定律	遺傳律
layerage	压条	壓條
layering(=layerage)	压条	壓條
LD(=lethal dosage)	致死剂量	致死劑量
LD$_{50}$(=median lethal dosage)	半数致死剂量	半數致死劑量
leaching	淋洗作用	淋溶作用
leaf area density	叶面积密度	葉面積密度
leaf area index(LAI)	叶面积指数	葉面積指數
leaf area ratio(LAR)	叶面积比	葉面積比
leaf weight ratio(LWR)	叶重比	葉重比
learned behavior	习得性行为	習得行為
lek	求偶场	求偶場,競偶場
length-frequency distribution	体长频度分布	體長頻度分布
lentic habitat(=standing water)	静水水域	靜水
Leslie matrix	莱斯利矩阵	萊斯利矩陣
less-tillage system	少耕法	減犁系統
lethal dosage(LD)	致死剂量	致死劑量
lethal high temperature	致死高温	致死高溫
lethal temperature	致死温度	致死溫度
level of significance	显著水平	顯著水準
lichen	地衣	地衣
Liebig's law of the minimum	利比希最低量法则,利比希最低因子律	利比希最低量定律
life belt(=life zone)	生命带	生物[分布]帶,生命帶
life cycle	生活史,生活周期	生活史,生命週期
life-dinner principle	活命——餐原理	一條命一頓飯法則
life expectance	生命期望,估计寿命	生命期望,估計壽命,預期壽命
life expectancy(=life expectance)	生命期望,估计寿命	生命期望,估計壽命,預期壽命
life form	生活型	生活型,生命形式
life form spectrum	生活型谱	生活型譜
life history(=life cycle)	生活史,生活周期	生活史,生命週期
life history strategy	生活史对策	生活史對策,生活史策

英　文　名	大　陆　名	台　湾　名
		略
life span(=longevity)	寿命	壽命
life support system	生命支持系统	維生系統
life table	生命表	生命表
life zone	生命带	生物[分布]帶,生命帶
light and dark bottle method	黑白瓶法	明暗瓶法
light compensation point	光补偿点	光補償點
light intensity	光强度	光強度
light pollution	光污染	光汙染
light requirement	需光量	需光量
light saturation	光饱和	光飽和
light saturation point	光饱和点	光飽和點
ligocellulose degradation	木质纤维素降解	木質纖維素降解
limatulone	笠贝酮	笠貝酮
limestone	石灰岩	石灰岩
limit cycle	极限环	極限環
limiting concentration	限制浓度	限制濃度
limiting factor	限制因子	限制因子
limiting similarity	极限相似性	限制相似度
limit of tolerance	耐受极限	耐受極限
limnetic zone	湖沼带,敞水带	湖沼區
limnium	湖沼群落	湖沼群落
limnodium	沼泽群落	沼澤群落,鹽沼植被
limnoplankton	湖沼浮游生物,淡水浮 游生物	湖沼浮游生物
Lincoln index	林肯指数	林肯指數
Lincoln-Peterson index	林肯–彼得松指数	林肯–彼得森指數
Lindeman's efficiency	林德曼效率	林德曼效率
Lindeman's law	林德曼定律,百分之十 定律	林德曼定律,百分之十 定律
Lindeman's ratio	林德曼比	林德曼比[率]
line	品系	[品]系
lineage	系谱	譜系,血統
linear factor	线性因子	線性因子
linear system	线性系统	線性系統
line intercept method	样线[截取]法	截線[取樣]法
line-plot survey	样线样方调查	線區調查
line transect method	样带法	樣線法

英　文　名	大　陆　名	台　湾　名
Linnean species	林奈种	林奈命名種
liptocoenos	生物残留群	生物殘體群
list quadrat	记名样方	記名樣方
list quadrat method	记名样方法	記名樣方法
lithophyte	石生植物	岩生植物
lithosere	石生演替系列	岩生演替系列
lithosol	石质土	石質土
lithosphere	岩石圈	岩石圈
lithotroph	无机营养生物	無機營養生物
lithotrophy	无机营养	無機營養
litter	凋落物,枯枝落叶	枯枝落葉,凋落物
litter feeder	食死地被物者	食落葉者
litter horizon	凋落物层,枯枝落叶层	枯枝落葉層
litter layer(=litter horizon)	凋落物层,枯枝落叶层	枯枝落葉層
litter size	①凋落物量 ②胎仔数	①枯枝落葉量 ②窩仔數
litter trap	落叶采收器	落葉採收器
little ice age	小冰期	小冰河期
littoral belt(=littoral zone)	沿岸带	沿岸區,濱岸區
littoral benthos	沿岸底栖生物	沿岸底棲生物
littoral fauna	沿岸动物	沿岸動物相
littoral zone	沿岸带	沿岸區,濱岸區
live-trap	活捕器,活捕陷阱	活捕器,活捕陷阱
llano	委内瑞拉草原	利亞諾植被
LME(=large marine ecosystem)	大[海]洋生态系统	大海洋生態系
loam	壤土	壤土
local endemic species	地域特有种	地區[性]特有種
lociation	亚群相	亞群相,亞變群叢
locies	演替系列亚群相	演替系列亞變群叢
locus	基因座	基因座
loess	黄土	黄土
logarithmic graph	对数图	對數[座標]圖
logarithmic series distribution	对数级数分布	對數[級數]分布
logistic curve	逻辑斯谛曲线,S 形曲线	推理曲線,邏輯斯諦曲線,S 形曲線
logistic equation	逻辑斯谛方程	邏輯斯諦方程式,推理方程式
logistic growth	逻辑斯谛增长	邏輯斯諦成長,推理成長
logistic growth equation	逻辑斯谛增长方程	邏輯斯諦成長方程式,

英 文 名	大 陆 名	台 湾 名
		推理曲線成長方程式
logistic population growth	逻辑斯谛种群生长	邏輯斯諦式族群成長,
		推理曲線式族群成長
logit transformation	分对数变换	分數對數轉換
log-normal distribution	对数–正态分布	對數–常態分布
log-normal hypothesis	对数–正态假说	對數–常態假說
loma	秘鲁草原,洛马群落	落馬植被
London clay flora	伦敦黏土植物区系	倫敦黏土層植物區系
long-day plant	长日照植物,短夜植物	長日照植物
long-day treatment	长日照处理	長日照處理
longevity	寿命	壽命
longitudinal zonality	经度地带性	經度地帶性
long-short-day plant	长短日照植物	長短日照植物
long-term ecological research(LTER)	长期生态研究	長期生態研究
looplure	粉纹夜蛾性诱剂	擬尺蠖性誘引劑
loss-on-ignition	烧失量	燒失量
lotic environment	激流环境	流水環境,急流環境
Lotka-Volterra equation	猎物–捕食者方程,洛	羅特卡–弗爾特拉方程
	特卡–沃尔泰拉方程	式,L–V 方程式
Lotka-Volterra model	猎物–捕食者模型,洛	羅特卡–弗爾特拉模
	特卡–沃尔泰拉模型	型,L–V 模型
lottery competition	抽彩式竞争	彩票式競爭
lower critical temperature	下临界温度	下臨界溫度
lower intertidal zone	下潮间带	下潮間區
low moor	低位沼泽	低位矮叢沼
low thinning	下层疏伐	下層疏伐
low tidal mark	低潮线	低潮線
low tidal region	低潮区	低潮區
low water(LW)	低潮	低潮
LTER(=long-term ecological research)	长期生态研究	長期生態研究
LUCC(=Land Use and Land Cover Change)	土地利用与土地覆盖变化	土地利用與地表覆蓋變遷[計畫]
luminous organism	发光生物	發光生物
lunar cycle	月运周期	月週期
lunar reproductive cycle	月生殖周期	月生殖週期
lunar rhythm	月节律	月週律動
luxury absorption	奢侈吸收	奢侈吸收
LW(=low water)	低潮	低潮

英　文　名	大　陆　名	台　湾　名
LWR(=leaf weight ratio)	叶重比	葉重比
lysimeter	渗水采集器	淋急裝置

M

英　文　名	大　陆　名	台　湾　名
MAB Programme(=Man and the Bio-sphere Programme)	人与生物圈计划	人與生物圈計畫
MAB Reserve(=Man and the Biosphere Reserve)	人与生物圈自然保护区	人與生物圈自然保護區
MacArthur's broken-stick model	麦克阿瑟折棒模型	麥克阿瑟斷棍模型
MacArthur's equilibrium theory	麦克阿瑟平衡说	麥克阿瑟平衡說
macchia(=maquis)	马基斯群落,马基亚群落	馬基斯植被
macroalgae	大型藻类	大型藻類
macrobenthos	大型底栖生物	大型底棲生物
macrobiota	大型生物群	大型生物相
macroclimate	大气候	大氣候
macro-consumer	大型消费者	大型消費者
macroelement	大量元素,常量元素	大量元素
macroevolution	宏[观]进化	巨演化
macrofauna	大型[底栖]动物	大型動物相
macronutrient	常量营养物,大量营养物	巨量養分
macrophytoplankton	大型浮游植物	大型浮游性植物
macroplankton	大型浮游生物	大型浮游生物
macrospecies	大种	多態種
magnetic pole	磁极	磁極
mainland-island model(=continent-island model)	大陆-岛屿模型	大陸-島嶼模型
main root	主根	主根
main stem	主茎	主幹
major element(=macroelement)	大量元素,常量元素	大量元素
male investment	雄性投资	雄性投資
Malthusian growth(=exponential growth)	指数增长,马尔萨斯增长	指數型[族群]成長,馬爾薩斯成長
Malthusian model	马尔萨斯模型	馬爾薩斯模型
Malthusian overfishing	马尔萨斯过渔	馬爾薩斯過漁

英 文 名	大 陆 名	台 湾 名
Man and the Biosphere Programme(MAB Programme)	人与生物圈计划	人與生物圈計畫
Man and the Biosphere Reserve(MAB Reserve)	人与生物圈自然保护区	人與生物圈自然保護區
mandibular gland pheromone	上颚腺信息素	大顎腺費洛蒙
mangrove	红树林	紅樹林
man-made climate	人工气候	人造氣候
man-made landscape	人工景观,人造景观	人造景觀
mapping of vegetation	植被制图	植被製圖
maquis	马基斯群落,马基亚群落	馬基斯植被
Margalef's model of succession	马加莱夫演替模式	馬加萊夫演替模式
marginal community	边缘群落	邊緣群聚,邊緣群落
marginal habitat	边缘生境	邊緣棲所
mariculture	海水养殖	海水養殖
marine	海洋	海洋
marine algae	海藻	海藻
marine algae vegetation	海藻植被	海藻植被
marine bacteria	海洋细菌	海洋細菌
marine biological productivity	海洋生物生产力	海洋生物生產力
marine biota	海洋生物群	海洋生物相
marine deposit	海洋沉积物	海洋堆積物
marine ecology	海洋生态学	海洋生態學
marine ecosystem	海洋生态系统	海洋生態系
marine snow	海雪	海洋雪花,海雪
marine succession	海洋生态演替	海洋生態消長,海洋生態演替
marine water	海水	海水
marine wetland	海洋湿地,海岸湿地	海洋濕地,海岸濕地
maritime forest(=coastal forest)	海岸林	海岸林
maritime vegetation	海岸植被	海岸植被
mark-and-release method(=mark-recapture method)	标记重捕法,标志重捕法	標識再捕法,捕捉–再捕捉法
marker gene	标记基因	標記基因
marking behavior	标记行为	標識行為
marking method	标记法	標識法
marking pheromone	标记信息素	標識費洛蒙
mark-recapture method	标记重捕法,标志重捕	標識再捕法,捕捉–再

英　文　名	大　陆　名	台　湾　名
	法	捕捉法
marsh	草沼	草澤,草沼
masking effect	掩蔽效应	掩蓋效應
mass extinction	聚群灭绝,大灭绝	大滅絕
mass flow	集流	[物]質流,集流
mate choice	配偶选择	擇偶
mate guarding	保卫配偶	保衛配偶
material budget	物质收支	物質收支
material cycle（＝matter cycle）	物质循环	物質循環
material flow（＝matter flow）	物流	物流
material flow analysis（MFA）	物质流分析	物質流分析
maternal behavior	母性行为	母性行為
maternal effect	母体效应	母體效應
mathematical ecology	数学生态学	數學生態學
mathematical model	数学模型	數學模式
mating behavior	交配行为	交尾行為,交配行為,交合行為
mating disruption	交配干扰,迷向法	交配干擾,迷向法
mating season	交配季	交配季
mating system	交配系统	配對系統
mating type	交配型	交配型
matter cycle	物质循环	物質循環
matter flow	物流	物流
mature stage	成熟期,成体期	成熟期,成體期
Mauna Loa Observatory（MLO）	冒纳罗亚观测站	冒納羅亞觀測站
maximum economical yield（MEY）	最大经济产量,最大经济收获量	最大經濟產量
maximum effective temperature	最高有效积温	最高有效溫度
maximum equilibrium catch	最大平衡渔获量	最大平衡漁獲量
maximum natality	最大出生率	最大出生率
maximum permissible dose（MPD）	最大允许剂量	最大容許劑量
maximum sustainable yield（MSY）	最大持续产量,最大持续收获量	最大持續生產量
maximum water holding capacity	最大持水量	最大容水量
McNaughton's dominance index	麦克诺顿优势指数	麥克諾頓優勢指數
meadow	草甸	濕草原,草甸
meadow steppe	草甸草原	草甸-乾草原植被區
mean annual uptake	年平均摄取量	年平均攝取量,年平均

英　文　名	大　陆　名	台　湾　名
		吸收量
mean crowding	平均拥挤度	平均擁擠度
mean crowding-mean density ratio	平均拥挤度–平均密度比	平均擁擠度–平均密度比
mean distance to nearest neighbor	平均最近邻距	平均最近鄰距
mean generation time	平均世代时间	平均世代時間
mean instar	平均龄期	平均齡期
mean square distance	均方距离	均方距離
mean value	平均值	平均值
measurable character	可测性状	可測性狀
median	中位数	中位數
median lethal dosage（LD_{50}）	半数致死剂量	半數致死劑量
median life expectancy	平均预期寿命	預期壽命中量值
mediolittoral zone（＝intertidal zone）	潮间带	潮間帶，海潮間帶
megabenthos	巨型底栖生物	巨型底棲生物
megalopa larva	大眼幼体	大眼幼體
megaloplankton	巨型浮游生物	大型浮游生物，巨型浮游生物
megaplankton（＝megaloplankton）	巨型浮游生物	大型浮游生物，巨型浮游生物
meiobenthos	小型底栖生物	小型底内底棲生物
meiofauna	小型［底栖］动物	小型底內動物相
melanization	黑变作用	黑化作用
melliphagy	食蜜性	食蜜性
menotaxis	恒向趋性	恆定角度趨向性
Mercator projection	墨卡托投影	麥卡特投影［法］
meromictic lake	局部循环湖，局部分层湖	局部循環湖，不完全對流湖
meroplankton	阶段性浮游生物，周期性浮游生物	階段性浮游生物，週期性浮游生物
mesarch	中生演替系列	中生演替系列，中濕演替系列
mesarch sere（＝mesarch）	中生演替系列	中生演替系列，中濕演替系列
mesobathyal zone	中部渐深海底带	中深海區
mesobenthic	中型底栖性	中型底棲性
mesobenthos	中深底栖生物	中型底棲生物
mesobiota	中型生物群	中型生物相

英　文　名	大　陆　名	台　湾　名
mesocosm	中型实验生态系	中型生態池
mesopelagic zone	中层带	中水層
mesophile	中温生物	嗜中溫生物
mesophorbium	高山草甸植物群落	高山草原
mesophyte	中生植物	中生植物
mesophytic forest	中生林	中生林
mesoplankton	中型浮游生物	中型浮游生物
mesopsammon	沙间生物	砂隙生物
mesosaprobe	中污生物	中腐水性生物,中汙生物
α-mesosaprobic zone	α 中污带	α-中等汙染帶,α-中腐水帶
β-mesosaprobic zone	β 中污带	β-中等汙染帶,β-中腐水帶
mesosere(＝mesarch)	中生演替系列	中生演替系列,中濕演替系列
mesotherm(＝mesophile)	中温生物	嗜中溫生物
Mesozoic Era	中生代	中生代
meta-analysis	整合分析	整合分析
metabolic rate	代谢率	代謝率
metabolism	代谢	代謝作用
metabolite	代谢物	代謝物
metacommunity	集合群落	關聯群聚,關聯群落
metalimnion	变温层	變溫層,躍變層
metallothionein(MT)	金属硫蛋白	金屬硫蛋白
metamerism	分节	分節現象
metamorphosis	变态	變態
metapopulation	集合种群,异质种群	關聯族群,複合族群
metazoan	后生动物	後生動物
methane fermentation	甲烷发酵	甲烷發酵,沼氣發酵
methanogen	产甲烷菌	甲烷菌
methanogenic bacteria(＝methanogen)	产甲烷菌	甲烷菌
MEY(＝maximum economical yield)	最大经济产量,最大经济收获量	最大經濟產量
MFA(＝material flow analysis)	物质流分析	物質流分析
microalgae	微型藻类	微藻類
microbenthos	微型底栖生物	微型底棲生物
microbial flocculant	微生物絮凝剂	微生物混凝劑

英　文　名	大　陆　名	台　湾　名
microbial food loop	微生物食物环	微生物食物環
microbial food web	微食物网	微生物食物網
microbial loop	微生物环	微生物環
microbial pesticide	微生物农药	微生物農藥
microbiota	微生物区系	微生物相
microbivore	食微生物动物	食微生物者
microcenose（＝microcommunity）	小群落	小群落
microclimate	小气候,微气候	微氣候
microcommunity	小群落	小群落
microcosm	微宇宙,小宇宙	微型生態池
microecology	微生态学	微生態學
microecosystem	微型生态系统	微生態系
microelement	微量元素	次要元素,微量元素
microenvironment	小环境,微环境	微環境
microevolution	微[观]进化	微演化
microfauna	微动物区系	微動物相
microfossil	微体化石	微化石
microhabitat	小生境	微棲地
micronekton	微型游泳生物	微游泳生物
micronutrient	微量营养物	微量養分
microphanerophyte	小高位芽植物	小型地上植物
microplankton	小型浮游生物	微型浮游生物
microsatellite	微卫星	微衛星
microsatellite DNA	微卫星 DNA	微從屬 DNA,微衛星 DNA
microsere	小演替系列	微消長系列,微演替系列
microspecies	小种	小種
micro-succession	微演替	微消長,微演替
microtherm（＝microthermal plant）	低温植物	低溫植物
microthermal climate	低温气候	低溫氣候
microthermal plant	低温植物	低溫植物
micro-topography	微地形,微地貌	微地形
mictic egg	混交卵	混殖卵(輪蟲)
mid-oceanic ridge	洋中脊	中洋脊
mid-tidal region	中潮区	中潮區
migrant	迁徙动物	遷徙動物
migration	①洄游 ②迁徙 ③迁移	①洄游 ②遷徙 ③遷移

英　文　名	大　陆　名	台　湾　名
migratory dune(=mobile dune)	流动沙丘	移動性沙丘
migratory group	洄游群	洄游群
migrule(=disseminule)	传播体	傳播體,播散體,散佈繁殖體
mildly polluted zone(=β-mesosaprobic zone)	β中污带	β–中等汙染帶,β–中腐水帶
millennium ecosystem assessment	千年生态系统评估	千禧年生態系評估
mimesis(=mimicry)	拟态	擬態
mimicry	拟态	擬態
Minamata disease	水俣病	水俣病(汞中毒)
mineral cycle	矿物质循环	礦物質循環
mineral cycling(=mineral cycle)	矿物质循环	礦物質循環
mineralization	矿化作用	成礦作用,礦化作用
mineral nutrient	矿质营养	無機營養,礦質營養
minerotrophic mire(=fen)	矿质泥炭沼泽,碱沼	鹼沼,礦質泥炭沼澤
minimum air capacity	最小土壤容气量	最小容氣量(土壤)
minimum effective temperature	最低有效积温	最低有效溫度
minimum factor	最小因子	最小因子
minimum light requirement	最低需光量,最小需光量	最小需光量
minimum mortality	最低死亡率	最低死亡率
minimum quadrat area	最小样方面积	最小樣區面積
minimum quadrat number	最小样方数	最少樣區數
minimum survival temperature	最低生存温度	生存最低溫度
minimum viable population(MVP)	最小可生存种群,最小存活种群	最小可存活族群
minisatellite	小卫星	小衛星
minor element(=microelement)	微量元素	次要元素,微量元素
Miocene Epoch	中新世	中新世
mire	泥炭沼泽	泥炭沼,深泥沼
mire vegetation	沼泽植被	深泥沼植被
missing sink	失汇	失匯
mist forest(=cloud forest)	云雾林	雲霧林
miticide	杀螨剂	殺螨劑
mitosis	有丝分裂	有絲分裂
mixed cropping	混作	混作
mixed forest	混交林	混生林,混交林
mixed planting	混植	混植

英　文　名	大　陆　名	台　湾　名
mixed sowing	混播	混播
mixed stand	混交林分	混生林分
mixolimnion	混成层	混流層(湖泊)
MLO(= Mauna Loa Observatory)	冒纳罗亚观测站	冒納羅亞觀測站
mobbing reaction	激怒反应	群體反擊
mobile dune	流动沙丘	移動性沙丘
mobilideserta	流沙荒漠群落	流沙荒漠
mock preening	假梳理	假梳理
model	模型	模式,模型
moder	半腐殖质	酸性腐泥
modular organism	构件生物	構件生物體
module	构件	構件,組件
moist forest	湿森林	濕潤林,潮林
moist meadow	湿草甸	潤草甸
moisture coefficient	湿润系数	濕度係數
moisture-holding capacity	持水量,保湿量	容水量,保水容量,保濕量
molecular clock	分子钟	分子[時]鐘
molecular microbial ecology	分子微生物生态学	分子微生物生態學
monimolimnion	永滞层,无循环层	滯流層(湖泊)
monoclimax	单顶极	單極相,單極峰群落
monoclimax hypothesis	单顶极学说,单顶极理论	單極峰假說,單極峰理論
monoclimax theory(= monoclimax hypothesis)	单顶极学说,单顶极理论	單極峰假說,單極峰理論
monocyclic	单循环性	單循環性
monodominant community	单优种群落	單一優勢種群集
monoecy(= hermaphrodite)	①雌雄同体 ②雌雄同株	①雌雄同體 ②雌雄同株
monogamous species	单配种	單配偶種
monogamy	单配制	單配偶制
monogony(= parthenogenesis)	单性生殖	單性生殖,無性繁殖
monomictic lake	单循环湖	單循環湖
monomorphism	单态性	單態性,雌雄同型
monoparasitism	单寄生	單寄生
monophage	单食者	單食者
monotone plankton community	单优种浮游生物群落	單優勢種浮游生物群集
monotypic evolution	单型进化	單型性演化
monsoon	季风	季風,季雨

英　文　名	大　陆　名	台　湾　名
monsoon forest	季风雨林	季風林,季雨林
montane	山地	山地
monthly cumulative temperature	月积温	月積溫
moor(＝bog)	酸性泥炭沼泽,酸沼	酸沼,矮叢沼,雨養深泥沼
mor(＝raw humus)	粗腐殖质	粗腐植質,不混土腐植質
moraine	冰碛	冰碛石
morphological species	形态种	形態種
morphometric character	形态测量特征	形態測量形質
morphometrics	形态测量学	形態測定學
morphoplankton	成形浮游生物	形態浮游生物
mortality	死亡率	死亡率
mortality factor	致死因子	死亡因子
mosaic	镶嵌性	鑲嵌性
mosaic complex	镶嵌复合体	鑲嵌複合體
mosaic vegetation	镶嵌植被	鑲嵌植被
moss	藓类[植物]	苔類
moss-moor	藓类沼泽	苔蘚灌叢沼
moulting(＝ecdysis)	蜕皮	蜕皮
MPD(＝maximum permissible dose)	最大允许剂量	最大容許劑量
MSY(＝maximum sustainable yield)	最大持续产量,最大持续收获量	最大持續生產量
MT(＝metallothionein)	金属硫蛋白	金屬硫蛋白
muck	腐泥	腐泥
muck soil	腐泥土	腐泥土
mud and rock flow	泥石流	泥石流
mudflow	泥流	泥流
mulch	覆盖物	覆蓋物
mull	细腐殖质	混土腐植質
Müllerian mimicry	米勒拟态	穆氏擬態
multicellular organism	多细胞生物	多細胞生物
multidimensional hypervolume niche	多维超体积生态位	多維超空間生態席位
multidimensional niche	多维生态位	多空間尺度生態區位
multilure	波纹小蠹诱剂	波紋小蠹聚誘劑
multiparasitism	多寄生	多寄生[性]
multiple parasitism(＝multiparasitism)	多寄生	多寄生[性]
multi-species population	多种种群	多種類生物族群

英　文　名	大　陆　名	台　湾　名
multi-storied agriculture	立体农业	立體農業
multistratal forest	多层林	複層林
multivariate analysis	多元分析	多變量分析
multivoltine	多化性	一年多代性
multivoltinism(=multivoltine)	多化性	一年多代性
muscalure	家蝇性诱剂	家蠅性誘劑
mutation	突变	突變
mutualism	互利共生,互惠共生	互利共生
MVP(=minimum viable population)	最小可生存种群,最小 存活种群	最小可存活族群
mycelium	菌丝体	菌絲體
mycorrhiza	菌根	菌根
myrmecochore	蚁布植物	蟻媒播遷的植物
myrmecochory	蚁播	蟻媒種子播遷
mysis larva	糠虾幼体	糠蝦[期]幼蟲

N

英　文　名	大　陆　名	台　湾　名
nannofauna	微型[底栖]动物	微型動物相
nannoplankton	微型浮游生物	微細浮游生物
Nansen bottle(=reversing water sampler)	颠倒采水器,南森瓶	顛倒式採水器,南森瓶, 倒轉式採水瓶
NAO(=north Atlantic oscillation)	北大西洋涛动	北大西洋震盪
NAP(=net aboveground productivity)	净地上生产力	地上部淨生產力
NAR(=net assimilation rate)	净同化[速]率	淨同化率
natal dispersal	出生扩散	出生散佈,出生播遷
natality	出生率	出生率
native species(=indigenous species)	土著种,本地种,乡土种	本土種,原生種,本地種
natural capital	自然资本	自然資本
natural catastrophe	自然灾害	自然災害,天災
natural control	自然控制,自然防治	自然防治,天然防治
natural enemy	天敌	天敵
natural farming	自然农法	自然農法
natural forest	天然林	天然林
natural forest regeneration	天然林更新	天然林更新
natural hybrid	天然杂种	天然雜種
naturalization	归化,自然化	歸化

英　文　名	大　陆　名	台　湾　名
naturalized plant	归化植物,驯化植物	歸化植物
naturalized species	归化种,驯化种	歸化種
natural landscape	自然景观	自然景觀
natural monument	天然纪念物	自然遺產
natural mortality	自然死亡率	自然死亡率
natural mutation	自然突变	自然突變
natural park	天然公园,自然公园	天然公園,自然公園
natural population	自然种群	自然族群
natural regeneration	自然更新	天然更新
natural regulation	自然调节	自然調節
natural resources	自然资源	自然資源
natural sanctuary	自然禁猎区	自然保護區
natural seeding	自播	天然下種
natural selection	自然选择	天擇
natural thinning	自然稀疏,自疏	自然疏伐,天然疏伐
nature conservation(=conservation of nature)	自然保护,自然保育	自然保育
nature preserve(=nature reserve)	自然保护区	自然保護區,自然保留區
nature reserve	自然保护区	自然保護區,自然保留區
nature sanctuary(=nature reserve)	自然保护区	自然保護區,自然保留區
nature's service	自然服务	自然服務
nauphoetin	尖翅蠊素	灰色蜚蠊的雄性識別費洛蒙
nauplius larva	无节幼体	無節幼蟲,無節幼體
NBP(=net biome productivity)	净生物群系生产力	淨生物群系生產力
NDVI(=normalized differential vegetation index)	归一化植被指数	常態化差異植被指數
neap(=neap tide)	小潮	小潮
neap tide	小潮	小潮
Nearctic Realm	新北界	新北區,新北界
Nebraskan glacial period	内布拉斯加冰期	內布拉斯加冰期
necrophagy	食尸性	屍食性
necroplankton	死浮游生物	死浮游生物
necrotrophic parasite	尸养寄生物	屍養寄生物
nectar feeding(=melliphagy)	食蜜性	食蜜性

英　文　名	大　陆　名	台　湾　名
nectarivore	食蜜动物	食蜜動物
necton(=nekton)	游泳生物,自游生物	游泳生物,自游生物
NEE(=net ecosystem exchange)	生态系统净交换	生態系淨交換
needle-leaved forest(=coniferous forest)	针叶林	針葉林
negative assortative mating	负选型交配	負選型交配
negative binominal distribution	负二项分布	負二項分布
negative estuary	反向河口	負性河口,反向河口
negative feedback	负反馈	負反饋,負回饋
negative interaction	负相互作用	負相互作用
negative phototaxis	负趋光性	負趨光性
neighborhood size	相邻种群大小	鄰居規模,相鄰族群大小
nektobenthos	游泳底栖生物	游泳底棲生物
nekton	游泳生物,自游生物	游泳生物,自游生物
nektoplankton	自游浮游生物	游泳性浮游生物
nektopleuston	游泳水漂生物	游泳水漂生物
nematocide	杀线虫剂	殺線蟲劑
neo-Darwinism	新达尔文学说	新達爾文學說
neo-endemic species	新特有种	新特有種
Neogaea(=Neogea)	新界	新界
Neogea	新界	新界
Neogene Period	新近纪	新近紀
neo-Lamarckism	新拉马克学说	新拉馬克學說
neospecies	新种	新生種
neoteny	幼态延续	幼期性熟,幼體延續
neotropical floral kingdom	新热带植物区	新熱帶植物域
NEP(=net ecosystem productivity)	净生态系统生产力	生態系淨生產力
neritic fauna	浅海动物区系	淺海動物相
neritic province(=neritic zone)	浅海[底]带	近海區
neritic zone	浅海[底]带	近海區
nest	巢	巢,窩
nested quadrat method	巢式样方法	巢式樣方法
nesting site	营巢地	巢位
nesting territory	营巢领域	營巢領域
net aboveground productivity(NAP)	净地上生产力	地上部淨生產力
net assimilation	净同化,表观同化	淨同化[作用]
net assimilation rate(NAR)	净同化[速]率	淨同化率
net biome productivity(NBP)	净生物群系生产力	淨生物群系生產力

英　文　名	大　陆　名	台　湾　名
net cage	网箱	箱網
net cage culture	网箱养殖	箱網養殖
net community productivity	净群落生产力	群集淨生產力
net ecosystem exchange(NEE)	生态系统净交换	生態系淨交換
net ecosystem productivity(NEP)	净生态系统生产力	生態系淨生產力
net food value	食物净值	食物淨值
net growth	净生长量	淨生長量
net increase	净增加量	淨增加量
net photosynthesis	净光合作用	淨光合[作用]
net primary production(NPP)	净初级生产量,净第一 性生产量	淨初級生產量
net primary production per gross primary production ratio(NPP/GPP ratio)	净初级生产比率	淨初級生產比率
net primary productivity(NPP)	净初级生产力,净第一 性生产力	淨初級生產力
net production	净生产量	淨生產量
net production efficiency	净生产效率	淨生產效率
net production per gross production ratio (NP/GP ratio)	净生产比率	淨生產比率
net production rate(NPR)	净生产率	淨生產率
net radiation	净辐射	淨輻射
net reproduction rate	净生殖率	淨生殖率,淨增殖率
net reproductive value	净生殖值	淨生殖值
net secondary production	净次级生产量,净第二 性生产量	淨次級生產量
network analysis	网络分析	網路分析
neuston	漂浮生物	漂浮生物
neutral allele	中性等位基因	中性等位基因
neutralism	中性共生	中性共生,中性演化模 式
NGO(=non-governmental organization)	非政府组织	非政府組織
niche	生态位	生態[區]位,[生態] 棲位
niche breadth(=niche width)	生态位宽度	生態位寬度,區位寬度, 席位寬度
niche complementarity	生态位互补性	生態位互補性
niche dimension	生态位维数,生态位维 度	生態位維度

英　文　名	大　陆　名	台　湾　名
niche overlap	生态位重叠	生態位重疊,區位重疊, 　席位重疊
niche-preemption hypothesis	生态位优先占领假说	生態位優先佔有假說
niche separation	生态位分离	生態位分離
niche shift	生态位转移	生態位轉移
niche variation hypothesis	生态位变异假说	生態位變異假說
niche width	生态位宽度	生態位寬度,區位寬度, 　席位寬度
nidicolocity	留巢性	留巢性
nidifugity	离巢性	離巢性
nitrate-reducing bacteria	硝酸盐还原细菌	硝酸鹽還原細菌
nitrification	硝化作用	硝化作用
nitrite-oxidizing bacteria	亚硝酸盐氧化细菌	亞硝酸鹽氧化細菌
nitrobacteria	硝化细菌	硝化[細]菌
nitrogen budget	氮收支	氮收支
nitrogen cycle	氮循环	氮循環
nitrogen deposition	氮沉降	氮沈降
nitrogen fixation	固氮作用	固氮作用
nitrogen-fixing bacteria	固氮细菌	固氮菌
nitrogen oxide	氮氧化合物	氮氧化物
nitrogen use efficiency(NUE)	氮利用效率	氮利用效率
nitrophilous plant(=nitrophyte)	嗜氮植物,适氮植物	嗜氮植物
nitrophilous vegetation	嗜氮植被	嗜氮植被
nitrophyte	嗜氮植物,适氮植物	嗜氮植物
nitrous oxide	氧化亚氮,笑气	氧化亞氮,笑氣
nival flora	冰雪植物区系	冰雪植物相
nival line(=snow line)	雪线	雪線
nocturnal animal	夜行动物	夜行動物
nocturnal migration	夜间迁徙	夜間遷移
noda(复)(=nodum)	植被抽象单位	植被分類單位
nodule bacteria	根瘤菌	根瘤菌
nodum	植被抽象单位	植被分類單位
noise pollution	噪声污染	噪音汙染,噪聲汙染
nonequilibrium model	非平衡模型	不平衡模型
nonequilibrium theory	非平衡说	非平衡理論
non-governmental organization(NGO)	非政府组织	非政府組織
nonhermatypic coral(=ahermatypic coral)	非造礁珊瑚	非造礁珊瑚
non-interactive grazing system	非相互作用的放牧系统	無相互作用的放牧系統

英　文　名	大　陆　名	台　湾　名
non-linear system	非线性系统	非線性系統
nonnested hierarchy	非包含型等级系统	非巢式層級系統
non-point source of pollution	非点污染源,面污染源	非點源汙染
nonrenewable resources	非再生资源,不可更新资源	非再生[性]資源
nonshivering thermogenesis	非颤抖性产热	非顫抖性生熱[作用]
normal distribution	正态分布	常態分布
normalized differential vegetation index（NDVI）	归一化植被指数	常態化差異植被指數
north Atlantic oscillation（NAO）	北大西洋涛动	北大西洋震盪
northern coniferous forest（=taiga）	泰加林,北方针叶林	泰加林,北方針葉林,北寒針葉林
northern coniferous forest biome	北方针叶林生物群系	北方針葉林生物群系,北方針葉林針葉群區
Nosanov pheromone	那氏信息素,引导信息素	那氏費洛蒙
Notogaea	南界	澳洲界,南界
Notogaeic Realm（=Notogaea）	南界	澳洲界,南界
NP/GP ratio（=net production per gross production ratio）	净生产比率	淨生產比率
NPP（=①net primary production ②net primary productivity）	①净初级生产量,净第一性生产量 ②净初级生产力,净第一性生产力	①淨初級生產量 ②淨初級生產力
NPP/GPP ratio（=net primary production per gross primary production ratio）	净初级生产比率	淨初級生產比率
NPR（=net production rate）	净生产率	淨生產率
NUE（=①nitrogen use efficiency ②nutrient use efficiency）	①氮利用效率 ②养分利用效率	①氮利用效率 ②養分利用效率
nuisance animal control	公害动物防治	滋擾性動物防治
null hypothesis	零假说	虛擬假說
null model	零模型	假設模型
number pyramid（=pyramid of number）	数量锥体,数量金字塔	數[量金字]塔
numerical classification	数值分类	數值分類
numerical response	数值反应	數值反應,數量反應
nunatak	冰原岛峰	冰原孤峰
nuptial coloration	婚色	婚姻色
nuptial flight	婚飞	婚飛

英　文　名	大　陆　名	台　湾　名
nuptial gift	求偶礼物	求偶贈禮
nuptial plumage	婚羽	婚羽,繁殖羽
nutricline	营养跃层,营养突变区	營養躍層
nutrient	养分,营养物	養分
nutrient availability	养分有效性	養分有效性
nutrient balance	养分平衡	養分均衡
nutrient budget	养分收支	養分收支
nutrient cycle	养分循环,营养物循环	營養循環
nutrient flow	养分流	營養流,養分流
nutrient pollution	营养盐污染	營養鹽汙染
nutrient turnover rate	营养周转率	營養周轉率
nutrient use efficiency(NUE)	养分利用效率	養分利用效率
nutrition(=nutrient)	养分,营养物	養分
nutritional deficiency	养分缺乏	營養缺乏

O

英　文　名	大　陆　名	台　湾　名
obligate aerobe	专性需氧菌	專性需氧菌,絕對需氧菌
obligate aerobic bacteria(=obligate aerobe)	专性需氧菌	專性需氧菌,絕對需氧菌
obligate mutualism	专性互利共生	專性互利共生
occasional species	偶见种	偶見種
ocean basin	洋盆	海洋盆地
ocean circulation	大洋环流	海洋環流
ocean current	海流	洋流,海流
oceanic climate	海洋性气候	海洋性氣候
oceanic island	大洋岛	海洋性島嶼
oceanic plankton	大洋浮游生物,远洋浮游生物	大洋性浮游生物,海洋性浮游生物
oceanic province	大洋区	大洋區
oceanic thermohaline conveyor belt	海洋温盐环流输送带	海洋溫鹽環流輸送帶
oceanic zone(=oceanic province)	大洋区	大洋區
oceanodromous migration	海洋洄游	海洋洄游,純海洋性洄游
oceanology	海洋学	海洋學
ochthium	泥滩生物群落	泥灘群落

英　文　名	大　陆　名	台　湾　名
odor intensity index	气味强度指数	氣味強度指數
OECD (= Organization for Economic Co-operation and Development)	经济合作与发展组织	經濟合作暨發展組織
oecesis (= establishment)	定居	立足, 定居
oecology (= ecology)	生态学	生態學
oestrous cycle	动情周期	發情週期
offshore current	离岸流	離岸流
OFT (= optimal foraging theory)	最优觅食理论	最適覓食理論
olfactometer	嗅觉仪	嗅覺儀
olfactory index	嗅觉指标	嗅覺指數
Oligocene Epoch	渐新世	漸新世
oligomictic lake	寡循环湖	寡循環湖
oligophage	寡食者	寡食者, 寡食性動物
oligophagy	寡食性	寡食性
oligosaprobe	寡污生物	寡汙生物
oligosaprobic zone	寡污带	寡汙水帶, 貧腐水帶
oligothermal	低狭温性	狹低溫性
oligotrophication	贫营养化	貧養化
oligotrophic lake	贫营养湖	貧養湖
oligotrophic plant	贫养植物	貧養植物
oligotrophy	贫养	貧養
ombrophyte	雨水植物	嗜雨植物
ombrotrophic mire (= bog)	酸性泥炭沼泽, 酸沼	酸沼, 矮叢沼, 雨養深泥沼
omnivore	杂食动物	雜食動物, 雜食者
omnivority	杂食性	雜食性
omnivorous animal (= omnivore)	杂食动物	雜食動物, 雜食者
omnivory (= omnivority)	杂食性	雜食性
one-male group	单雄群	單雄群
onshore current	向岸流	向岸流
ontogeny	个体发生, 个体发育	個體發生
ooze	软泥	软泥
open circulation system	开放[式]循环系统	開放[式]循環系統
open community	稀疏群落	開放群落
open forest	疏林	疏林
open ocean	开放大洋	開闊大洋
open stand	疏林林分	疏性林分
open system	开放系统	開放系統

英　文　名	大　陆　名	台　湾　名
open vegetation(=sparse vegetation)	稀疏植被	稀疏植被,开放植被
opium	寄生群落	寄生群落
opportunist species	机会种	機會種,避難種
opportunity cost	机会代价,择机代价	機會成本
optimal foraging theory(OFT)	最优觅食理论	最適覓食理論
optimality model	最适模型	最適模式,最適模型
optimal territory size	最适领域大小	最適領域大小
optimal yield	最适产量	最適產量,最適漁獲量
optimization	最优化,最适化	最適化
optimum	最适度	最適度
optimum catch	最适渔获量	最適捕獲量
optimum curve	最适曲线	最適曲線
optimum density	最适密度	最適密度
optimum temperature	最适温度	最適溫度
ordination	排序	排序,空間排序
Ordovician Period	奥陶纪	奥陶紀
organic agriculture	有机农业	有機農業
organic carbon pool	有机碳库	有機碳庫
organic detritus	生物碎屑,有机碎屑	生物碎屑,有機碎屑
organic farming(=organic agriculture)	有机农业	有機農業
organic loading	有机负荷	有機負荷
organic particulate matter	有机颗粒物	有機顆粒物,有機粒狀物
organic pollutant	有机污染物	有機汙染物
organic refuse	有机废物	有機廢物
organic sediment	有机沉积物	有機沈積物
Organization for Economic Co-operation and Development(OECD)	经济合作与发展组织	經濟合作暨發展組織
organochlorine insecticide	有机氯杀虫剂	有機氯殺蟲劑
organophosphorus insecticide	有机磷杀虫剂	有機磷殺蟲劑
Oriental region	东洋区	東方區,東洋區
original vegetation	原始植被	原始植被
origin of species	物种起源	物種原始
ornithophilous flower	鸟媒花	鳥媒花
ornithophilous plant	鸟媒植物	鳥媒植物
orobiome	山地生物群系	山地生物區系
orogenesis	造山作用	造山運動
orographic factor	地形因子	地形因子

英 文 名	大 陆 名	台 湾 名
orographic rainfall	地形雨	地形雨
orographic snowline	地形雪线	地形性雪線
orthogenesis	定向进化	定向演化
orthokinesis	直动态	直向驅動性
orthoselection (= directional selection)	定向选择	定向天擇, 定向選汰
oryctocoenosis	化石群落	化石群集
oryktocoenosis (= oryctocoenosis)	化石群落	化石群集
oscillation	振荡	振盪
osmoconformer	渗透压顺应生物	滲透壓順應者
osmoregulation (= osmotic regulation)	渗透[压]调节	滲透壓調節[作用]
osmoregulator	渗透压调节者	滲透壓調節者
osmosis	渗透[作用]	滲透
osmotic hyporegulation	低渗压调节	低滲壓調節
osmotic potential	渗透势	滲透勢
osmotic pressure	渗透压	滲透壓
osmotic regulation	渗透[压]调节	滲透壓調節[作用]
osmotroph	渗养者	滲養者
outbreak	暴发	大發生, 爆發
outbreeding	远交	遠交, 異交
outcrossing (= outbreeding)	远交	遠交, 異交
outwash plain	冰水沉积平原	冰水沈積平原
overcompensation	超补偿	超補償
overexploitation	过度开发, 过度利用	過度利用
overfishing	捕捞过度, 过捕	過漁, 過度捕撈
over-grazing	过度放牧	過度放牧
overharvesting (= overfishing)	捕捞过度, 过捕	過漁, 過度捕撈
overlapping niche	重叠生态位	重疊生態席位
overlapping of generation	世代重叠	世代重疊
overmature forest stand	过熟林分	過熟林分
overpopulation	过高[种群]密度, 种群过密	繁殖過度
overstory	上层	上層
overtopped tree (= suppressed tree)	被压木	受壓木, 被壓木, 下層木
overwintering	越冬	越冬
overwintering migration	越冬洄游, 冬季洄游	越冬洄游, 越冬遷徙
ovicide	杀卵剂	殺卵劑
ovipara	卵生动物	卵生動物
oviparity	卵生	卵生

英　文　名	大　陆　名	台　湾　名
oviposition	产卵	產卵
oviposition period	产卵期	產卵期
ovoviviparity	卵胎生	卵胎生
ovulation	排卵	排卵
oxbow lake	牛轭湖	牛軛湖,新月湖
oxidation	氧化	氧化[作用]
oxidation ditch	氧化沟	氧化溝
oxidation pond	氧化塘	氧化塘
oxidation-reduction potential(=redox potential)	氧化还原电位	氧化還原電位
oxycline	氧跃层	氧躍層
oxygen consumption	氧耗量,耗氧量	耗氧量
oxygen debt	氧债	氧債
oxygen tension	氧张力	氧張力
oxylophyte	酸土植物	酸土植物
oxyphile(=oxylophyte)	酸土植物	酸土植物
oxyphobe	嫌酸植物	避酸[性]植物,嫌酸[性]植物
oxysere	酸生演替系列	酸性演替系列
ozone	臭氧	臭氧
ozone depletion	臭氧损耗	臭氧損耗
ozone hole	臭氧[空]洞	臭氧洞
ozone shield	臭氧屏障	臭氧屏障
ozonosphere	臭氧层	臭氧層

P

英　文　名	大　陆　名	台　湾　名
paedogenesis	幼体生殖	幼體生殖,幼期成熟
paedomorphosis	幼体发育	幼形遺留,幼體發育
palaeoecology(=paleoecology)	古生态学	古生態學
palatability	适口性	適口性
Palearctic region	古北区	舊北區,舊北界,古北區
palebiocoenosis	古生物群落	化石群集,古生物群落
paleobiocoenosis(=palebiocoenosis)	古生物群落	化石群集,古生物群落
paleoecology	古生态学	古生態學
paleo-endemic species(=relic endemic species)	孑遗特有种	孑遺特有種,古特有種

英　文　名	大　陆　名	台　湾　名
Paleogene Period	古近纪	古第三紀
paleogeography	古地理学	古地理學
paleomagnetism	古地磁	古地磁現象
paleosere(＝eosere)	古演替系列	古代變遷植物相,古演替系列
Paleozoic Era	古生代	古生代
palingenesis	重演发育	重演性發生
palustrine wetland	沼生湿地	沼生濕地
pampas	阿根廷草原,潘帕斯群落	潘帕斯群落
panclimax	泛顶极	泛極鋒相
pan-climax(＝panclimax)	泛顶极	泛極鋒相
panformation	泛群系	泛群系
Pangaea	泛大陆	盤古板塊,盤古大陸
panmictic population	随机交配种群	逢機交配族群
panmixia(＝random mating)	随机交配	逢機交配
panmixis(＝random mating)	随机交配	逢機交配
pantanal	低地沼泽	潘塔納爾大濕地
pantophagy(＝omnivority)	杂食性	雜食性
pantropical plant	泛热带植物	泛熱帶植物
PAR(＝photosynthetically active radiation)	光合有效辐射	光合有效輻射
parallel community	平行群落	平行群集
parallel evolution	平行进化	平行演化
parallelism(＝parallel evolution)	平行进化	平行演化
paramo	帕拉莫群落	帕爾莫高原
parapatric speciation	邻域物种形成	鄰域種化
parapatry	邻域分布	鄰域分布
parapheromone	类信息素	類費洛蒙
parasite	寄生物	寄生物,寄生者
parasite chain	寄生链	寄生鏈
parasite food chain	寄生食物链	寄生食物鏈
parasite-mediated sexual selection	寄生物介导性选择	寄生物媒介的性擇
parasitic insect	寄生昆虫	寄生性昆蟲
parasitism	寄生	寄生[現象]
parasitoid	拟寄生物	擬寄生物,致命寄生物
parental behavior	亲代行为	親代行為
parental care	亲代抚育	親代撫育

英 文 名	大 陆 名	台 湾 名
parental investment	亲代投资	親代投資
parental manipulation	亲代操纵	親代操縱
parkland	稀树草原	溫帶疏樹[大]草原
parthenogenesis	①单性生殖 ②孤雌生殖	①單性生殖,無性繁殖 ②孤雌生殖(動物)
particulate material(=particulate matter)	颗粒物	顆粒物
particulate matter	颗粒物	顆粒物
partition coefficient	分配系数	分配係數
passive dispersal	被动散布	被動散佈,被動播遷
pasture	牧场	牧場
patch	斑块	區塊,斑塊,嵌塊體
patch-corridor-matrix model	斑块–廊道–基质模式	區塊–廊道–基底模式,斑塊–廊道–基底模式,嵌塊體–廊道–基底模式
patch dynamic theory	斑块动态理论	區塊動態理論,斑塊動態理論,嵌塊體動態理論
patchiness	斑块性	區塊性,斑塊性,嵌塊體性
patch residence time	斑块停留时间	區塊停留時間,斑塊停留時間,嵌塊體停留時間
patch shape index	斑块形状指数	區塊形狀指數,斑塊形狀指數,嵌塊體形狀指數
pattern analysis	格局分析	格局分析
payoff asymmetry	报偿不对称	報償不對稱
PCA(=principal component analysis)	主成分分析	主成分分析
PCBs(=polychlorinated biphenyls)	多氯联苯	多氯聯苯
peat	泥炭	泥炭
peat bog(=mire)	泥炭沼泽	泥炭沼,深泥沼
peat soil	泥炭土	泥炭土
peck order	啄位,啄食等级	啄序,啄位
pedoclimax	土壤顶极	土壤極峰相
pedogenesis	土壤发生	土壤化育
pedogenic process	土壤发生过程	土壤化育過程
P/E index(=precipitation/evaporation	降水蒸发指数	降水/蒸發指數

英 文 名	大 陆 名	台 湾 名
index）		
pelagic division（=pelagic zone）	水层区	水層區
pelagic egg	浮性卵	浮性卵,水層卵
pelagic fish	大洋鱼类,远洋鱼类	水層魚類
pelagic organism	大洋生物,远海生物	水層生物
pelagic phase	浮游生活期	水層生活期
pelagic province（=pelagic zone）	水层区	水層區
pelagic zone	水层区	水層區
pelagos	水层生物	水層生物
pellet count	粪堆计数	糞堆計數
pelochthium（=ochthium）	泥滩生物群落	泥灘群落
pelt record	毛皮收购记录	毛皮記錄
peneplain	准平原	準平原
per capita rate of increase（=instan-taneous rate of increase）	瞬时增长率	瞬間成長率,瞬時生長速率,瞬間增加率
percentage of vegetation	植被覆盖百分率	植被覆蓋百分率
percolation theory	渗透理论	滲透理論
percolation threshold	渗透阈值,渗透临界值	滲透閾值,滲透臨界值
perennial form	多年生型	多年生型
perennial grass	多年生禾草	多年生禾草
perennial herb	多年生草本	多年生草本
perennial plant	多年生植物	多年生植物
perfectly density-dependent factor	完全密度制约因子	完全密度依變因子
periglacial	冰缘	冰緣
periodic annual increment	周期性年增长量	週期性年增長量
periodic increment	周期性增长量	週期性增長量
periodicity	周期性	週期性［現象］
periodic plankton（=meroplankton）	阶段性浮游生物,周期性浮游生物	階段性浮游生物,週期性浮游生物
periodic succession	周期性演替	週期性消長,週期性演替
periodism（=periodicity）	周期性	週期性［現象］
peripheral population（=fringe population）	边缘种群	邊緣族群
permaculture（=sustainable agriculture）	可持续农业,永续农业	永續農業,可持續農業
permafrost	永［久］冻土,多年冻土	永凍層
permanent habitat	永久生境	永久棲所
permanent pasture	稳定草场,永久牧场	永久牧場
permanent plankton（=holopelagic plank-	终生浮游生物,永久性	全浮游生物,終生浮游

英　文　名	大　陆　名	台　湾　名
ton)	浮游生物	生物
permanent quadrat	永久样方	永久[性]樣方
permanent wilting	永久萎蔫	永久凋萎
permanent wilting percentage	永久萎蔫百分率	永久凋萎百分率
permanent wilting point	永久萎蔫点,永久凋萎点	永久凋萎點
permeability	透性	滲透性
permeability coefficient	透性系数	滲透性係數
permeable layer	透水层	透水層
Permian Period	二叠纪	二疊紀
persistent organic pollutant(POP)	持久性有机污染物	持久性有機汙染物
perturbation	扰动	擾動
pervious stratum(=permeable layer)	透水层	透水層
pest	有害生物	有害生物
pest control	有害生物防治	有害生物防治
pesticide pollution	农药污染	農藥汙染
pesticide residue	农药残留	農藥殘留
pesticide resistance(=insecticide resistance)	抗药性	殺蟲劑抗性,抗藥性
pest management	有害生物管理	有害生物管理
pest pressure hypothesis	害虫压力假说	害蟲壓力假說
PET(=potential evapotranspiration)	潜在蒸散	位蒸發散作用,勢蒸發散量
petrification	石化作用	石化作用
petrified forest	石化林	石化林
phanerophyte	高位芽植物	高位芽植物
phase space	相空间	相空間
phenology	物候学	物候學
phenotype	表型	表[現]型
phenotype matching	表型匹配	表型匹配
phenotypic adaptation	表型适应	表型適應
phenotypic plasticity	表型可塑性	表型可塑性
phenotypic polymorphism	表型多态性	表型多型性
pheromone	信息素	費洛蒙,外泌素
pheromone-baited trap	信息素诱捕器	費洛蒙誘捕器
pheromone dispenser	信息素释放器	費洛蒙釋放器
phosphorus cycle	磷循环	磷循環
photic zone	透光带,真光带,透光层	透光帶,透光層

英　文　名	大　陆　名	台　湾　名
photoautotroph	光[能]自养生物	光自營生物,光營[養]生物
photoautotrophy	光[能]自养	光自營[現象]
photobacteria	发光细菌	光合菌
photochemical pollution	光化学污染	光化學汙染
photochemical process	光化学过程	光化學過程
photochemical reaction	光化学反应	光化學反應
photochemical smog	光化学烟雾	光化學煙霧
photodestructive effect	光损害效应	光損害效應
photoheterotroph	光[能]异养生物	光異營生物
photoheterotrophy	光[能]异养	光異營[現象]
photoinhibition	光抑制	光抑制
photokinesis	光动性	光趨動性
photolysis	光解	光裂解[作用]
photometer	光度计	光度計
photonasty	感光性	感光性
photoorganotroph	光能有机营养生物	光能有機營養生物
photoperiod	光周期	光週期
photoperiodic induction	光周期诱导	光週期誘導
photoperiodicity(= photoperiodism)	光周期现象,光周期性	光週期現象,光週期性
photoperiodism	光周期现象,光周期性	光週期現象,光週期性
photophase	光照阶段	光照期
photorespiration	光呼吸	光呼吸[作用]
photostage(= photophase)	光照阶段	光照期
photosynthesis	光合作用	光合作用
photosynthesis/respiration ratio(P/R ratio)	光合/呼吸比	光合/呼吸比
photosynthetically active radiation(PAR)	光合有效辐射	光合有效輻射
photosynthetic bacteria	光合细菌	光合細菌
photosynthetic efficiency	光合效率	光合效率
photosynthetic quotient	光合商	光合商
photosynthetic rate	光合速率	光合[作用]速率
photosynthetic system	光[合]系统	光合系統
photosynthetic water use efficiency	光合水分利用效率	光合水利用效率
phototaxis	趋光性	趨光性
phototaxy(= phototaxis)	趋光性	趨光性
phototroph(= photoautotroph)	光[能]自养生物	光自營生物,光營[養]生物

英　文　名	大　陆　名	台　湾　名
phototropism	向光性	向光性
phreatic fauna	潜水动物区系	地下水動物相
phrygana	矮刺灌丛	矮棘灌叢
phyletic gradualism	种系渐变论	親緣漸變說
phylocoenogenesis	群落系统发生,群落系统发育	群落系統發生
phylogenetics	系统发生学	譜系學,親緣關係學
phylogeny	系统发生,系统发育	親緣關係,種系發生
phylogeography	系统发生生物地理学,系统地理学	親緣地理學
phylogerontism	种群衰老	系群衰老
physical factor	物理因子	物理因子
physioecology (= physiological ecology)	生理生态学	生理生態學
physiographic climax	地文顶极群落	地文極峰群落
physiological drought	生理干旱	生理乾旱
physiological dryness	生理干燥	生理乾燥
physiological ecology	生理生态学	生理生態學
physiological isolation	生理隔离	生理隔離
physiological longevity	生理寿命	生理壽命
physiological mortality	生理死亡率	生理死亡率
physiological natality	生理出生率	生理出生率
physiological polymorphism	生理生态性,生理多态现象	生理多態型
physiological race	生理小种	生理小種
physiological rhythm	生理节律	生理節律
physiological species	生理种	生理種
physiological time	生理时间	生理時間
physiological zero	生理零点	生理零點
phytobenthos (= benthophyte)	底栖植物,水底植物	底棲植物
phytocoenosis	植物群落	植物群落
phytocoenosium (= phytocoenosis)	植物群落	植物群落
phytocommunity (= phytocoenosis)	植物群落	植物群落
phytoecdysone	植物性蜕皮素	植物性蜕皮激素
phytoedaphon	土壤微生物群落	植物性土壤微生物
phytogeographical zone	植物地理带	植物地理帶
phytogeography	植物地理学	植物地理學
phytophage	食植类	植食動物
phytoplankton	浮游植物	植物性浮游生物,浮游

英　文　名	大　陆　名	台　湾　名
		植物
phytoplankton bloom	藻华,水华	浮游植物藻華,藻華
phytopleuston(=pleustophyte)	大型漂浮植物	大型漂浮植物
phytoremediation	植物修复	植物修復
phytosphere	植物圈	植物圈
phytostabilization	植物稳定化	植物穩定
phytotoxicity	植物毒性	植物毒性,藥害
phytotoxin	植物毒素	植物毒素
phytotron	人工气候室	人工氣候室
picophytoplankton	超微型浮游植物	皮級浮游植物
picoplankton	超微型浮游生物,微微型浮游生物	皮級浮游生物
picozooplankton	超微型浮游动物	皮級浮游動物
pioneer community	先锋群落	先驅群集
pioneer plant	先锋植物	先驅植物
pioneer species	先锋种	先驅種
pioneer stage	先锋阶段	先鋒期
piscivory	食鱼性	魚食性,食魚性
pit dwelling	穴居	穴居
pit-fall trap	陷阱诱捕器	掉落式陷阱
Plaeocene Epoch	古新世	古新世
plagioclimax	偏途顶极	偏途極相,偏途顛峰
plagiosere	偏途演替系列	偏途演替系列
planktivore	食浮游生物动物	食浮游生物動物
planktobacteria	浮游细菌	浮游細菌
planktobenthos	浮游底栖生物	浮游[性]底棲生物,海底浮游生物
plankton	浮游生物	浮游生物
planktonic larva(=larval plankton)	幼体浮游生物	幼生浮游生物,浮游性幼生
plankton net	浮游生物网	浮游生物網
planophyte(=floating plant)	漂浮植物	漂浮植物,浮葉植物
plant behavioral ecology	植物行为生态学	植物行為生態學
plant chemical ecology	植物化学生态学	植物化學生態學
plant cover	植物覆盖	植物覆蓋[物]
plant ecology	植物生态学	植物生態學
plant formation	植物群系	植物群系
plant growth form	植物生长型	植物生長型

英　文　名	大　陆　名	台　湾　名
plant growth regulator	植物生长调节剂	植物生長調節劑
plant indicator(=indicator plant)	指示植物	指標植物
plant life form	植物生活型	植物生活型
plant phenolics	植物酚类物质	植物酚類物質
plant physioecology(=plant physiological ecology)	植物生理生态学	植物生理生態學
plant physiological ecology	植物生理生态学	植物生理生態學
plant secondary substance	植物次生物质	植物次級代謝物
plant volatile	植物挥发物	植物性揮發物
plant zone	植物带	植物帶
plasticity	可塑性	可塑性
pleiotropy	基因多效性	基因多效性
Pleistocene Epoch	更新世	更新世
plesiomorphy	祖征	祖徵
pleuston	水漂生物	漂浮生物,水漂生物
pleustophyte	大型漂浮植物	大型漂浮植物
Pliocene Epoch	上新世	上新世
plot	样地	樣區
plotless sampling	无样地取样	無樣區取樣
pluviifruticeta	常雨灌木群落,常雨灌丛	常雨灌木群落
pluviilignosa	常雨木本群落	常雨木本群落
pluviisilvae	常雨乔木群落,常雨林	常雨喬木群落
pneumatophore(=respiratory root)	呼吸根	呼吸根
poaching	偷猎	盜獵
pocosin	浅沼泽	灌木澤(北美南部)
podsol	灰壤	灰壤
podsolization	灰化作用	灰壤化作用
podzol(=podsol)	灰壤	灰壤
poikilotherm	变温动物	變溫動物
poikilothermy	变温性	變溫性
point-centered quarter method	点四分法	四分樣區法
point-contact method	接触样点法	樣點接觸法,樣點截取法
point observation method	样点观察法	樣點觀察法
point quadrat analysis	点样方分析法	樣點樣方分析
point source of pollution	点污染源	點汙染源
Poisson distribution	泊松分布	卜瓦松分布

英　文　名	大　陆　名	台　湾　名
Poisson series	泊松系列	卜瓦松系列
polar circle	极圈	極圈
polar zone	极地带	極帶
pollutant	污染物	汙染物
pollution	污染	汙染,沾染
pollution control	污染控制	汙染控制,汙染防治
pollution indicating organism	污染指示生物	汙染指標生物
pollution level	污染水平	汙染度
pollution load	污染负荷	汙染負荷
pollution monitoring	污染监测	汙染監測
pollution prevention	污染预防	汙染預防
pollution resistance	抗污性	抗汙性
pollution source	污染源	汙染源
pollution tolerance	耐污性	耐汙性
polyandry	一雌多雄制	一雌多雄制
polychlorinated biphenyls(PCBs)	多氯联苯	多氯聯苯
polyclimax	多[元]顶极	多[元]極相,多[演替] 極相,多巔峰[群落]
polyethism	行为多型	行為多態型
polygamy	多配制	多配制
polygyny	一雄多雌制	一雄多雌制
polygyny threshold	一雄多雌阈值	一雄多雌閾值
polymictic lake	多循环湖	多循環湖
polymorphic locus	多态性基因座	多態性基因座
polymorphism	多态性,多态现象	多型性
polyparasitism(=multiparasitism)	多寄生	多寄生[性]
polyphage	广食者,多食者	多食者
polyphagy	多食性	多食性
polytopic species	多境起源种	多境起源種
polytopism	多境起源现象	多境起源現象
polytypic evolution	多型进化	多型[性]演化
pond succession	池塘演替	池塘消長,池塘演替
pool community	池塘群落	池塘群聚,池塘群落
poophyte	草原植物	草甸植物
POP(=persistent organic pollutant)	持久性有机污染物	持久性有機汙染物
population	种群	族群
population analysis	种群分析	族群分析
population balance(=population equili-	种群平衡	族群平衡

英　文　名	大　陆　名	台　湾　名
brium）		
population biology	种群生物学	族群生物學
population change	种群变化	族群變化
population curve	种群曲线	族群曲線
population cycle	种群循环	族群循環
population density	种群密度	族群密度
population depression	种群衰退	族群衰退
population dynamics（=dynamic of population）	种群动态	族群動態,族群動力學
population ecology	种群生态学	族群生態學
population equilibrium	种群平衡	族群平衡
population eruption（=population explosion）	种群暴发	族群爆發,族群暴增
population explosion	种群暴发	族群爆發,族群暴增
population extinction	种群灭绝	族群絕滅
population fluctuation	种群波动	族群波動
population formation	种群形成	族群形成
population genetics	种群遗传学	族群遺傳學
population growth	种群增长	族群成長
population growth curve	种群增长曲线	族群成長曲線
population growth rate	种群增长率	族群成長率
population interaction	种群间相互作用	族群交互作用
population model	种群模型	族群模式
population parameter	种群参数	族群介量,族群參數
population pressure	种群压力	族群壓力
population regulation	种群调节	族群調節,種群調節
population size	种群大小	族群大小
population stability	种群稳定性	族群穩定性
population structure	种群结构	族群結構
population trajectory	种群变动轨迹	族群軌跡
population viability analysis	种群生存力分析	族群生存力分析
positive assortative mating	正选型交配	正選型交配
positive density-dependent factor	正密度制约因子	正密度依變因子
positive estuary	正向河口	正性河口
positive feedback	正反馈	正反饋
post climax	后顶极	後極相
post-fire succession	火后演替	火後演替
post-glacial period	后冰期	後冰期

英　文　名	大　陆　名	台　湾　名
post-larva stage	幼后期	後幼蟲期
post-nuptial flight	婚后飞行	婚後飛行
potamic community(=potamium)	河流群落	河流群落
potamium	河流群落	河流群落
potamoplankton	河流浮游生物	河川浮游生物
potential evaporation	潜在蒸发	位蒸發作用,勢蒸發量
potential evapotranspiration(PET)	潜在蒸散	位蒸發散作用,勢蒸發散量
prairie	北美草原,普雷里群落	北美草原
preadaptation	前适应,预适应	前適應,預先適應,先期適應
Precambrian	前寒武纪	前寒武紀
Precambrian Period(=Precambrian)	前寒武纪	前寒武紀
precipitation-effectiveness ratio	有效降水量比值	有效降水量比值
precipitation/evaporation index(P/E index)	降水蒸发指数	降水/蒸發指數
preclimax	前顶极	前[演替]極相,前巔峰[群落]
predaceous insect	捕食昆虫	捕食性昆蟲
predation	捕食	掠食,捕食
predation compensation	捕食补偿	捕食補償
predation efficiency	捕食效率	捕食效率
predation hypothesis	捕食假说	捕食假說
predation pressure	捕食压力	捕食壓力
predation refuge	捕食庇护所	捕食庇護所
predation risk	捕食风险	捕食風險
predator	捕食者	掠食者,捕食者
predator food chain	捕食食物链	捕食食物鏈
predator-prey interaction	捕食者-猎物相互作用	捕食者-獵物相互作用
predator-prey oscillation	捕食者-猎物波动	捕食者-獵物波動
predator-prey system	捕食者-猎物系统	捕食者-獵物系統
predator satiation	捕食者饱和效应	捕食者飽食效應
predator switching	捕食者转换	捕食者轉換
predawn water potential	清晨水势	清晨水勢,凌晨水勢
prediction of pest density	有害生物密度预测	有害生物密度預測
predispersal mortality	扩散前死亡率	播遷前死亡率
predispersal seed predation	扩散前种子捕食	播遷前種子被捕食[現象]

英 文 名	大 陆 名	台 湾 名
predominant	特优种	優勢種
preening	梳理	梳理,自我梳理
preferential species	适宜种	適宜種
prehistoric naturalized plant	史前归化植物	史前歸化植物
premating behavior	交配前行为	交配前行為
preoccupation effect	先占效应	先佔效應
preoviposition period	产卵前期	產卵前期
prepheromone(=propheromone)	前信息素	前費洛蒙
presenting	求爱行为	展示
pressure potential	压力势	壓力勢
prey	猎物,被食者	獵物,被捕者,被掠者
primary community	原生群落	初級群集,原始群落
primary consumer	初级消费者	初級消費者
primary forest(=primeval forest)	原始林,原生林	原生林,處女林,原始林
primary parasite	初级寄生物	初級寄生物
primary phytocoenosium	原生植物群落	原生植物群落
primary pollutant	一次污染物,原生污染物	原生汙染物,主要汙染物
primary producer	初级生产者,第一性生产者	初級生產者
primary production	初级生产量,第一性生产量	初級生產量,基礎生產量
primary productivity	初级生产力,第一性生产力	初級生產力,基礎生產力
primary sere	原生演替系列,初级演替系列	原生演替系列
primary succession	原生演替	初級演替
primary treatment	一级处理,初级处理	初級處理
primeval forest	原始林,原生林	原生林,處女林,原始林
principal component analysis(PCA)	主成分分析	主成分分析
principle of allocation	分配原则	分配原則
principle of competitive exclusion(=competition exclusion principle)	竞争排斥原理	競爭排斥原理,競爭互斥原理
prisere(=primary sere)	原生演替系列,初级演替系列	原生演替系列
probiotics	益生菌	益生菌
probit transformation	概率单位变换	概率單位變換(二分反應數)

英　文　名	大　陆　名	台　湾　名
proclimax(=preclimax)	前顶极	前[演替]极相,前巅峰[群落]
producer	生产者	生產者
production	①生产 ②产量,生产量	①生產 ②產量,生產量
production/biomass ratio	产量/生物量比	產量/生物量比
production ecology	生产生态学	生產生態學
production parameter	生产参数	生產參數
production pyramid	产量锥体,产量金字塔	生產量塔
production rate	生产率	生產率
production /respiration ratio(P/R ratio)	产量/呼吸量比	產量/呼吸量比
productivity hypothesis	生产力假说	生產力假說
profundal zone	深底带	深水帶
progressive succession	进展演替	前進演替,進展演替
prop aerial root	支柱气根	支柱氣根
propagule	繁殖体	繁殖體
propheromone	前信息素	前費洛蒙
prop root	支柱根	支持根,支柱根
protected area	保护地	保護區
protected species	保护物种	[受]保護的物種
protective behavior(=defense behavior)	防御行为	防禦行為,保護行為
protective color	保护色	保護色
protist	原生生物	原生生物
protistan(=protist)	原生生物	原生生物
protocooperation	初级合作	原始型合作
protozoa	原生动物	原生動物
protozoea larva	原溞状幼体	原溞状幼體,眼幼蟲
proximate cause	近因,直接原因	近因
P/R ratio(=①photosynthesis/respiration ratio ②production /respiration ratio)	①光合/呼吸比 ②产量/呼吸量比	①光合/呼吸比 ②產量/呼吸量比
prudent predation hypothesis	精明捕食假说	精明捕食假說
prudent predator	精明捕食者	精明捕食者
psammon	沙生生物	沙粒間生物,沙地生物群集
psammophyte	沙生植物	沙地植物
psammophytic vegetation	沙生植被	沙地植被
psammosere	沙生演替系列	沙地演替系列
pseudomacchia	旱生常绿灌丛	偽馬基灌叢,旱生常綠灌叢

英　文　名	大　陆　名	台　湾　名
pseudomaqui(＝pseudomacchia)	旱生常绿灌丛	偽馬基灌叢,旱生常綠灌叢
psychrophile	嗜寒性	嗜寒性,嗜冷性
psychrophilic bacteria	嗜冷细菌	嗜冷細菌
psychrophilic organism	嗜冷生物	嗜冷生物,嗜寒生物
pterosere	古代演替系列	古代演替系列
puna	普纳群落	普納群落(草原),普納生態系
punctuated equilibrium theory	间断平衡说	斷續平衡說
punctuated evolution	间断进化	斷續演化
pure line	纯系	純系
pure stand	纯林分	純林分
pycnocline	密度跃层,密度突变层	密度躍層
pygmy tree	矮树,高山矮曲树	矮林,矮生林
pyramid of biomass	生物量锥体,生物量金字塔	生物量[金字]塔
pyramid of energy	能量锥体,能量金字塔	能量[金字]塔
pyramid of number	数量锥体,数量金字塔	數[量金字]塔
pyric climax(＝fire climax)	火烧顶极	火成極盛相,火燒極相
pyroclimax(＝fire climax)	火烧顶极	火成極盛相,火燒極相
pyrogenic succession	火成演替	火成演替
pyrophyte	耐火植物	耐火植物
pyrrhic succession	火烧演替	火燒演替

Q

英　文　名	大　陆　名	台　湾　名
quadrat	样方	樣方
quadrat method	样方法	樣方法
qualitative character	质量性状	質性特徵,質化特徵,定性特徵
quantitative character	数量性状	數量性狀,定量性狀
quantitative inheritance	数量遗传	定量遺傳,數量[的]遺傳
quantum evolution	量子进化	量子式演化
quantum speciation	量子式物种形成	量子式種化
quarantine	检疫	檢疫
Quaternary Period	第四纪	第四紀

英　文　名	大　陆　名	台　湾　名
queen pheromone	蜂王信息素	后蜂費洛蒙
queen substance	蜂王物质	后蜂物質

R

英　文　名	大　陆　名	台　湾　名
radioactive dust	放射性尘埃	放射性塵埃
radioactive fallout	放射性沉降物	放射性落塵
radioactive pollution	放射性污染	放射性汙染
radioactive tracer	放射性示踪物	放射性示蹤物,放射性示蹤劑
radioactive tracer method	放射性示踪物测定法	放射性示蹤物測定法
radioactive waste	放射性废物	放射性廢物
radioative carbon dating(=radiocarbon dating)	放射性碳定年	放射性碳定年,放射性碳測年
radiocarbon dating	放射性碳定年	放射性碳定年,放射性碳測年
radio-contamination(=radioactive pollution)	放射性污染	放射性汙染
radiolarian ooze	放射虫软泥	放射蟲軟泥
rainfall-temperature diagram	雨量温度图	雨量–溫度圖
rainfall-temperature graph(=rainfall-temperature diagram)	雨量温度图	雨量–溫度圖
rainfed agriculture(=rainfed farming)	雨养农业	雨養農業
rainfed farming	雨养农业	雨養農業
rain forest	雨林	雨林
rain-green forest	雨绿林	雨綠林
rain-green plant	雨绿植物	[多]雨綠植物
raised bog(=high-moor)	高位沼泽	高位沼,高塹沼澤
ramet	分株	分株
Ramsar Convention on Wetlands	拉姆萨尔湿地公约	拉姆薩爾濕地公約
random distribution	随机分布	隨機分布
randomized block	随机化区组	逢機區集
random mating	随机交配	逢機交配
random niche-boundary hypothesis	随机生态位边界假说	隨機生態位邊界假說
random pairs method	随机对法	逢機毗鄰法,隨機駢對法
random sample	随机样本	逢機樣本

英 文 名	大 陆 名	台 湾 名
random sampling	随机抽样	逢機取樣,隨機取樣
random variable	随机变量	隨機變數,逢機變數
range condition	牧场条件	牧野條件
rank order(=dominance order)	优势序位	優勢序位,位序
rank-sum test	秩和检验	順位和測驗
rarefaction	稀疏	稀疏,稀薄
rare species	稀有种	稀有種,罕見種
rarity	稀有度	稀有度,罕見度
raster cell(=grid cell)	栅格像元	網格單元,網格單位
rate of colonization(=colonization rate)	拓殖率	拓殖率
rate of extinction(=extinction rate)	灭绝率	滅絕率,遞減率
rate of fishing	渔获率	漁獲率
rate of natural increase	自然增长率	自然增加率
rate of reproduction	增殖率	增殖率
raw humus	粗腐殖质	粗腐植質,不混土腐植質
R/B ratio(=respiration/biomass ratio)	呼吸/生物量比	呼吸/生物量比
reaction time lag	反应时滞	反應時滯
reafforestation	再造林	林地再造林,跡地造林
realized mortality(=ecological mortality)	生态死亡率,实际死亡率	實際死亡率,生態死亡率
realized natality(=ecological natality)	生态出生率,实际出生率	實際出生率,生態出生率
realized niche	实际生态位	實際區位,實際生態席位
real vegetation map	现实植被图	現存植被圖,現實植被圖
recapitulation	重演	重演
recapture	重捕[获]	再捕獲
recipient	受体	受體
reciprocal altruism	互惠利他行为	互利
recolonization	重定居,回迁	重新拓殖
recreation ecology	旅游生态学	遊憩生態學
recruiting curve	补充曲线,繁殖曲线	補充曲線,繁殖曲線,生殖曲線
recruitment	补充量	補充量,入添量
recruitment pheromone	征召信息素	徵召費洛蒙
recycle	再循环	再循環,回收

英　文　名	大　陆　名	台　湾　名
red earth	红壤	紅土
redox potential	氧化还原电位	氧化還原電位
redox reaction	氧化还原反应	氧化還原反應
Red Queen hypothesis	红皇后假说	紅皇后假說
red tide	赤潮,红潮	紅潮,赤潮
reduced tillage system(=less-tillage system)	少耕法	減犁系統
reductionism	还原论,简化论	簡化論,化約主義
reductionistic model	还原性模型	簡化模型,化約模型
reforestation(=reafforestation)	再造林	林地再造林,跡地造林
refuge	庇护所	庇護所,避難所,保護區
refugium(=refuge)	庇护所	庇護所,避難所,保護區
regenerated productivity	再生生产力	再生生產力
regeneration	更新	再生
regeneration cutting	更新砍伐	更新伐
regional association	区域群丛	區域群叢
regional scale	区域尺度	區域尺度
regression(=degeneration)	退化	迴歸,退行,退化
regressive evolution	退行进化,退行演化	退行演化,逆行演化
regular distribution(=uniform distribution)	均匀分布,规则分布	均匀分布
regular fluctuation	规则波动,周期性波动	規則波動,規律性波動,週期性變動
regulation	调节	調節
regulation theory	调节学说	調節學說
reintroduction	再引入	再引進
relative abundance	相对多度	相對豐度
relative density	相对密度	相對密度
relative dominance	相对优势度	相對優勢
relative drought index	相对干旱指数	相對乾旱指數
relative frequency	相对频率	相對頻率
relative growth	相对生长	相對生長
relative growth coefficient	相对生长系数	相對生長係數
relative growth method	相对生长法	相對生長測定法
relative growth rate(RGR)	相对生长速率	相對生長率
relative humidity	相对湿度	相對濕度
relative light intensity	相对光照强度	相對光照強度
relative light requirement	相对需光量	相對需光度

英　文　名	大　陆　名	台　湾　名
releaser	释放因子	釋放因子
relevé	样地记录[表]	最小面積樣方
relic area	孑遗分布区,残遗分布区	孑遺分布區
relic endemic species	孑遗特有种	孑遺特有種,古特有種
relic flora	孑遗植物区系,残遗植物区系	孑遺植物相
relic soil(= relict soil)	残遗土	殘遺土
relict community	孑遗群落	孑遺群集
relict soil	残遗土	殘遺土
relict species	孑遗种,残遗种	孑遺種,古老種
remigration	再迁入	遷回
remnant patch	残余斑块	殘留區塊,殘留斑塊
remote sensing	遥感	遙[感探]測
removal census	去除调查法	移除調查法
removal method	去除法	移除法
removal sampling	去除取样法	移除取樣法
renewable resources	可再生资源	再生[性]資源
renewal probability model	更新概率模型	更新概率模型
reproduction	生殖,繁殖	繁殖,生殖
reproduction curve(= recruiting curve)	补充曲线,繁殖曲线	補充曲線,繁殖曲線,生殖曲線
reproduction rate	生殖率,繁殖率	繁殖率,生殖率
reproductive behavior	生殖行为	繁殖行為,生殖行為
reproductive capacity	生殖能力	繁殖力,生殖力
reproductive cost	生殖成本	繁殖成本,生殖成本
reproductive cycle	生殖周期	繁殖週期,生殖週期
reproductive effort	生殖努力	繁殖努力,生殖努力
reproductive failure	生殖失败	繁殖失敗,生殖失敗
reproductive isolation	生殖隔离	生殖隔離
reproductive output	生殖量	繁殖產出,生殖產出
reproductive potential	生殖潜能	繁殖潛能,生殖潛能
reproductive rate(= reproduction rate)	生殖率,繁殖率	繁殖率,生殖率
reproductive strategy	生殖对策	繁殖策略,生殖策略
reproductive value	生殖价	繁殖價
repulsion	排斥	排斥
rescue effect	拯救效应	救援效應
reserve forest	禁伐林	保留林

英 文 名	大 陆 名	台 湾 名
reserve nutrient	储藏养分	貯藏養分,储藏養分
reserve substance	储藏物质	貯藏物質,储藏物質
reserve tissue	储藏组织	貯藏組織,储藏組織
reservior pool	储存库	貯存庫
residence time	滞留时间	滯留時間
resident(=resident bird)	留鸟	留鳥
resident bird	留鸟	留鳥
residual effect	残效	殘效
residual space	剩余空间	剩餘空間
residue	残余物	殘餘物,殘毒
resilience	恢复力,弹性	回復力,恢復力,彈性
resistance	抵抗力,抗性	抵抗力,抗性
resistance adaptation	抗性适应	抗性適應
resorption	再吸收	再吸收
resource competition	资源竞争	資源競爭
resource-holding potential asymmetry (RHP asymmetry)	资源占有潜力不对称	資源佔有潛力不對稱性
resource inventory	资源编目	資源清單,資源盤點
resource limitation	资源限制	資源限制
resource management	资源管理	資源管理
resource partitioning	资源分配	資源分配
resource spectrum	资源谱	資源譜
resource utilization curve	资源利用曲线	資源利用曲線
respiration	呼吸	呼吸[作用]
respiration/biomass ratio(R/B ratio)	呼吸/生物量比	呼吸/生物量比
respiration loss	呼吸损失	呼吸損失
respiration quotient(RQ)	呼吸商	呼吸商
respiratory consumption	呼吸消费量	呼吸消耗量
respiratory current	呼吸流	呼吸流
respiratory quotient(=respiration quotient)	呼吸商	呼吸商
respiratory rate	呼吸速率	呼吸率
respiratory root	呼吸根	呼吸根
respirometer	呼吸计	呼吸計
resting cell(=resting spore)	休眠孢子	休眠孢子
resting egg	休眠卵,滞育卵	休眠卵,滯育卵
resting metabolic rate	静止代谢率	靜止代謝率
resting spore	休眠孢子	休眠孢子

英　文　名	大　陆　名	台　湾　名
restocking	再补充	再補充,補植
restoration	恢复	復育
restoration ecology	恢复生态学	復育生態學
restriction enzyme	限制酶	限制酶
restriction fragment length polymorphism (RFLP)	限制性片段长度多态性	限制性片段長度多態性
retrogression(=degeneration)	退化	迴歸,退行,退化
retrogressive evolution(=regressive evolution)	退行进化,退行演化	退行演化,逆行演化
retrogressive succession	退化演替,逆行演替	退行性消長,退行性演替,逆行演替
return migration	往返迁移	復返遷移
reuse	再利用	再利用
reversing water sampler	颠倒采水器,南森瓶	顛倒式採水器,南森瓶,倒轉式採水瓶
reward feedback	报偿反馈	報償反饋
RFLP(=restriction fragment length polymorphism)	限制性片段长度多态性	限制性片段長度多態性
RGR(=relative growth rate)	相对生长速率	相對生長率
rheocrene	涌泉	湧泉
rheophilic vegetation	嗜流性植被	嗜流性植被
rheophyte	流水植物	流水植物
rheotaxis	趋流性	趨流性
rheotrophic organism	流水营养生物	流水營養生物
rhizome	根[状]茎	根狀莖
rhizosphere	根际	根圈
RHP asymmetry(=resource-holding potential asymmetry)	资源占有潜力不对称	資源佔有潛力不對稱性
rice-fish system	稻鱼共生系统	稻魚混養系統
rill erosion	细沟侵蚀	細流侵蝕
riparian forest	河岸林,河边林	濱岸林
riparian habitat management	流水生境管理	濱岸棲地管理
riparian vegetation	河岸植被	濱岸植被
risk analysis	风险分析	風險分析
risk-sensitive foraging	风险敏感摄食	風險–敏感性[最佳]覓食[理論]
ritualization	仪式化	儀式化
river continuum concept	河流连续体概念	河流連續體概念

英　文　名	大　陆　名	台　湾　名
river ecosystem	河流生态系统	河流生態系統
riverine plankton(=potamoplankton)	河流浮游生物	河川浮游生物
river terrace	河流阶地	河流階地
rivet-popper hypothesis	铆钉假说	鉚釘假說
robbing pheromone	掠夺信息素	掠奪費洛蒙
robustness	强壮性	穩健性,穩固性
rock vegetation	岩生植被	岩生植被
rocky reef	岩礁	岩礁
rocky shore	岩岸	岩岸
roof garden	屋顶花园	屋頂庭園
rookery	筑巢处	繁殖處
roost	栖巢	棲所
roosting colony	栖息群	棲息群
roosting place	栖息处	棲息處
root competition	根系竞争	根系競爭
root nodule	根瘤	根瘤
root pressure	根压	根壓
root/shoot ratio	根冠比	根/莖比
root system	根系	根系
rough grazing	粗放牧	粗放放牧
RQ(=respiration quotient)	呼吸商	呼吸商
r-selection	r 选择	r-選汰,r-選擇
r-strategist	r 对策者	r-策略種
r-strategy	r 对策	r-策略
rudimentary character	痕迹性状	痕跡形質,痕跡性狀
ruminant	反刍类	反芻類
runaway sexual selection	失控性选择	失控性擇
running water community	流水群落	流水系群集
runoff	径流	逕流
runoff coefficient	径流系数	逕流係數
rural forestry	乡村林业	鄉村林業

S

英　文　名	大　陆　名	台　湾　名
safe concentration(SC)	安全浓度	安全濃度
salination(=salinization)	盐化作用	鹽化[作用]
salinity	盐度	鹽度

英　文　名	大　陆　名	台　湾　名
salinity tolerance(=salt tolerance)	耐盐性	耐鹽性
salinization	盐化作用	鹽化[作用]
saltational speciation	跳跃式物种形成	跳躍式物種形成
salt bush	盐生灌木	鹽性灌木
salt community	盐生群落	鹽生群落
salt desert	盐漠	鹽[質沙]漠
salted soil	盐土	鹽漬土
salt elimination	排盐	排鹽
salt exclusion	拒盐	拒鹽
salt excretion	泌盐	泌鹽,排鹽
salt gland	盐腺	鹽腺
salt lake	盐湖	鹽水湖
salt marsh	盐沼	鹽澤,鹽沼
salt regulation	盐调节	鹽調節
salt resistance	抗盐性	抗鹽性
salt stress	盐胁迫	鹽緊迫,鹽逆壓
salt succulence	盐肉质化	鹽肉質化
salt tolerance	耐盐性	耐鹽性
sample	样本	樣本
sample size	样本量	樣本數
sampling	取样,抽样	採樣,取樣
sampling area	样区	樣區
sampling distribution	取样分布	取樣分布
sampling error	取样误差	取樣誤差
sampling ratio	取样比率	取樣率
sampling unit	取样单元	取樣單位
sampling variation	取样变异	取樣變異
sanctuary	禁猎区	保護區,禁獵區
sand bathing	沙浴	沙浴
sandbreak forest(=sand protecting planta- tion)	防沙林	防沙林
sand dune vegetation	沙丘植被	沙丘植被
sand protecting plantation	防沙林	防沙林
sandstorm	沙[尘]暴	沙塵暴
sanitary landfill	卫生填埋	衛生掩埋
sanitary waste	生活废物	生活廢棄物
sap feeder	汁食性者,吸汁液者	汁食性者,吸汁液者
sapling	幼树	幼木

英 文 名	大 陆 名	台 湾 名
saprium	腐生生物群落	腐生生物群落
saprobia	污水生物,腐生生物	汙水生物,腐生生物
saprobiont(=saprobia)	污水生物,腐生生物	汙水生物,腐生生物
sapropel(=muck)	腐泥	腐泥
sapropelite	腐泥煤	固結腐[植]泥
sapropelith	腐泥岩	腐泥岩
saprophage	食腐动物	食腐動物,腐食動物
saprophagy	食腐性	食腐性,腐食性
saprophile	嗜腐生物	嗜腐生物
saprophytic bacteria community	腐生菌群落	腐生菌群集,腐生植物群落
saprophytic chain	腐生链	腐生[食物]鏈
saprophytic community(=saprophytic bacteria community)	腐生菌群落	腐生菌群集,腐生植物群落
saproplankton	污水浮游生物,腐生浮游生物	腐生浮游生物
saprotroph(=saprobia)	污水生物,腐生生物	汙水生物,腐生生物
saprovore(=saprophage)	食腐动物	食腐動物,腐食動物
sarcophagy	食肉性	肉食性,食肉性
satellite image	卫星影像	衛星影像
satellite species	附属种	衛星種,附屬種
saturation deficit	饱和差	飽和差
saturation density	饱和密度	飽和密度
saturation point	饱和点	飽和點
saturnism	铅中毒	鉛中毒
savanna	热带稀树草原,萨瓦纳	稀樹草原
savanna forest	草原疏林	草原疏林
SBR(=sequencing batch reactor)	序批式反应器	序列批式反應器
SC(=safe concentration)	安全浓度	安全濃度
scale	尺度	尺度
scale effect	尺度效应	尺度效應
scaling	尺度推绎,尺度转换	尺度分析
scatter diagram	散点图	散佈圖
scavenger(=saprophage)	食腐动物	食腐動物,腐食動物
scent marking	气味标记	氣味標識
sclerophyllous plant	硬叶植物	硬葉植物
sclerophyte(=sclerophyllous plant)	硬叶植物	硬葉植物
scramble competition	争夺竞争	混戰競爭

英 文 名	大 陆 名	台 湾 名
scrub	灌丛	灌叢
SDP(=short-day plant)	短日照植物,长夜植物	短日照植物
sea-level rise	海平面上升	海平面上升
search image	搜寻印象	搜尋形象
searching behavior(=investigative behavior)	探索行为	探索行為,搜尋行為
seasonal aspect	季相	季相,季相變遷
seasonality	季节性	季節性
seasonal migration	季节迁徙	季節性遷徙,季節性遷移,季節性洄游
seasonal periodicity	季节周期性	季節週期性
seasonal rhythm	季节性节律	季節性律動
seasonal succession	季节演替,季相演替	季節性消長,季節性演替
seasonal vicariad	季节替代种	季節替代[種]
sea-surface microlayer	海面微表层	海洋微表層
sea-weed bed(=kelp bed)	海藻床	巨藻床
secondary community	次生群落	次生群集
secondary consumer	次级消费者	次級消費者
secondary extinction	次生灭绝	次生滅絕
secondary forest	次生林	次生林
secondary growth	次生生长	次級生長
secondary metabolite	次生代谢物	次級代謝物,二次代謝物
secondary parasite	二重寄生物	重複寄生物,二重寄生物
secondary pollutant	二次污染物,次生污染物	二次汙染物
secondary producer	次级生产者	次級生產者
secondary production	次级生产量,第二性生产量	次級生產量
secondary productivity	次级生产力,第二性生产力	次級生產力
secondary sere	次生演替系列	次生演替系列
secondary succession	次生演替	次生演替
secondary treatment	二级处理,生物处理	二級處理
second-order stream	二级河流	二級河流
sedentary species	固着物种	定著物種

英　文　名	大　陆　名	台　湾　名
sedge bog	莎草沼泽	莎草泥炭沼
sedimentary cycle	沉积型循环	沈積循環
sedimentation	沉积作用	沈積作用
sediment pollution	沉积物污染	沈積物汙染
seed bank	种子库	種子庫
seed dispersal	种子扩散	種子播遷,種子散佈
seeded pasture	人工牧地	播種草地
seed orchard	种子园	種子園
seed pool(=seed bank)	种子库	種子庫
seed vigor	种子生活力	種子活力
selection	选择	選擇,淘汰
selection coefficient	选择系数	擇汰係數
selection differential	选择差	擇汰差
selection pressure	选择压[力]	擇汰壓力
selective absorption	选择吸收	選擇性吸收[作用]
selective cutting	择伐	擇伐
selective felling(=selective cutting)	择伐	擇伐
selective grazing	选择放牧	選擇啃食
selective herbicide	选择性除草剂	選擇性殺草劑,選擇性 　除草劑
selective insecticide	选择性杀虫剂	選擇性殺蟲劑
selective permeability	选择透性	選[擇通]透性
selective toxicity	选择毒性	選擇性毒性
selectivity index	选择指数	選擇[性]指數
self-compatibility	自交亲和性	自交親和性
self-domestication	自驯化	自動馴化
self-feeder(=autotroph)	自养生物	自養生物,自營生物
self-incompatibility	自交不亲和性	自交不親和性
selfing	自交	自花授粉,自交
self-pollination	自花传粉	自花傳粉
self-propagation	自体繁殖	自體繁殖
self-purification	自净作用	自動淨化
self-regulation	自调节	自動調節
self-similarity	自相似	自相似
self-sustaining system	自给系统	自給自足系統
self-thinning(=natural thinning)	自然稀疏,自疏	自然疏伐,天然疏伐
semelparity	单次生殖	單次繁殖
semiarid	半干旱性	半乾旱性

英　文　名	大　陆　名	台　湾　名
semi-deciduous forest	半落叶林	半落葉林
semi-desert	半荒漠	半漠地,半荒漠,半沙漠
semi-diurnal tide	半日潮	半日潮
semilunar reproductive cycle	半月生殖周期	半月齡生殖週期
seminatural community	半自然群落	半自然群集
seminatural ecosystem	半自然生态系统	半自然生態系
semiochemicals(＝infochemicals)	信息化学物质	訊息化合物
semiparasite	半寄生物	半寄生物
semipermeability	半透性	半透性
semispecies	半分化种	半種
sempervirentherbosa	常绿草本群落	常綠草本群落
senescence	衰老	老化
sensitive index	敏感指数	感受指數
sensitivity model	敏感模型	感受性模型
septic tank system	腐化池系统,化粪池系统	化糞池系統
sequencing batch reactor(SBR)	序批式反应器	序列批式反應器
sequential hermaphrodite	顺序雌雄同体	順序雌雄同體
sequential sampling	序贯抽样	層序取樣
seral community	演替系列群落	演替系列群落
seral stage	演替系列期	演替過渡階段
serclimax	演替系列顶极[群落]	演替過渡極峰,演替系列頂極群落
sere	演替系列	演替系列,消長系列
sereclimax(＝serclimax)	演替系列顶极[群落]	演替過渡極峰,演替系列頂極群落
serial correlation coefficient	序列相关系数	系列相關係數
serpentine vegetation	蛇纹石植被	蛇紋石植被
sessile animal	固着动物	固著性動物
sessile organism	固着生物	固著生物
seston(＝suspended substance)	悬浮物	懸浮物
sewage	污水	汙水
sewage farm	污水处理场	汙水處理場
sewage irrigation	污水灌溉	汙水灌溉
sewage treatment	污水处理	汙水處理
sex attractant	性诱剂	性誘[引]劑
sex change	性别转变	性轉變
sex pheromone	性信息素	性費洛蒙

英　文　名	大　陆　名	台　湾　名
sex ratio	性比	性比
sex role reversal	性角色逆转	性角色逆轉
sexual conflict	两性冲突	兩性衝突
sexual dimorphism	性二态	性雙型,兩性異型,雌雄雙型
sexual isolation	性隔离	性[別]隔離
sexual reproduction	有性生殖	有性生殖
sexual selection	性选择	性擇
sexual structure	性别结构	性別結構
sexual swilling	性皮肿胀	性皮腫脹
sexupara	性母	性母,產性成蟲(蚜蟲)
Shannon function	香农函数	夏儂[氏]函數
Shannon-Wiener index	香农–维纳指数	夏儂–威納指數
shelf ecosystem	大陆架生态系统	陸棚生態系
shelf fauna	陆架动物区系	陸棚動物相
Shelford's law of tolerance	谢尔福德耐受性定律	謝爾福德氏耐受性定律
shelter forest	防护林	防護林
shifting agriculture	迁移农业	遊墾農業
shivering thermogenesis	颤抖性产热	顫抖性產熱
short-day plant(SDP)	短日照植物,长夜植物	短日照植物
shrub	灌木	灌木
shrubby vegetation	灌木植被	灌木植被
shrub desert	灌木荒漠	灌木漠地
shrubland	疏灌丛	灌叢群落
shrub zone	灌木带	灌木帶
sibling species	同胞种	同胞種
sibship	同胞关系	同胞關係
siccideserta	干荒漠	乾荒漠
sieve selection hypothesis	筛选说	篩選抉擇說
sigmoid curve(=logistic curve)	逻辑斯谛曲线,S形曲线	推理曲線,邏輯斯諦曲線,S形曲線
sign stimulus	信号刺激	信號刺激
silicicolous plant	嗜硅植物	嗜矽酸植物
Silurian Period	志留纪	志留紀
silver spoon effect	银勺效应,幼期优育效应	銀湯匙效應,幼期優育效應
Simpson's diversity index	辛普森多样性指数	辛普森多樣性指數
simulation	模拟,仿真	模擬

英　文　名	大　陆　名	台　湾　名
simultaneous hermaphrodite	同时雌雄同体	同時雌雄同體
single climax（=monoclimax）	单顶极	單極相,單極峰群落
single factor analysis	单因子分析	單因子分析
single large or several small principle（SLOSS principle）	一大或数小原则,SLOSS原则	一大或數小原則
sink patch	汇斑块	匯區塊,沈降區塊
sink population	汇种群	匯族群
sink-source relationship	汇源关系	匯源關係
site	立地	立地,生育地(森林)
site factor	立地因子	立地因子(森林)
site index	地位指数,立地指数	立地指數(森林)
site indicator	立地指标	立地指標(森林)
site indicator plant	森林生境指示植物	立地指標植物(森林)
site quality	立地质量	立地品質(森林)
site value	立地价值	立地價值(森林)
size-selection predation	体型选择捕食	體型選擇捕食
Skinner box	斯金纳箱	斯金納箱
skoto-plankton	暗生性浮游生物	暗層浮游生物
SLA（=specific leaf area）	比叶面积	比葉面積
slash and burn agriculture	刀耕火种,烧荒垦种	刀耕火種農業,焚耕,燒耕
SLOSS principle（=single large or several small principle）	一大或数小原则,SOLSS原则	一大或數小原則
sludge	污泥	汙泥
sludge bulking	污泥膨胀	汙泥蓬鬆[現象]
sludge thickening	污泥浓缩	汙泥濃度
sludge treatment	污泥处理	汙泥處理
small sample theory	小样本理论	小樣本理論
SMR（=standard metabolic rate）	标准代谢率	標準代謝率
snap-trap	夹捕器	彈夾器,夾捕器
snowbreak forest	防雪林	防雪林
snow line	雪线	雪線
SO（=southern oscillation）	南方涛动	南方震盪
sociability	群集度	社群度
social behavior	社会行为	社會行為
social bond	社群联结	社會連結,社會聯結,社會鍵
social dominance	社群优势	社會優勢

英　文　名	大　陆　名	台　湾　名
social facilitation	社会性易化	社會促進
social hierarchy	社会等级	社會階層,社會階級
social insect	社会性昆虫	社會昆蟲
sociality	社会性	社會性
social learning	社群性学习	社會學習
social parasitism(=gregarious parasitism)	群居寄生	群聚寄生,社會寄生
social pheromone	社会信息素	社會費洛蒙
social structure	社群结构	社會結構
sociation	基群丛	基群叢
socies	演替系列组合	小社群
society	社群	社會,社群
sociobiology	社会生物学	社會生物學
soft release	软释放	軟釋放
softwood	针叶材	針葉材
softwood forest(=coniferous forest)	针叶林	針葉林
soil acidity	土壤酸度	土壤酸度
soil alkalization	土壤碱化作用	土壤鹼化作用
soil amelioration	土壤改良	土壤改良
soil amendment	土壤改良剂	土壤改良劑
soil association	土壤组合	土壤聯域
soil available water	土壤有效水	土壤有效水
soil bulk density	土壤容重	土壤容重
soil capillary water	土壤毛管水	土壤毛管水
soil climate	土壤气候	土壤氣候
soil consistency	土壤结持度	土壤結持度
soil contamination(=soil pollution)	土壤污染	土壤汙染
soil deterioration	土壤退化,土壤恶化	土壤劣化
soil diagnosis	土壤诊断	土壤診斷
soil erosion	土壤侵蚀	土壤侵蝕
soil evolution	土壤演化	土壤演化
soil fertility	土壤肥力	土壤肥力
soil formation	土壤形成	土壤形成
soil free water	土壤自由水	土壤自由水
soil macrofauna	土栖大型动物	土棲大型動物相
soil mesofauna	土栖中型动物	土棲中型動物相
soil microfauna	土栖小型动物	土棲微動物相
soil moisture	土壤水分	土壤水
soil moisture characteristic curve	土壤水分特征曲线	土壤水特性曲線

英　文　名	大　陆　名	台　湾　名
soil moisture constant	土壤水分常数	土壤水常數
soil pollution	土壤污染	土壤汙染
soil pollution index	土壤污染指数	土壤汙染指數
soil productivity	土壤生产力	土壤生產力
soil sterilization	土壤杀菌,土壤消毒	土壤殺菌
soil-vegetation relationship	土壤–植被关系	土壤–植被關係
soil water characteristic curve（=soil moisture characteristic curve）	土壤水分特征曲线	土壤水特性曲線
soil water content	土壤含水量	土壤含水量
soil water depletion	土壤水分枯竭	土壤水枯竭
soil wilting coefficient	土壤萎蔫系数	土壤凋萎係數
soil zonality	土壤地带性	土壤成帶性
soil zone	土壤[地]带	土壤帶
solar emergy	太阳能值	太陽能值
solar radiation	太阳辐射	太陽輻射
solar radiation curve	太阳辐射曲线	太陽輻射曲線
solar tracking	太阳跟踪	太陽跟蹤
solar transformity	太阳能值转换率	太陽能換率
solar ultraviolet radiation	太阳紫外辐射	太陽紫外輻射
solid waste	固体废物	固體廢棄物
solitaria phase	散居相	散居型
solitary animal	独居动物	獨居動物
solitary bees	独居蜜蜂	獨居蜜蜂
solitary parasitism（=monoparasitism）	单寄生	單寄生
source patch	源斑块	源區塊
source population	源种群	源族群
source-sink model	源–汇模型	源–匯模型
southern oscillation（SO）	南方涛动	南方震盪
spaced fluctuation	间隔性波动	間距性變動
space scale	空间尺度	空間尺度
sparse planting	疏植	疏植
sparse vegetation	稀疏植被	稀疏植被,開放植被
spatial and temporal pattern	时空格局	時空格局,時空模式
spatial auto-correlation	空间自相关	空間自相關
spatial auto-correlation analysis	空间自相关分析	空間自相關分析
spatial gradient	空间梯度	空間梯度
spatial heterogeneity	空间异质性	空間異質性
spatial landscape model	空间景观模型	空間景觀模型,空間地

英　文　名	大　陆　名	台　湾　名
		景模型
spatial niche	空间生态位	空間生態位
spatial pattern	空间格局	空間格局
spatial resolution	空间分辨率,空间解析度	空間解析度
spawning(=oviposition)	产卵	產卵
spawning ground	产卵场	產卵場
spawning migration	产卵洄游,生殖洄游	生殖洄游,產卵遷移,產卵迴游
spawning starvation	产卵绝食	產卵絕食
specialization	特化	專化,特化
specialized species	特化种	專化種,特化種
speciation	物种形成	種化
species	物种	物種,種
species-abundance curve	物种多度曲线,物种丰度曲线	物種豐量曲線
species-area curve	种–面积曲线	物種–面積曲線
species-area effect	种–面积效应	物種–面積效應
species-area hypothesis	种–面积假说	物種–面積假說
species combination	物种组合	物種組合
species diversity(=diversity of species)	物种多样性	物種多樣性
species diversity index(=index of species diversity)	物种多样性指数	物種多樣性指數,[物]種歧異度指數
species equilibrium	种数平衡	種數平衡
species evenness	物种均匀度	物種[均]勻度
species invasion	物种入侵	物種入侵
species packing	物种群集	物種聚縮
species recognition	物种识别	物種辨識
species redundancy	冗余种,物种冗余	物種冗餘
species redundancy hypothesis	冗余种假说,物种冗余假说	冗餘種假說
species richness	物种丰富度	物種豐[富]度
species saturation	物种饱和度	物種飽和度
species senescence	种老化	種老化
species similarity	物种相似性	物種相似度
species turnover	物种周转	物種周轉
specific gravity	比重	比重
specific heat	比热	比熱

英　文　名	大　陆　名	台　湾　名
specific humidity	比湿	比濕
specificity	专一性	專一性
specific leaf area(SLA)	比叶面积	比葉面積
specific mortality	特定死亡率	特定死亡率
specific natality	特定出生率	特定出生率
specimen	标本	標本
spectral analysis	谱分析	光譜分析
speleobiology	洞穴生物学	洞穴生物學
sperm competition	精子竞争	精子競爭
sperm displacement mechanism	精子取代机制	精子取代機制
sphagnum bog	泥炭藓沼泽	苔泥[炭]沼,苔灌叢沼
sphagnum moor(=sphagnum bog)	泥炭藓沼泽	苔泥[炭]沼,苔灌叢沼
spontaneous mutation	自发突变	自發[性]突變
spring circulation	春季循环	春季循環,春季混合
spring overturning(=spring circulation)	春季循环	春季循環,春季混合
spring tide	大潮	大潮
SS(=suspended substance)	悬浮物	懸浮物
stability	稳定性	穩定性
stabilizing selection	稳定选择	穩定[型]天擇
stable age distribution	稳定年龄分布	穩定年齡分布
stable cyclic oscillation	稳定周期性振动	穩定週期性振動
stable equilibrium	稳定平衡	穩定平衡
stable isotope analysis	稳定同位素分析	穩定同位素分析
stable limit cycle	稳定极限环	穩定極限週期
stable phytocoenosium	稳定植物群落	穩定植物群落
stable population	稳定型种群	穩定族群
stage of succession(=succession stage)	演替阶段	演替階段
stagnoplankton	静水浮游生物	靜水性浮游生物
stand	林分	林分
standard deviation	标准差	標準差,標準偏差
standard error	标准误差	標準誤,標準誤差
standard error of the mean	平均数标准误差	平均值標準誤差
standard metabolic rate(SMR)	标准代谢率	標準代謝率
stand climate	林分气候	林地氣候
stand density	林分密度	林分密度
standing biomass	现存生物量	現存生物量
standing population	现存种群	現存族群
standing stock(=standing yield)	现存[产]量	現存[產]量

英　文　名	大　陆　名	台　湾　名
standing tree	立木	立木
standing water	静水水域	静水
standing yield	现存[产]量	現存[產]量
stand structure	林分结构	林分構造
starchy leaf	淀粉叶	澱粉葉
stare duration hypothesis	凝视时间假说	凝視時間假說
startle effect	惊吓效应	驚嚇效應
state variable	状态变量	狀態變數
static life table	静态生命表	靜態生命表
static model	静态模型	靜態模型,靜態模式
stationary age distribution	固定年龄分布	穩定年齡分布
stationary population	固定型种群	穩定族群
statoblast	休眠芽	休眠芽
steady state(=homeostasis)	稳态	[體內]恆定,恆定狀態,穩態
stem succulent	肉茎植物	肉莖植物
stenochory	窄域分布	窄域分布
stenohaline	狭盐性	狹鹽性[的]
stenohaline species	狭盐种	狹鹽種
stenophagy	狭食性	狹食性
stenotherm	狭温性生物	狹溫性生物
stenothermal species	狭温种	狹溫種
stenotopic	狭适性	狹棲性
steppe(=grassland)	草原	草原,矮莖乾草原
stepping-stone hypothesis	脚踏石假说	[島嶼]墊石假說,[島嶼]踏腳石假說
stepping-stone model	脚踏石模型	[島嶼]墊石模式,[島嶼]踏腳石模式
stereotaxis(=thigmotaxis)	趋触性,趋实性	趨觸性
stereotropism(=thigmotropism)	向触性,向实性	向觸性
stereotypic behavior	定型行为	刻板行為
sterile caste	不育等级	不育品級
sterile-male method	雄性不育法	閹雄法
sterile-male release technique	雄性不育释放技术	閹雄釋放技術
sterility	不育性	不稔性,不妊性,不育性
sticky trap	黏着诱捕器	黏捕器
sticky trap method	黏捕法	黏捕法
sting pheromone	攻击信息素	螫釋費洛蒙

英 文 名	大 陆 名	台 湾 名
stochastic extinction	随机灭绝	隨機滅絕
stochastic landscape model	随机景观模型	隨機景觀模型,隨機地景模型
stochastic model	随机模型	隨機模式
stochastic system	随机系统	隨機系統
stochastic variable(=random variable)	随机变量	隨機變數,逢機變數
stock assessment	资源评估	資源評估
stock farming	畜牧业	畜牧業
stocking capacity	载畜量	可放養量,載畜量
stoloniferous plant(=creeping plant)	匍匐植物	匍匐植物,蔓生植物
stoma	气孔	氣孔
stomata(复)(=stoma)	气孔	氣孔
stomatal conductance	气孔导度	氣孔導度
stomatal resistance	气孔阻力	氣孔阻力
stomatal transpiration	气孔蒸腾	氣孔蒸散
stored product pest	仓储害虫	倉庫害蟲
stranger plant	稀有植物	偶見植物
strangler	绞杀植物	纏勒植物
stratification	分层现象	分層,層化作用
stratified random sampling	分层随机抽样	分層逢機取樣
stratified sampling	分层抽样,分层取样	分層取樣
stress	胁迫	緊迫,壓力,應力,逆壓,逆境
stress theory	应激理论	壓力學說
stress tolerance	耐逆性	耐逆性
strip census	带状调查	樣帶調查法
strip cropping	带状耕作	帶狀耕作
structural patch	结构斑块	結構區塊,結構斑塊,結構嵌塊體
structural species	构造种	構造種
stygobiont	暗层生物	暗層生物
stygobiotic organism(=stygobiont)	暗层生物	暗層生物
subadult	亚成体,次成体	亞成體
subalpine flora	亚高山植物区系	亞高山植物相
subalpine zone	亚高山带	亞高山帶
subarctic zone	亚北极带	亞北極帶
subassociation	亚群丛	亞群叢
subclimax	亚[演替]顶极	亞極峰

英　文　名	大　陆　名	台　湾　名
subcontinental climate	亚大陆性气候	次大陸性氣候
subdominant species	亚优势种	亞優勢種
subdominant tree	亚优势木	亞優勢木
subformation	亚群系	亞群系
subfossil	亚化石	準化石,亞化石
subfrigid zone species	亚寒带种	亞寒帶種
subimago	亚成虫	亞成蟲
subinfluent species	亚影响种	亞影響種
subirrigation	地下灌溉	地下灌溉
sublethal concentration	亚致死浓度	亞致死濃度
sublethal dosage	亚致死剂量	亞致死劑量
sublethal heat stress	亚致死热胁迫	亞致死熱緊迫
sublittoral region	亚沿岸区	亞沿岸區,亞濱岸區
sublittoral zone	亚沿岸带	亞沿岸帶,亞濱岸帶
submarine sediment	海底沉积物	海底沈積物
submerged hydrophyte	沉水植物	沈水植物
submerged plant(=submerged hydrophyte)	沉水植物	沈水植物
submerged plant community	沉水植物群落	沈水植物群落
submerged vegetation zone	沉水植被带	沈水植被帶
submissive display	屈服炫耀	臣服展示
submissive posture	顺从姿态	臣服姿勢
submontane zone	亚山地带	山麓地帶
subor	撒勃尔群落	撒勃爾群落
subordinate species	从属种	低階種,從屬種
subpolar zone	亚极带	亞極帶
subpopulation	亚种群	亞族群,次群族
subsere(=secondary sere)	次生演替系列	次生演替系列
subsoil	心土	心土
subspecies	亚种	亞種
substitute species	替代种	替代種,地理分隔種
subsurface irrigation(=subirrigation)	地下灌溉	地下灌溉
subsystem	亚系统	次系統
subterranean animal	地下动物	穴居動物,地下動物
subtidal community	潮线下群落	亞潮帶群聚
subtidal zone	潮下带	亞潮帶
subtropical evergreen forest	亚热带常绿阔叶林	亞熱帶常綠闊葉林
subtropical rain forest	亚热带雨林	亞熱帶雨林
subtropical rain forest zone	亚热带雨林带	亞熱帶雨林帶

英 文 名	大 陆 名	台 湾 名
subtropical zone	亚热带	亞熱帶
succession	演替	演替,消長
successional convergence	演替趋同	演替趨同
succession stage	演替阶段	演替階段
sudd	大块漂浮植物	大塊漂浮植物
suffruticosa plant	灌木植物	灌木植物
sulcatol	食菌甲诱醇	蠹聚集費洛蒙
sulfate-reducing bacteria	硫酸盐还原菌	硫酸鹽還原菌
sulfur cycle	硫循环	硫循環
sulfur oxide	硫氧化物	硫氧化物
sulphide community	硫化物生物群落	硫化物群聚
summer diapause	夏滞育	夏滯育
summer egg	夏卵	夏卵
summer fallow	放牧休闲,生草休闲	夏季休耕地
summer green forest(=deciduous broad-leaved forest)	落叶阔叶林,夏绿林	落葉闊葉林,夏綠林
sun plant(=heliophyte)	阳生植物	陽性植物,陽生植物
superorganism	超个体	超生物體
superparasitism	超寄生	多次寄生
superspecies	超种	超種
superweed	超级杂草	超級雜草
suppressed tree	被压木	受壓木,被壓木,下層木
supralittoral zone	潮上带	上潮帶,潮上帶
supratidal zone(=supralittoral zone)	潮上带	上潮帶,潮上帶
surface fire	表火,低强度火灾	地表火
surface pheromone	表面信息素	表皮費洛蒙
surplus production	剩余生产量	剩餘生產量
surplus production model	剩余生产量模型	剩餘生產量模型
surplus sludge	剩余污泥	剩餘汙泥
survival curve	存活曲线,生存曲线	生存曲線,存活曲線
survival of the fittest	适者生存	適者生存
survival rate	存活率	存活率,殘存率,成活率
survival value	存活值	存活值(演化)
survivorship curve(=survival curve)	存活曲线,生存曲线	生存曲線,存活曲線
survivorship curve type	存活曲线类型	存活曲線類型
survivourship	存活	存活
suspended substance	悬浮物	懸浮物
suspension feeder(=filter feeder)	滤食动物,悬食动物	濾食者,濾食生物,懸浮

英　文　名	大　陆　名	台　湾　名
		物攝食者
suspension feeding	悬浮物摄食	懸浮物攝食
suspensoid	悬浮体	懸膠體
sustainable agriculture	可持续农业,永续农业	永續農業,可持續農業
sustainable management	可持续管理	永續管理,可持續管理
sustainable use	可持续利用	永續利用,可持續利用
sustainable yield	持续渔获量	持續漁獲量
swamp	树沼	沼澤,林澤
swarming	①分蜂 ②群飞	①分封 ②群飛,紛飛
swift-water community	激流群落	激流群集
symbiont	共生生物	共生生物
symbiosis	共生	共生[現象]
symbiotic saprophyte	共生腐生植物	共生的腐生菌,共生的 　腐生植物
sympatric speciation	同域物种形成,同域成 　种	同域種化,同域成種作 　用
sympatric species	同域种	同域種
symphile	蚁客	蟻巢食客
synchorology	群落分布学	群落分布學
synchronization	同步化	同步[作用]
synechthran	蚁盗	蟻巢惡客
synecology	群体生态学	群體生態學
synergism	协同作用	協力作用,增效作用
syngenetic geobotany	演替植物地理学	親緣植物地理學
syngenetics	群落遗传学,群落演替 　学	群落演替學
syngenetic succession	群落发生演替	親緣演替
synoecy	客栖	客居
synoekete	客虫	客居生物
synoekie(＝synoecy)	客栖	客居
synoekosis(＝synoecy)	客栖	客居
synomone	互利素	新洛蒙,互利素
syntrophism	互养共栖	取食體產物[現象]
syntrophy(＝syntrophism)	互养共栖	取食體產物[現象]
synusia	层片	同型同境群落
synusium(＝synusia)	层片	同型同境群落
synzoochory(＝zoochory)	动物散布,动物传播	動物傳播,動物散播
system analysis	系统分析	系統分析

T

英　文　名	大　陆　名	台　湾　名
tactile communication	触觉通信	觸覺溝通
taiga	泰加林,北方针叶林	泰加林,北方針葉林,北寒針葉林
tall-grass	高茎草	高莖草
tall-grass prairie	高茎草原	高莖草原,高草原
tall-grass type	高茎草型	高莖草型
tall herbaceous vegetation	高茎草本植被	高莖草本植被
taxis	趋性	趨向性
Taylor's power law	泰勒幂法则	泰勒[氏]幂法則
TEEB(=The Economics of Ecosystems and Biodiversity)	生态系统与生物多样性经济学	生態系與生物多樣性經濟學
temperate coniferous forest	温带针叶林	溫帶針葉林
temperate deciduous forest	温带落叶林	溫帶落葉林
temperate forest	温带林	溫帶林
temperate grassland	温带草原	溫帶草原
temperate rain forest	温带雨林	溫帶雨林
temperature conformer	温度顺应者	溫度順應者
temperature lapse rate	气温直减率	溫度直減率
temperature-moisture graph	温湿图	溫度雨量圖,溫濕圖
temperature toleration	耐温性	耐溫性
temporal niche	时间生态位	時間生態位,時間[生態]區位,時間[生態]席位
temporal pattern	时间格局	時間格局,時間樣式,時間模式
temporal scale	时间尺度	時間尺度
temporal-spatial structure	时空结构	時空結構
temporal structure	时间结构	時間結構
temporary parasitism	暂时寄生	暫時寄生
temporary wilting	暂时萎蔫	暫時凋萎
teratogen	致畸剂	致畸劑,致畸因子
tergum gland pheromone	背板腺信息素	背板腺費洛蒙
termitocole(=termitophile)	白蚁巢生物	白蟻巢內共生物

英　文　名	大　陆　名	台　湾　名
termitophile	白蚁巢生物	白蟻巢內共生物
terrestrial ecosystem	陆地生态系统	陸域生態系,陸生生態系
terrestrial plant	陆生植物	陸生植物
territorial behavior	领域行为	領域行為
territoriality	领域性	領域性
territory	领域	領域
tertiary consumer	三级消费者	三級消費者
tertiary treatment	三级处理,深度处理	三級處理
thalassoplankton	海洋浮游生物	海洋浮游生物
The Economics of Ecosystems and Biodiversity(TEEB)	生态系统与生物多样性经济学	生態系與生物多樣性經濟學
thelytokous parthenogenesis	产雌孤雌生殖	產雌孤雌生殖
thelytoky(=thelytokous parthenogenesis)	产雌孤雌生殖	產雌孤雌生殖
theoretical ecology	理论生态学	理論生態學
theory of climatic stability(=climatic stability theory)	气候稳定学说	氣候穩定學說
theory of grazing	摄食学说	攝食學說
theory of island biogeography	岛屿生物地理学说	島嶼生物地理學說
theory of natural selection	自然选择说	天擇說
theory of spatial heterogenity	空间异质性学说	空間異質性學說
theory of species immutability	物种不变论	物種不變論
theory of the optimal yield	最适收获量学说	最適收穫量說
thermal adaptation	温度适应	溫度適應,溫度調適
thermal migration	温度性迁移	溫度性遷移
thermal organism	嗜热生物	嗜熱生物
thermal pollution	热污染	熱汙染
thermal radiation	热辐射	熱[能]輻射
thermium	温泉群落	溫泉群落
thermocline	温跃层	躍溫層,斜溫層
thermogenesis	产热	產熱,生熱作用
thermohaline circulation	热盐环流	溫鹽環流
thermoperiodism	温周期性	溫週期性
thermophile(=thermal organism)	嗜热生物	嗜熱生物
thermopreferendum	温度选择,温度偏好	溫度選擇,溫度偏好
thermoregulation	体温调节	體溫調節
thermoregulator	温度调节者	溫度調節者
thermotaxis	趋温性	趨溫性,趨熱性

英　文　名	大　陆　名	台　湾　名
therophyte	一年生植物	一年生植物
thigmotaxis	趋触性,趋实性	趨觸性
thigmotherm	触温动物	觸溫動物
thigmotropism	向触性,向实性	向觸性
thorn forest	热带旱生林	荊棘林
thorn scrub	热带旱生灌丛,荆棘灌丛	荊棘灌叢
threat behavior	威吓行为	威嚇行為
threatening coloration	威吓色	威嚇色
threat posture	威胁姿势	威嚇姿勢
threshold	阈值	閾值,臨界,門檻
tidal forest	海潮林	海潮林
tidal level	潮位	潮位
tidal line	潮线	潮線
tidal marsh	潮沼	潮沼
tidal migration	潮汐移动	潮汐移動
tidal periodicity	潮汐周期性	潮汐週期
tidal range	潮差	潮差
tidal rhythm	潮汐节律	潮汐律動
tidal woodland	潮汐林地	海潮林地
tidal zone(=intertidal zone)	潮间带	潮間帶,海潮間帶
tide	潮汐	潮,潮汐,海潮
tide range(=tidal range)	潮差	潮差
till(=moraine)	冰碛	冰磧石
timber line	林线,树木线	林線
time delay(=time lag)	时滞	時滯
time lag	时滞	時滯
time-specific life table	特定时间生命表	特定時間生命表
tit-for-tat co-operation	一报还一报式合作	一報還一報式合作
TN(=total nitrogen)	总氮	總氮
TOC(=total organic carbon)	总有机碳	總有機碳
TOD(=total oxygen demand)	总需氧量	總需氧量
toe-clipping method	剪趾法	剪趾法
token stimulus(=sign stimulus)	信号刺激	信號刺激
tolerable injury level	被害允许界限	損害容許水準
tolerable pest density	有害生物允许密度	有害生物容許密度
tolerant species	耐性种,耐污染物种	耐性種,耐汙種
TOM(=total organic matter)	总有机物	總有機物

英　文　名	大　陆　名	台　湾　名
top-down control	下行控制	下行[式]控制
top-down effect	下行效应	下行效應
topocline	地形梯度变异,地形渐变群	地形漸變群
topo-edaphic climax	地形土壤顶极	地形土壤極相
topographic climax	地形顶极	地形性極相
top/root ratio(T/R ratio)	茎根比	莖根比
topsoil	表土	表土,耕層土
torrential fauna	急流动物区系	急流動物相
total effective temperature(=effective accumulated temperature)	有效积温	有效積溫
total mortality	总死亡率	總死亡率,全死亡率
total nitrogen(TN)	总氮	總氮
total organic carbon(TOC)	总有机碳	總有機碳
total organic matter(TOM)	总有机物	總有機物
total oxygen demand(TOD)	总需氧量	總需氧量
total phosphorus(TP)	总磷	總磷
total radiation	总辐射量	總輻射量
total reproduction rate(=gross reproductive rate)	总生殖率	總生殖率
toxicity index	毒性指数	毒性指數
toxicity threshold	毒性阈值	毒性閾值
toxic tolerance	耐毒性	耐毒性
TP(=total phosphorus)	总磷	總磷
trace element	痕量元素	微量元素
trace pheromone(=trail pheromone)	踪迹信息素,示踪信息素	蹤跡費洛蒙
trailing plant(=creeping plant)	匍匐植物	匍匐植物,蔓生植物
trail pheromone	踪迹信息素,示踪信息素	蹤跡費洛蒙
transect(=belt transect)	样带,样条	樣帶,穿越線
transgenic organism	转基因生物	基因轉殖生物,轉基因生物
transgression stage	海侵时期	海侵時期,海進時期
transhumance	迁移性放牧,牲畜季节性迁移	季節移牧
transient climax	过渡顶极,暂时顶极	過渡極相
transitional zone	过渡带	過渡帶

英　文　名	大　陆　名	台　湾　名
transition zone（＝transitional zone）	过渡带	過渡帶
transitory plankton（＝meroplankton）	阶段性浮游生物,周期性浮游生物	階段性浮游生物,週期性浮游生物
transovarial transmission	经卵巢传递	經卵巢傳染
transparency	透明度	透明度,透視度
transplanting culture	移植栽培	移植栽培
trap	诱捕器	陷阱,捕捉器
trap addictedness	嗜捕性	嗜捕性
trappability	诱捕率	陷捕率
trapping	捕获,诱捕	陷捕法
trap shyness	羞捕性	怯捕性
tree crown（＝crown）	树冠	樹冠
tree height ratio	树高比	樹高比
tree layer	乔木层	喬木層
tree limit	树限	樹限
tree of overstory	上层木	上層木
tree of understory	下层木	下層木
tree savanna	多树热带草原,多树萨瓦纳	多樹熱帶草原
tree steppe	有树干性草原	有樹乾草原
tree stratum（＝tree layer）	乔木层	喬木層
tree vigor	树势	樹勢
trial and error learning	试错学习	試誤學習
Triassic Period	三叠纪	三疊紀
trimedlure	地中海实蝇性诱剂	地中海果實蠅性誘劑
triple catch method	三重捕捉法	三重捕捉法
tripton（＝abioseston）	非生物悬浮物	非生物漂浮物,非生物懸浮物
trophallaxis	交哺[现象]	交哺現象
trophic cascade	营养级联	營養瀑布,營養潟流
trophic dynamic	营养动态	營養動態
trophic egg	营养卵	營養卵
trophic level	营养级	營養階層,食物階層
trophic structure	营养结构	營養結構
trophobiont	食客	供食者
trophogenic zone	营养生成层	營養生成層
tropholytic layer（＝tropholytic zone）	营养分解层	營養分解層
tropholytic zone	营养分解层	營養分解層

英 文 名	大 陆 名	台 湾 名
tropical lake(=oligomictic lake)	寡循环湖	寡循環湖
tropical rain forest	热带雨林	熱帶雨林
tropical rain forest biome	热带雨林生物群系	熱帶雨林生物群系
Tropic of Cancer	北回归线	北回歸線
Tropic of Capricorn	南回归线	南回歸線
tropism	向性	向性
T/R ratio(=top/root ratio)	茎根比	莖根比
true prairie	北美高草草原	北美高草草原
truncated distribution	截平分布	截斷分布
tuber geophyte	块茎地下植物	塊莖地下植物
tubicole	管栖动物	管棲動物
tubicolous animal(=tubicole)	管栖动物	管棲動物
tundra	冻原	凍原,苔原
tundra zone	冻原带	凍原帶
turbidity	浊度,浑浊度	濁度
turbulence	湍流	亂流,紊流
turnover	周转	周轉
turnover rate	周转率	周轉率
turnover time	周转期,周转时间	周轉時間
tussock	草丛	草叢
tussock grassland	丛草草原	叢草草原
twilight migration	晨昏迁徙	晨昏遷移
twin species	孪生种	孿生種
tychoplankton	偶然浮游生物	暫時性浮游生物,偶然 浮游生物

U

英 文 名	大 陆 名	台 湾 名
ubiquitist(=cosmopolitan species)	世界种,广布种	全球種,泛適應種
ultimate causation(=ultimate cause)	远因,终极导因,最终原因	遠因,終極原因
ultimate cause	远因,终极导因,最终原因	遠因,終極原因
ultrahaline water	超盐水,高盐水	超鹽水,高鹽水
ultraviolet ray(UVR)	紫外线	紫外線
umbrella effect	阳伞效应	保護傘效應
unchecked increase of population	种群无限制增长	族群無法遏止增長

英　文　名	大　陆　名	台　湾　名
undergrowth	下木层	林下植物
uneven-aged forest	异龄林	異齡林
uniform distribution	均匀分布,规则分布	均匀分布
uniformitarianism	均变说	均變說
uni-male group(=one-male group)	单雄群	單雄群
unitary organism	单体生物	單體生物
univoltine	一化	一年一代
unpalatability	不适口性	不適口性
unstable balance	不稳定平衡	不穩定平衡
unstable equilibrium(=unstable balance)	不稳定平衡	不穩定平衡
upper critical temperature	上临界温度	上臨界溫度
upwelling	上升流	湧升流
upwelling ecosystem	上升流生态系统	湧升流生態系
urban agriculture	城市农业	都市農業
urban atmospheric circulation	城市大气环流	都市大氣環流
urban canyon effect	城市峡谷效应	都市峽谷效應
urban carrying capacity	城市承载力	都市承載力
urban climate	城市气候	都市氣候
urban ecological planning	城市生态规划	都市生態規劃
urban ecology	城市生态学	都市生態學
urban ecosystem	城市生态系统	都市生態系
urban forestry	城市林业	都市林業
urban heat island	城市热岛效应	都市熱島[效應]
urban inversion layer	城市逆温层	都市逆溫層
urban landscape	城市景观	都市景觀
urbanophile plant	适生城市植物	適城市植物
urbanophobe plant	嫌城市植物	嫌城市植物
urban socioecology	城市社会生态学	都市社會生態學
UVR(=ultraviolet ray)	紫外线	紫外線

V

英　文　名	大　陆　名	台　湾　名
vagile benthos	漫游底栖生物	漫游底棲生物
vagility	散布力	散佈力
value of ecosystem service	生态系统服务价值	生態系統服務價值
variance	方差	變方,變異數
variant	群丛变型	變異體,變異型

英　文　名	大　陆　名	台　湾　名
variation	变异	變異
variety	变种	變種
vegetation	植被	植被
vegetational continuum	植被连续体	植被連續體
vegetational continuum concept	植被连续体概念	植被連續觀,植被連續說
vegetational continuum index	植被连续体指数	植被連續指數
vegetation belt	植被带	植被带
vegetation classification	植被分类	植被分類
vegetation form	植被型	植被型
vegetation geography	植被地理学	植被地理學
vegetation heterogeneity	植被异质性	植被異質性
vegetation map	植被图,植物群落分布图	植被圖
vegetation mosaic	植被镶嵌	植被鑲嵌
vegetation pattern	植被格局	植被格局
vegetation profile chart	植被剖面图	植被剖面圖
vegetation regionalization	植被区划	植被區劃
vegetation type(=vegetation form)	植被型	植被型
vegetation zone(=vegetation belt)	植被带	植被带
vegetative period	营养生长期	營養生長期
vegetative reproduction	营养繁殖	營養繁殖
veld	费尔德群落,费尔德草原	韋爾德草原(南非)
veldt(=veld)	费尔德群落,费尔德草原	韋爾德草原(南非)
vernal circulation period	春季循环期	春季循環期
vernalization	春化作用	春化[作用]
vertical climatic zone	垂直气候带	垂直氣候帶
vertical distribution	垂直分布	垂直分布
vertical life table	垂直生命表	垂直生命表
vertical migration	垂直移动	垂直遷移
vertical mixing	垂直混合	垂直混合
vertical planting	立体绿化	立體綠化
vertical stratification	垂直成层	垂直分層
viability	生存力,生活力	活力,生存力
vicariad(=substitute species)	替代种	替代種,地理分隔種
vicariance	地理分隔	地理分隔

英　文　名	大　陆　名	台　湾　名
vicariance model	地理分隔模式	地理分隔模式
vicarious species(＝substitute species)	替代种	替代種,地理分隔種
vicarism	替代现象	地理分隔作用,地理分隔現象
vicinism(＝introgression hybridization)	渐渗杂交	漸滲雜交
vigor	活力	活力
virgin forest(＝primeval forest)	原始林,原生林	原生林,處女林,原始林
virginopara	孤雌胎生蚜	孤雌生無翅雌蟲
virgin woodland	原始林地	原始林地
viroplankton	浮游病毒	浮游病毒,病毒浮游生物
visual communication	视觉通信	視覺溝通
vulnerable species	渐危种	漸危種

W

英　文　名	大　陆　名	台　湾　名
wait game	等待博弈	等待賽局,消耗戰
Wallace's line	华莱士线	華萊士線
warm current	暖流	暖流
warm temperate deciduous forest	暖温带落叶阔叶林	暖溫帶落葉林
warm temperate rain forest	暖温带雨林	暖溫帶雨林
warm temperate zone	暖温带	暖溫帶
warmth index(WI)	温暖指数	溫暖指數
warning coloration	警戒色	警戒色,宣告色
war of attrition	消耗战	消耗戰
waste recycling	废物再循环	廢棄物再循環
waste treatment	废物处理	廢棄物處理
wastewater	废水	廢水
water and soil conservation	水土保持	水土保持
water and soil loss	水土流失	水土流失
water balance	水分平衡	水分平衡
water bloom(＝phytoplankton bloom)	藻华,水华	浮游植物藻華,藻華
water budget	水分收支,水分差额	水分收支
water conservation	水分保持	水資源保育,節水
water content	含水量	含水量
water equilibrium(＝water balance)	水分平衡	水分平衡
water-holding capacity(＝moisture-hol-	持水量,保湿量	容水量,保水容量,保濕

英 文 名	大 陆 名	台 湾 名
ding capacity)		量
water permeability	透水性	透水性,水滲透率
water pollution	水污染	水[質]汙染
water-quality assessment	水质评价	水質評估
water-quality monitoring	水质监测	水質監測
water requirement	需水量	需水量
water saturation deficit(WSD)	水分饱和亏缺	水分飽和虧缺
water-saving agriculture	节水农业	節水農業
watershed ecology	流域生态学	流域生態學
watershed management	流域管理	集水區管理,流域管理
water shortage	水分短缺	水分短缺
water stress	水分胁迫	水緊迫
water use efficiency(WUE)	水分利用效率	水分利用效率
water use efficiency of productivity	生产水分利用效率	生產水分利用效率
wavelet analysis	小波分析	小波分析
weathering	风化作用	風化作用
web of life	生命网	生命網
weed	杂草	雜草
wetland	湿地	濕地
wetland ecology	湿地生态学	濕地生態學
wetland park	湿地公园	濕地公園
white agriculture	白色农业	白色農業,農業微生物業
white box model	白箱模型	白箱模式
Whittaker's index	惠特克指数	惠特克指數
WI(=warmth index)	温暖指数	溫暖指數
wildfire	野火	野火
wildlife conservation	野生生物保护	野生[動]物保育
wildlife management	野生生物管理	野生[動]物管理
wildlife refuge	野生生物保护区	野生[動]物保護區
wildlife refuge system	野生生物保护区系统	野生[動]物保護區系統
wilting	萎蔫	凋萎
wilting coefficient	萎蔫系数,凋萎系数	凋萎係數
wilting moisture	萎蔫湿度	凋萎濕度
wilting point	萎蔫点	凋萎點
windbreak forest	防风林	防風林
wind erosion	风蚀	風蝕

英　文　名	大　陆　名	台　湾　名
wind tunnel	风洞	風洞
winter egg	冬卵	冬卵
woody plant	木本植物	木本植物
World Heritage Convention	世界遗产公约	世界遺產公約
World Heritage List	世界自然遗产名录	世界遺產名錄
WSD(＝water saturation deficit)	水分饱和亏缺	水分飽和虧缺
WUE(＝water use efficiency)	水分利用效率	水分利用效率

X

英　文　名	大　陆　名	台　湾　名
xenobiosis	宾主共栖	賓主共棲
xenobiotics	异生物质,外来化合物	異生物質,外源化合物
xerarch succession	旱生演替	旱生演替,旱生消長
xeric succession(＝xerarch succession)	旱生演替	旱生演替,旱生消長
xerocole	旱生动物	旱生動物
xerohalophyte	旱生盐土植物	旱生鹽土植物
xeromorphic vegetation	旱生植被	旱生植被
xeromorphism	旱生形态	旱生形態性,耐旱形態性
xerophil(＝xerophyte)	旱生植物	旱生植物,耐旱植物
xerophile(＝xerophyte)	旱生植物	旱生植物,耐旱植物
xerophyte	旱生植物	旱生植物,耐旱植物
xerophytia	旱生植物群落	旱生植物群落
xerosere	旱生演替系列	旱生演替系列
xylophagy	食木性	木食性

Y

英　文　名	大　陆　名	台　湾　名
Y-D effect(＝yield-density effect)	产量-密度效应	產量-密度效果
yield(＝production)	产量,生产量	產量,生產量
yield coefficient	产量系数	產量係數
yield curve	产量曲线	產量曲線
yield-density effect(Y-D effect)	产量-密度效应	產量-密度效果
yield diagram	产量图	產量圖
yield per recruit	单位补充渔获量	單位補充漁獲量
yield table	产量表	產量表

英　文　名	大　陆　名	台　湾　名
Younger Dryas	新仙女木事件	新仙女木事件
young forest	幼龄林	幼齡林
young stage(=immature stage)	幼龄期,未成熟期	幼齡期,未成熟期
young stand	幼龄林分	幼齡林分

Z

英　文　名	大　陆　名	台　湾　名
zero net growth isoline(ZNGI)	零净增长等值线	零淨生長等值線
zero population growth	种群零增长	族群零成長
ZNGI(=zero net growth isoline)	零净增长等值线	零淨生長等值線
zoea larva	溞状幼体	溞狀幼體
zonal climate	地带性气候	地帶性氣候
zonal distribution	带状分布,显域分布	帶狀分布
zonal vegetation	地带性植被	帶狀植被
zonation	成带现象	成帶現象,分區現象
zoning	分带	分帶,分區
zoobenthos	底栖动物	底棲動物
zoobiocenosis	动物群落	動物群聚,動物群集
zoochory	动物散布,动物传播	動物傳播,動物散播
zoocoenose(=zoobiocenosis)	动物群落	動物群聚,動物群集
zoocoenosis(=zoobiocenosis)	动物群落	動物群聚,動物群集
zoogeographical region	动物地理区	動物地理區
zooneuston	漂浮动物	漂浮動物
zooplankton	浮游动物	動物性浮游生物,浮游動物
zootic climax	动物[演替]顶极	動物頂極